Bourier · Beschreibende Statistik

GÜNTHER BOURIER

Beschreibende Statistik

Praxisorientierte Einführung

Mit Aufgaben und Lösungen

2., durchgesehene Auflage

LEHRBUCH

Die Deutsche Bibliothek - CIP-Einheitsaufnahme

Bourier, Günther:
Beschreibende Statistik : praxisorientierte Einführung ; mit Aufgaben und Lösungen
/ Günther Bourier. - 2., durchges. Aufl. - Wiesbaden : Gabler, 1998
ISBN 3-409-22215-4

© Betriebswirtschaftlicher Verlag Dr. Th. Gabler GmbH, Wiesbaden, 1998
Softcover reprint of the hardcover 2nd edition 1998

Der Gabler Verlag ist ein Unternehmen der Bertelsmann Fachinformation.
Lektorat: Jutta-Hauser-Fahr

http://www. gabler-online.de

Höchste inhaltliche und technische Qualität unserer Produkte ist unser Ziel. Bei der Produktion und Auslieferung unserer Bücher wollen wir die Umwelt schonen: Dieses Buch ist auf säurefreiem und chlorfrei gebleichtem Papier gedruckt.

Die Wiedergabe von Gebrauchsnamen, Handelsnamen, Warenbezeichnungen usw. in diesem Werk berechtigt auch ohne besondere Kennzeichnung nicht zu der Annahme, daß solche Namen im Sinne der Warenzeichen- und Markenschutz-Gesetzgebung als frei zu betrachten wären und daher von jedermann benutzt werden dürften.

Druck und Buchbinder: Lengericher Handelsdruckerei, Lengerich/Westf.
ISBN-13: 978-3-409-22215-0   e-ISBN-13: 978-3-322-85416-2
DOI: 10.1007/978-3-322-85416-2

Vorwort zur zweiten Auflage

Die gute Aufnahme des Buches hat nach nur kurzer Zeit die zweite Auflage erforderlich gemacht.

Das Buch wurde für die zweite Auflage kritisch durchgesehen. Dabei konnten einige Ungenauigkeiten und Druckfehler beseitigt werden. An mehreren Stellen wurden zur besseren Verständlichkeit kleine Abänderungen im Text und bei den Abbildungen vorgenommen.

Vorwort

Das vorliegende Lehrbuch ist als Einführung in die beschreibende Statistik konzipiert. Es umfaßt die Stoffbereiche, die sich Studenten der Betriebswirtschaftslehre an Fachhochschulen im Grundstudium zu erarbeiten haben. Als praxisorientierte Ergänzung zu theoriegeleiteten Vorlesungen richtet es sich zugleich an Universitätsstudenten. Nicht zuletzt öffnet sich das Lehrbuch auch dem Praktiker, da es so abgefaßt ist, daß der Stoff im Selbststudium erarbeitet werden kann.

Die Anwendung und praktische Umsetzung statistischer Methoden stehen im Vordergrund dieses Lehrbuches. Daher wird bewußt auf ausführliche mathematische Darlegungen wie etwa Ableitungen oder Beweisführungen verzichtet. Dafür wird der Darlegung der gedanklichen Konzeptionen, die den Methoden zugrunde liegen, ein hoher Stellenwert eingeräumt.

Bei der Beschreibung der statistischen Methoden wird besonderer Wert auf hohe Anschaulichkeit, Verständlichkeit und Nachvollziehbarkeit gelegt. Zu diesem Zweck werden die Methoden programmartig, Schritt für Schritt detailliert erklärt und stets anhand von Beispielen veranschaulicht.

Das Studium der Statistik erfordert viel eigenes Tun und Üben. So sind jedem Kapitel zahlreiche Übungsaufgaben und Kontrollfragen angefügt. Sie sollen beim Erarbeiten des Stoffes weiterhelfen, eine Selbstkontrolle des eigenen Wissenstandes ermöglichen und auch der Klausurvorbereitung dienen. Für jeden rechnerisch zu lösenden Aufgabentyp ist in Kapitel 8 eine ausführliche Lösung angegeben.

Jeder Verfasser ist auf ein Umfeld angewiesen, das ihm die Arbeit ermöglicht und erleichtert. So gilt mein Dank meiner Frau und meinen Kindern, die mir den für die Entstehung des Buches nötigen Freiraum gelassen haben. Meiner Kollegin Frau Professor Klaiber danke ich herzlich für die mühevolle kritische Durchsicht des Manuskripts und viele wertvolle Anregungen. Dem Gabler-Verlag und Frau Jutta Hauser-Fahr als verantwortlicher Lektorin danke ich für die reibungslose Zusammenarbeit.

Günther Bourier

Inhaltsverzeichnis

1. Einführung

1.1. Begriff und Aufgaben der Statistik

Bei der Planung, Steuerung und Kontrolle des gesamten Betriebsgeschehens sind die Entscheidungsträger in hohem Maße auf Daten angewiesen. Die Daten informieren über Zustände und Entwicklungen innerhalb und außerhalb des Unternehmens. Über die reine Informationsfunktion hinaus dienen die Daten als Argumentationshilfe in Verhandlungen, als Basis für Entscheidungsfindungen, für die Erstellung von Vergleichen, für die Durchführung von Kontrollen, für die Abgabe von Prognosen etc. Diese Funktionen erfüllen die Daten zum einen als solche in ihrer ursprünglichen Form, zum anderen in verarbeiteter Form, d.h. nach ihrer Auswertung und Analyse.

Die Aufgabe der Statistik besteht - zunächst kurz gesagt - darin, Methoden und Verfahren für die Erhebung, Aufbereitung und Analyse der Daten zu entwickeln und anzuwenden sowie die daraus resultierenden Ergebnisse zu interpretieren.

a) Datenerhebung

Um dem Orientierungsbedürfnis der Entscheidungsträger nachzukommen, müssen entsprechende Daten zunächst erhoben bzw. erfaßt werden.

Beispiele:
Erhebung des Verbrauchs (DM) von 230 Materialpositionen im letztem Jahr.
Erhebung der monatlichen Umsätze von Erzeugnis A in den letzten fünf Jahren.
Erhebung der Brenndauer von 200 Glühbirnen, die aus 20.000 Glühbirnen zufällig ausgewählt wurden.

b) Datenaufbereitung

Das Ergebnis der Datenerhebung mündet häufig in einer Fülle von Daten. Das Datenmaterial ist dann nach festzulegenden Kriterien in eine Form (z.B. Tabelle, Graphik) zu bringen, die den Entscheidungsträgern einen geordneten und schnellen Einblick in den Sachverhalt ermöglicht. Diese mehr systematisierende Aufgabe liefert keine neuen Erkenntnisse. Aufgabe ist allein die übersichtliche und anschauliche Wiedergabe des Datenmaterials.

Beispiele:

Tabelle, in der die 230 Materialpositionen nach der Höhe des Verbrauchs (DM) geordnet sind.

Wiedergabe der Umsatzentwicklung mit Hilfe einer graphischen Abbildung.

Tabelle, in der die 200 Glühbirnen nach ihrer Brenndauer geordnet sind.

c) Datenanalyse und -interpretation

Im Unterschied zur Aufbereitung gilt es jetzt, aus den Daten neue Erkenntnisse bzw. zusätzliche Einblicke in ökonomische Sachverhalte zu gewinnen. Damit ist zum Beispiel das Berechnen von Kennzahlen (Mittelwert, Streuungsmaß, Verhältniszahl, Indexzahl etc.), das Erkennen von Gesetzmäßigkeiten bei zeitlichen Entwicklungen (Zeitreihenanalyse), das Erkennen der Abhängigkeit zwischen zwei oder mehr Größen (Regression, Korrelation) gemeint.

Beispiele:

Erkenntnis, daß 10% der Materialpositionen 85% des gesamten Materialverbrauchs auf sich vereinen.

Erkennen des Umsatztrends und der saisonalen Schwankungen für Erzeugnis A.

Berechnung der durchschnittlichen Lebensdauer der 200 Glühbirnen.

Zum Gebiet der Datenanalyse gehört darüber hinaus, auf der Basis vergangener Daten zukünftige Daten zu ermitteln (Prognosetechnik). Dies kann z.B. über die Fortschreibung der bisherigen Datenreihe geschehen.

Beispiel:

Fortschreibung der erkannten Umsatzentwicklung von Erzeugnis A für die nächsten sechs Monate.

Zur Datenanalyse zählt auch das Ziehen eines Rückschlusses vom Ergebnis einer Teilgesamtheit (Stichprobe) auf das Ergebnis der übergeordneten Grundgesamtheit. Dieser Rückschluß kann sich auf das Schätzen einer Eigenschaft der Gesamtheit (Schätzverfahren) beziehen oder im Überprüfen der Richtigkeit einer Behauptung über die Gesamtheit (Testverfahren) bestehen.

Beispiele:

Rückschluß von der durchschnittlichen Brenndauer der 200 Glühbirnen (Teilgesamtheit) auf die durchschnittliche Brenndauer der 20.000 Glühbirnen (Grundgesamtheit).

Überprüfung der Behauptung: Die durchschnittliche Brenndauer der 20.000 Glühbirnen beträgt mindestens 6.000 Stunden.

Statistik kann damit folgendermaßen definiert werden:

> Definition: Statistik
> Entwicklung und Anwendung von Methoden zur datenmäßigen
> Erhebung, Aufbereitung, Analyse und Interpretation
> von numerisch darstellbaren Massenerscheinungen.

Unter Massenerscheinungen sind dabei Erscheinungen zu verstehen, die sich wiederholen bzw. mehr als einmal eintreten können.

Das Gebiet der Statistik läßt sich in drei Teilgebiete gliedern:
 - Beschreibende Statistik (deskriptive Statistik),
 - Schließende Statistik (induktive, analytische Statistik),
 - Wahrscheinlichkeitsrechnung.

Die beschreibende Statistik hat zur Aufgabe, die Daten einer Gesamtheit oder eines Teiles davon zu erheben, aufzubereiten, zu analysieren und zu interpretieren.

Die schließende Statistik hat hingegen die Aufgabe, aus den Ergebnissen für eine Teilgesamtheit (Stichprobe) zurückzuschließen auf die Ergebnisse der übergeordneten Gesamtheit. Die Ergebnisse der Teilgesamtheit werden dabei mit Hilfe der beschreibenden Statistik ermittelt.

Die Wahrscheinlichkeitsrechnung beschäftigt sich mit der Bestimmung der Wahrscheinlichkeit für das Eintreten von Ereignissen. Neben der Erfüllung eigenständiger Aufgaben ist sie Basis für die schließende Statistik, da sie die zahlenmäßige Bestimmung des Fehlerrisikos ermöglicht, das mit dem Rückschluß von der Teilgesamtheit auf die übergeordnete Gesamtheit verbunden ist. Die Wahrscheinlichkeitsrechnung ist so gesehen eine Bindeglied zwischen der beschreibenden und schließenden Statistik.

Das vorliegende Buch beschäftigt sich ausschließlich mit der beschreibenden Statistik, die in der praktischen Anwendung die beiden anderen Teilgebiete deutlich dominiert.

1.2. Statistische Grundbegriffe

In diesem Abschnitt werden die vier grundlegenden Begriffe

  Merkmalsträger und Grundgesamtheit,

  Merkmal und Merkmalswert

definiert und erklärt. Zum besseren Verständnis werden die vier Grundbegriffe zusätzlich am Beispiel "Altersstruktur der Mitarbeiter der Eifelhöhen-Klinik AG am 31.12.1995" illustriert. Die Einbeziehung dieses und weiterer Beispiele soll auch vermeiden helfen, daß beim Leser die i.d.R. wenig beliebte Erarbeitung von Grundbegriffen zu einer vorzeitigen Abnahme der Studierwilligkeit führt.

1.2.1. Merkmalsträger und Grundgesamtheit

Bei statistischen Untersuchungen ist stets genau zu definieren, wer in die Untersuchung einzubeziehen ist und wer nicht. In diesem Zusammenhang sind die Begriffe Merkmalsträger und Grundgesamtheit von elementarer Bedeutung.

a) Merkmalsträger

Andere übliche Bezeichnungen für den Begriff Merkmalsträger sind Element, statistische Einheit und Untersuchungseinheit.

 Definition: Merkmalsträger
 Der Merkmalsträger ist der Gegenstand der statistischen Untersuchung,
 er ist der Träger der interessierenden statistischen Information.

Im Beispiel ist Merkmalsträger - zunächst grob gesagt - jeder einzelne Mitarbeiter der Eifelhöhen-Klinik AG am 31.12.1995. Er ist Gegenstand der Altersmessung bzw. Träger der statistischen Information Alter.

b) Grundgesamtheit

Andere Bezeichnungen für den Begriff Grundgesamtheit sind Kollektiv, statistische Gesamtheit, statistische Masse oder einfach Gesamtheit bzw. Masse.
Die Grundgesamtheit ist die Gesamtheit aller Merkmalsträger. Die Qualität einer statistischen Untersuchung wird entscheidend dadurch geprägt, daß die Grundgesamtheit hinsichtlich des Untersuchungszieles exakt abgegrenzt wird. Es ist

eindeutig zu klären, ob ein Merkmalsträger der Grundgesamtheit angehört oder nicht. Zu diesem Zweck sind sogenannte Abgrenzungs- oder Identifikationsmerkmale festzulegen. Ein Merkmalsträger gehört dann zur Grundgesamtheit, wenn er sämtliche Abgrenzungsmerkmale besitzt. Die Grundgesamtheit ist also dadurch gekennzeichnet, daß ihre Merkmalsträger hinsichtlich der Abgrenzungsmerkmale übereinstimmen bzw. gleichartig sind.

> Definition: Grundgesamtheit
> Die Grundgesamtheit ist die Menge aller Merkmalsträger, die
> übereinstimmende Abgrenzungsmerkmale besitzen.

Im Beispiel ist die Grundgesamtheit - auch hier zunächst grob gesagt - die Menge aller Mitarbeiter der Eifelhöhen-Klinik AG.

Die Abgrenzung ist in sachlicher, räumlicher und zeitlicher Hinsicht vorzunehmen. Durch sie soll eindeutig geklärt werden, wer Merkmalsträger ist bzw. wie sich die Grundgesamtheit zusammensetzt.

1.2.1.1. Sachliche Abgrenzung

Durch die sachliche Abgrenzung wird festgelegt, wer oder was unter einem Merkmalsträger zu verstehen ist. Im obigen Beispiel ist zu definieren, was unter einem Mitarbeiter der Klinik zu verstehen ist. So ist etwa zu klären, ob Personen, deren Beschäftigungsverhältnis vorübergehend ruht (z.B. Mutterschaftsurlaub), oder Werkstudenten als Mitarbeiter zählen oder nicht.
Von der sachlichen Abgrenzung kann ein erheblicher, eventuell gewollter Einfluß auf das Ergebnis der statistischen Untersuchung ausgehen. Man denke z.B. an die Diskussion, ob ABM-Kräfte oder Umschüler als Arbeitslose zählen oder nicht, d.h. ob sie in die Gesamtheit der Arbeitslosen aufzunehmen sind oder nicht.

1.2.1.2. Räumliche Abgrenzung

Im Rahmen der räumlichen Abgrenzung werden Grenzen gezogen bzw. Gebiete abgesteckt, in denen der Merkmalsträger liegen muß. Diese Abgrenzung ist im Unterschied zur sachlichen Abgrenzung in aller Regel unproblematisch.
Im Beispiel kann die räumliche Abgrenzung die zum Wirkungskreis der Eifelhöhen-Klinik AG gehörenden Kliniken umfassen.

1.2.1.3. Zeitliche Abgrenzung

Für die zeitliche Abgrenzung ist ein Zeitpunkt oder ein Zeitraum festzulegen. Die Existenz des Merkmalsträgers an diesem Zeitpunkt bzw. in diesem Zeitraum ist entscheidend für die Zugehörigkeit oder Nicht-Zugehörigkeit zur Grundgesamtheit.

a) Festlegung eines Zeitpunktes

Die Festlegung eines Zeitpunktes ist nur dann sinnvoll, wenn der Merkmalsträger über einen mehr oder weniger langen Zeitraum existiert. Denn dann sind i.d.R. an einem Zeitpunkt mehrere Merkmalsträger vorhanden. Der Merkmalsträger gehört zur Grundgesamtheit, wenn sein Zeitraum den festgelegten Zeitpunkt umschließt. Die Menge dieser Merkmalsträger wird als Bestandsmasse (Streckenmasse) bezeichnet. Der Zeitpunkt muß präzise in Form eines Stichtages mit Uhrzeit angegeben werden, um Abgrenzungsproblemen vorzubeugen. Der Stichtag darf nicht mit dem Tag der Befragung selbst verwechselt werden.

Die zeitliche Abgrenzung im obigen Beispiel erfolgt über den 31.12.1995, 24.00 Uhr. Nur wer zu diesem Zeitpunkt Mitarbeiter war, wird in die Untersuchung einbezogen.

Abbildung 1.2.1.3.-1 veranschaulicht den Sachverhalt skizzenhaft.

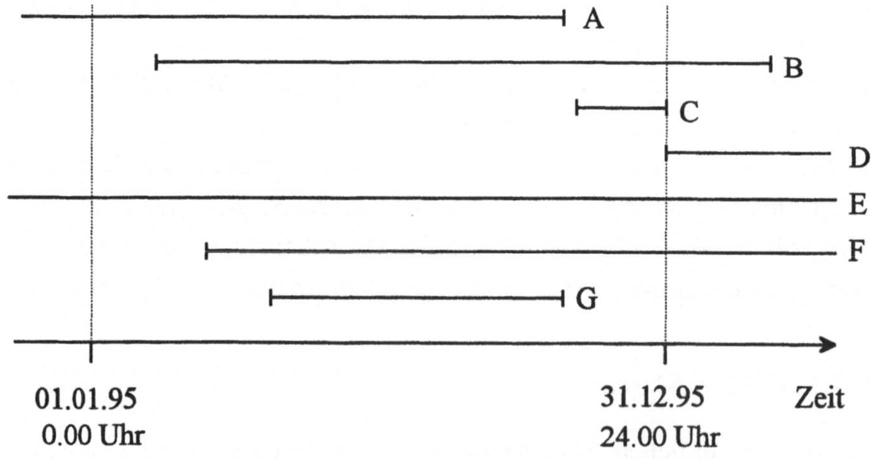

Abb. 1.2.1.3.-1: Beschäftigungsdauer der Mitarbeiter A bis G

Zur Grundgesamtheit (Bestandsmasse) gehören die Mitarbeiter B, C, E und F. Ihre Beschäftigungsdauer umschließt den Stichtag 31.12.1995, 24.00 Uhr.

Weitere Beispiele für Bestandsmassen sind: Bestand an Forderungen am Bilanz-
stichtag um 24.00 Uhr, Bestand an zugelassenen Kfz am 30.06.1996 um
24.00 Uhr, Lagerbestand am 31.12.1995 um 24.00 Uhr.

b) Festlegung eines Zeitraumes

Ein Zeitraum ist zwingend festzulegen, wenn Ereignisse Gegenstand der statistischen Untersuchung sind. Ereignisse haben keine oder eine vernachlässigbar kurze zeitliche Ausdehnung, wie z.B. der Betriebsunfall, das Einstellungsgespräch
und die Lagerentnahme. Die statistische Erfassung von Ereignissen kann nur für
einen bestimmten Zeitraum (z.B. 01.01. - 31.12.1995) erfolgen. Die Ereignisse in
diesem Zeitraum bilden die sogenannte Bewegungsmasse (Ereignismasse). Sie
führen zu Bewegungen in der korrespondierenden Bestandsmasse.
Im obigen Beispiel führen Ereignisse wie Einstellungen, Entlassungen oder Tod
von Mitarbeitern zu einer Veränderung der Bestandsgröße Mitarbeiterbestand.
Zur Bewegungsmasse für das Jahr 1995 aus der Abb. 1.2.1.3.-1 gehören die Einstellungen der Mitarbeiter B, C, F und G sowie die Entlassungen der Mitarbeiter
A, C und G.

Weitere Beispiele für Bewegungsmassen sind: Verkäufe auf Ziel im Geschäftsjahr 1995, Stillegungen von Kfz im 1. Halbjahr 1995, Lagerentnahmen im Jahr
1995.
Der Zusammenhang zwischen Bestandsmasse und Bewegungsmasse wird in der
folgenden Übersicht dargestellt.

Bestandsmasse	Bewegungungsmasse
Forderungsbestand	Forderungszugänge (aus Zielverkauf), Forderungsab- gänge (Zahlungseingang, Forderungsabschreibung)
Kfz-Bestand	Neuzulassungen, Stillegungen
Lagerbestand	Lagerzugänge, Lagerentnahmen, Diebstahl, ...

Ein Zeitraum ist auch dann festzulegen, wenn Interesse an Merkmalsträgern besteht, die während eines bestehenden Zeitraumes durchgehend oder auch nur zeit-
weise "anwesend" waren. Diese Merkmalsträger bilden die sogenannte Anwesenheitsmasse (Zeitraumbestandsmasse). Sie setzt sich aus der Bestandsmasse am
Anfang des Zeitraumes und den Zugängen während des Zeitraumes zusammen.
Zur Anwesenheitsmasse des Jahres 1995 aus der Abb. 1.2.1.3.-1 gehören alle
Mitarbeiter außer Mitarbeiter D.

Interessiert man sich zum Beispiel für die durchschnittlichen Reiseausgaben von Urlaubern im Bayerischen Wald im Jahre 1995, dann reicht es nicht aus, eine Befragung der Urlauber vorzunehmen, die am 01.01.1995 um 00.00 Uhr oder am 17.06.1995 um 14.23 Uhr anwesend waren. Vielmehr muß eine - sicherlich stichprobenweise - Befragung der während des Jahres 1995 anwesenden Urlauber vorgenommen werden.

1.2.2. Merkmal und Merkmalswert

Im Interesse der statistischen Untersuchung stehen die Eigenschaften von Merkmalsträgern. Diese Eigenschaften werden als Untersuchungsmerkmale - hier meistens kurz Merkmale - bezeichnet. Bei den Merkmalsträgern ist dann zu ermitteln, welchen Wert ein Merkmal besitzt.

a) Merkmal

> Definition: Merkmal
> Die Eigenschaft des Merkmalträgers, die bei der statistischen Untersuchung von Interesse ist, wird als Merkmal bezeichnet.

Synonyme Bezeichnungen für Merkmal sind: Prädikatsmerkmal, statistisches Merkmal, Untersuchungsvariable oder Variable.

Das Untersuchungsmerkmal darf nicht mit dem Abgrenzungsmerkmal (Identifikationsmerkmal) verwechselt werden. Hinsichtlich des Abgrenzungsmerkmals sind alle Merkmalsträger identisch, hinsichtlich des Untersuchungsmerkmals können die Merkmalsträger jedoch unterschiedlich sein.

Im obigen Beispiel ist das Untersuchungsmerkmal "Alter" bei den Mitarbeitern der Eifelhöhen-Klinik AG von Interesse.

Weitere Beispiele für Merkmale der Mitarbeiter sind: Geschlecht, Jahreseinkommen, Art der Beschäftigung oder Familienstand.

Als Symbol für das Merkmal werden oft lateinische Großbuchstaben - in dieser Arbeit X, Y und Z - verwendet.

> X = Alter des Mitarbeiters (Jahre)
> Y = Geschlecht des Mitarbeiters
> Z = Jahreseinkommen (DM)

Merkmale lassen sich anhand von Kriterien in Typen von Merkmalen einteilen. Für die Beschreibung der Einteilungsmöglichkeiten ist es sinnvoll, zunächst den Begriff Merkmalswert zu erklären.

b) Merkmalswert

Gebräuchliche synonyme Bezeichnungen für Merkmalswert sind Merkmalsausprägung, Beobachtungswert oder Modalität.
Der Merkmalswert gibt an, in welcher Weise das Merkmal bei einem Merkmalsträger auftritt. Der Merkmalswert ist das Ergebnis der Beobachtung, Befragung, Messung oder einer Zählung, die beim Merkmalsträger vorgenommen wurde. Der Merkmalswert ist letztendlich Gegenstand der statistischen Untersuchung.

> Definition: Merkmalswert
> Der Wert, der bei der Beobachtung, Befragung, Messung oder durch einen Zählvorgang beim Merkmalsträger festgestellt wurde, heißt Merkmalswert.

Im obigen Beispiel ist das jeweilige Alter eines Mitarbeiters der Merkmalswert. Weitere Beispiele für Merkmalswerte sind:

Merkmal	Merkmalswert
Geschlecht	männlich, weiblich
Jahreseinkommen (DM)	24.000, 61.235, 125.418,30
Familienstand	ledig, verheiratet, geschieden, verwitwet.

Als Symbol für den Merkmalswert werden oft lateinische Kleinbuchstaben verwendet, wobei der ausgewählte Buchstabe mit dem für das Merkmal gewählten Buchstaben übereinstimmen sollte. Dem Buchstaben wird ein tiefgestellter Index angefügt, der für einen bestimmten Merkmalswert steht. Zum Beispiel:

Merkmal	Merkmalswert
X = Geschlecht des Mitarbeiters	x_2 = weiblich
Y = Jahreseinkommen (DM)	y_3 = 125.418,30 DM
Z = Familienstand	z_1 = ledig

Für die Ermittlung der Merkmalswerte und die anschließende Aufbereitung ist es von Bedeutung, von welcher Art ein Merkmal ist.

Die Merkmale können u.a. in
    qualitative und quantitative,
    diskrete und stetige,
    häufbare und nicht-häufbare
Merkmale untergliedert werden.

1.2.2.1. Qualitative und quantitative Merkmale

Unter dem Kriterium der Zählbarkeit bzw. Meßbarkeit lassen sich Merkmale in qualitative und quantitative Merkmale gliedern.

Qualitative Merkmale können lediglich verbal beschrieben werden, d.h. es lassen sich den Merkmalswerten nur Namen oder Klassenbezeichnungen im Sinne eines Ranges zuordnen. Sie verschließen sich einer zahlenmäßigen oder meßtechnischen Erfassung.

Definition: Qualitatives Merkmal
Ein qualitatives Merkmal liegt vor, wenn den möglichen Merkmalswerten lediglich Namen oder Klassenbezeichnungen zugeordnet werden können.

Werden den Merkmalswerten Namen zugeordnet, spricht man von artmäßigen Merkmalen, werden Klassenbezeichnungen zugeordnet, spricht man von intensitätsmäßig abgestuften Merkmalen.

Beispiele für artmäßige Merkmale:

Merkmal	Merkmalswert
Beruf	Bäcker, Lehrer, Ingenieur
Familienstand	ledig, verheiratet, geschieden, verwitwet
Farbe	rot, blau, gelb, grün.

Beispiel für intensitätsmäßig abgestufte Merkmale:

Merkmal	Merkmalswert
Schulnote	sehr gut, gut, ..., mangelhaft
Vortragsweise	langweilig, ..., sehr interessant
Weingüte	Tafelwein, Landwein, Qualitätswein, ..., Auslese, ..., Eiswein.

Bei den quantitativen Merkmalen dagegen werden die Merkmalswerte durch Zahlen ausgedrückt. Das Merkmal besitzt in diesem Fall eine meßbare Dimension wie z.B. DM, kg, km, Grad Celsius etc., oder seine Merkmalswerte können durch einfaches Zählen (Stück, Mengeneinheit) ermittelt werden. Die Werte können also gemessen oder gezählt werden.

Definition: Quantitatives Merkmal

Ein Merkmal, das eine meßbare Dimension besitzt oder in Mengeneinheiten ausgedrückt werden kann, wird als quantitativ bezeichnet.

Beispiele:

Merkmal	Merkmalswert
Alter (Jahre)	..., 5, 18, ... , 89, ...
Mitarbeiterzahl	..., 4, ..., 12,..., 10.342, ...
Eigenkapital (DM)	..., 23.400, ..., 2.300.000, ...
Benzinverbrauch (l)	..., 3,52, ..., 10,56, ..., 13,1, ...

1.2.2.2. Diskrete und stetige Merkmale

Quantitative Merkmale werden in diskrete und stetige Merkmale untergliedert. Kriterium für die Einteilung in diskret und stetig ist die Anzahl der möglichen Merkmalswerte bzw. das Ausmaß der Abzählbarkeit der Merkmalswerte.

Ein diskretes Merkmal (diskontinuierlich) kann in einem gegebenen Intervall nur ganz bestimmte Werte, also nicht jeden beliebigen Wert annehmen. Man spricht in diesem Zusammenhang von abzählbar vielen Merkmalswerten. So können bei dem diskreten Merkmal Mitarbeiteranzahl nur ganze Zahlen als Merkmalswerte auftreten, nicht aber Zwischenwerte wie z.B. 13,7 Mitarbeiter. Die Anzahl der möglichen Merkmalswerte ist damit abzählbar. Gleiches gilt für das Beispiel Zahl der Ausschußstücke in der Tagesproduktion. Die Zahl der Ausschußstücke steigt sprunghaft um 1 ME von 17 ME auf 18 ME; eine kontinuierliche, stetige Erhöhung von 17 ME auf 18 ME ist nicht möglich.

Definition: Diskretes Merkmal

Ein quantitatives Merkmal, das abzählbar viele Werte annehmen kann, wird als diskret bezeichnet.

Weitere Beispiele: Haushaltsgröße, Einwohnerzahl, Kfz-Bestand.

Ein stetiges Merkmal (kontinuierlich) dagegen kann in einem gegebenen Intervall jeden beliebigen Wert annehmen, d.h. "mehr als unendlich" viele Merkmalswerte sind denkbar. Man spricht deswegen von überabzählbar vielen Merkmalswerten. Bei dem Merkmal Wasserstand eines Stausees gibt es zwischen den Wasserständen 2 und 3 Meter als auch zwischen den Wasserständen 3 und 4 Meter jeweils unendlich viele Wasserstände. Die Anzahl der möglichen Wasserstände kann damit nicht mehr gezählt werden, sie ist überabzählbar. Anders erklärt: Beim Auffüllen des Stausees steigt dieser stetig an, er durchläuft jede Wasserhöhe; er steigt nicht diskret von 2 auf plötzlich 3 Meter an.

> Definition: Stetiges Merkmal
> Ein quantitatives Merkmal, das überabzählbar viele Werte annehmen kann, wird als stetig bezeichnet.

Weitere Beispiele: Alter, Körpergröße, Benzinverbrauch, Geschwindigkeit.

In der Praxis werden stetige Merkmale häufig wie diskrete Merkmale behandelt. Stetige Merkmale wie z.B. das Alter oder die Körpergröße werden meist aus meßtechnischen Unzulänglichkeiten oder aus Vereinfachungsgründen wie diskrete Merkmale behandelt. So werden in der Regel das Alter in ganzen Jahren und die Körpergröße in vollen Zentimetern angegeben. Umgekehrt werden diskrete Merkmale manchmal wie stetige Merkmale behandelt. So werden bei Wechselkursangaben oder bei Benzinpreisen Bruchteile von Pfennigen angegeben.

1.2.2.3. Häufbare und nicht-häufbare Merkmale

Von einem häufbaren Merkmal kann der Merkmalsträger mehrere Merkmalswerte annehmen. So kann eine Person bei dem Merkmal Hochschulabschluß die Merkmalswerte Diplom-Volkswirt und Diplom-Kaufmann besitzen. Bei dem Merkmal Staatsangehörigkeit kann eine Person sowohl die deutsche als auch die französische besitzen. Häufbare Merkmale sind stets qualitative Merkmale.

> Definition: Häufbares Merkmal
> Ein Merkmal, von dem ein Merkmalsträger mehr als einen Merkmalswert besitzen kann, heißt häufbares Merkmal.

Bei Statistiken mit häufbaren Merkmalen findet sich in der Regel der Hinweis: Mehrfachnennungen möglich.

Beispiele:
Interessengebiet, Urlaubsziel, Mitgliedschaft, Wohnsitz, Unfallursache.

Von einem nicht-häufbaren Merkmal kann der Merkmalsträger nur genau einen Merkmalswert besitzen. So ist bei dem Merkmal Alter für einen Mitarbeiter nur genau eine Altersangabe, bei dem Merkmal Haushaltsgröße für einen Haushalt nur eine Personenzahl möglich.

> Definition: Nicht-häufbares Merkmal
> Ein Merkmal, von dem ein Merkmalsträger nur genau einen Merkmalswert besitzen kann, heißt nicht-häufbares Merkmal.

Beispiele:
Körpergröße, Familienstand, Augenfarbe, 1. Wohnsitz.

1.3. Statistische Meßskalen

Die Ermittlung von Merkmalswerten erfolgt durch Beobachtung, Befragung, Messung oder durch einen Zählvorgang. Die statistische Meßskala, kurz Skala, ist dabei das Instrument, mit dem die Merkmalswerte ermittelt werden. Auf der Skala sind die möglichen Merkmalswerte nach einem bestimmten Ordnungsprinzip als Skalenwerte abgetragen.

Unter dem Kriterium Ordnungsprinzip werden die Skalen gewöhnlich in
    Nominalskala,
    Ordinalskala,
    Intervallskala,
    Verhältnisskala
untergliedert. Intervallskala und Verhältnisskala werden dabei oft unter dem Begriff metrische Skala oder Kardinalskala zusammengefaßt.

Die Skala bzw. das Ordnungsprinzip ist entscheidend zum einen für das Informationsniveau und den Aussagegehalt des Merkmalswertes und zum anderen für den Kreis der statistischen Verfahren, die eingesetzt werden dürfen.

1.3.1. Nominalskala

Auf der Nominalskala sind als Skalenwerte Namen abgetragen, die gleichberechtigt bzw. gleichbedeutend nebeneinander angeordnet sind.

Bei der Messung wird dem Merkmalsträger ein Name zugeordnet. Anhand von Namen kann beim Vergleich zweier Merkmalsträger nur die Gleichartigkeit oder Verschiedenartigkeit hinsichtlich des Merkmals festgestellt werden. Die Bildung einer Rangreihe oder die Angabe von Abständen ist anhand von Namen nicht möglich.

Beispiele:

Merkmal	Merkmalswert
Geschlecht	männlich, weiblich
Familienstand	ledig, verheiratet, geschieden, verwitwet
Religion	katholisch, evangelisch, glaubenslos
Rebsorte	Silvaner, Riesling, Portugieser, Traminer, ...

Den Merkmalswerten werden oft Zahlenwerte im Sinne einer Verschlüsselung zugeordnet. Dadurch soll eine einfachere EDV-mäßige Verarbeitung der Werte ermöglicht werden. Die Zahlenwerte sind als bloße Nummern oder numerische Kurzbezeichnungen zu verstehen, die allein der Identifikation dienen. Sie stellen keine rechentechnische Grundlage dar.

Beispiel:

Merkmal	Merkmalswert	Schlüssel(zahl)
Bundesland	Schleswig-Holstein	01
	Hamburg	02
	...	...
	Baden-Württemberg	08
	Bayern	09
	...	...

Es ergäbe keinen Sinn, mit den Schlüsselzahlen Additionen, Subtraktionen oder andere mathematische Operationen durchzuführen. So wäre 09 (Bayern) minus 08 (Baden-Württemberg) gleich 01 (Schleswig-Holstein).

Merkmale, deren Merkmalswerte nach der Nominalskala gemessen werden, heißen nominalskalierte Merkmale. Sie sind stets qualitative Merkmale. Häufbare Merkmale sind stets nominalskalierte Merkmale.

1.3.2. Ordinalskala

Auf der Ordinalskala (Rangskala) sind als Skalenwerte Klassenbezeichnungen abgetragen. Die Skalenwerte stehen jetzt nicht mehr gleichberechtigt bzw. gleichwertig nebeneinander, sondern sind entsprechend ihrer Klasse in auf- oder absteigender Folge (Rangfolge, Rangordnung) auf der Skala angeordnet.

Bei der Messung wird dem Merkmalsträger eine Klassenbezeichnung zugeordnet. Anhand von Klassenangaben kann beim Vergleich zweier Merkmalsträger im Falle der Verschiedenartigkeit zusätzlich ihre Rangfolge bzw. Rangordnung festgestellt werden. Es können somit vergleichende Aussagen in der verbalen Form wie besser/schlechter, mehr/weniger, früher/später oder größer/kleiner gemacht werden. Die Angabe von Abständen zwischen zwei Merkmalsträgern ist anhand der Klassenbezeichnungen nicht möglich.

Beispiele:

Merkmal	Merkmalswerte
Schulnote	sehr gut, gut, befriedigend, ausreichend, mangelhaft
Wein-Qualitätsstufe	Tafelwein, Landwein, Qualitätswein, ..., Eiswein

Bei der Zuordnung von Zahlen zu den Merkmalswerten muß darauf geachtet werden, daß sie die Rangfolge widerspiegeln. Auch hier stellen die Zahlen keine Quantifizierung des Merkmalswertes dar, sondern wieder eine Verschlüsselung. Eine Bezifferung des Abstandes zwischen zwei Merkmalswerten anhand der zugeordneten Zahlen ist damit nicht möglich. Anhand der Zahlen kann lediglich eine Reihung der Merkmalswerte bzw. Merkmalsträger vorgenommen werden. So ist die in der Praxis gängige Berechnung von Notendurchschnitten eigentlich nicht zulässig.

Merkmale, deren Merkmalswerte nach der Ordinalskala gemessen werden, heißen ordinalskalierte Merkmale. Ordinalskalierte Merkmale sind stets intensitätsmäßig abgestufte Merkmale und umgekehrt.

1.3.3. Metrische Skala

Auf der metrischen Skala (Kardinalskala) sind als Skalenwerte reelle Zahlen abgetragen. Die Skalenwerte sind entsprechend ihrem Zahlenwert in auf- oder absteigender Folge auf der Skala angeordnet.

Bei der Messung wird dem Merkmalsträger eine reelle Zahl zugeordnet. Anhand der reellen Zahlen kann beim Vergleich zweier Merkmalsträger - neben der Rangordnung - der Abstand zwischen den Merkmalswerten zahlenmäßig festgestellt werden. Im Unterschied zur Ordinalskala können jetzt vergleichende Aussagen der Form wie besser/schlechter, mehr/weniger, früher/später oder größer/kleiner zusätzlich in Zahlen ausgedrückt werden.

Merkmale, deren Merkmalswerte nach der metrischen Skala gemessen werden, heißen metrische Merkmale. Metrische Merkmale sind stets quantitative Merkmale und umgekehrt.

Bei der metrischen Skala wird unter dem Kriterium Art des Nullpunktes in
      Intervallskala und
      Verhältnisskala
untergliedert.

1.3.3.1. Intervallskala

Auf der Intervallskala ist der Skalenwert Null ein mehr oder weniger willkürlich gewählter Nullpunkt. Er ist kein natürlicher, absoluter Nullpunkt. Das hat zur Folge, daß zwischen zwei Merkmalswerten der einfache Abstand (Intervall), nicht aber der verhältnismäßige (relative) Abstand (Verhältnis, Quotient) gemessen werden kann.

Beispiele:

Merkmal	Merkmalswerte
Temperatur (^{0} Celsius)	..., -12, ..., 0, ..., 4,2, ..., 8,4, ..., 32,4, ...
Uhrzeit	..., 22.20, ..., 00.00, ..., 04.20, ..., 8.40, ...
Kalenderzeit	..., 01.01.00, ..., 24.12.1500, ..., 30.07.1996, ...

So beträgt z.B. der einfache Abstand zwischen 12^0 und 36^0 Celsius gleich 24^0. Der verhältnismäßige Abstand $36^0/12^0 = 3$ besitzt keine Aussagekraft. Es darf nicht gesagt werden, daß es bei 36^0 dreimal so warm wie bei 12^0 ist. Die Ursache dafür liegt darin, daß bei 0^0 Celsius ein willkürlicher und nicht ein natürlicher, absoluter Nullpunkt vorliegt. Oder: Um 8.00 Uhr ist es nicht doppelt so spät wie um 4.00 Uhr.

Merkmale, deren Merkmalswerte nach der Intervallskala gemessen werden, heißen intervallskalierte Merkmale. Diese sind stets quantitative Merkmale.

1.3.3.2. Verhältnisskala

Auf der Verhältnisskala entspricht der Skalenwert Null dem natürlichen, absoluten Nullpunkt. Negative Werte sind damit unmöglich. Das hat zur Folge, daß zwischen zwei Merkmalswerten neben dem einfachen Abstand (Intervall) auch der verhältnismäßige Abstand (Quotient, Verhältnis) gemessen werden kann. D.h. ein Merkmalswert kann jetzt als das Vielfache eines anderen Merkmalswertes ausgedrückt werden.

Beispiele:

Merkmal	Merkmalswerte
Einkommen (TDM)	0, ..., 20, ..., 80, ..., 112, ...
Gewicht (kg)	0, ..., 17,34, ..., 50, ..., 92, ...
Tachostand (km)	0, ..., 10.432, ..., 123.321, ...
Alter (Jahre)	0, ..., 12, ..., 36, ..., 89, ...

So beträgt zum Beispiel der einfache Abstand zwischen den Einkommen 80 TDM und 20 TDM gleich 60 TDM. Zusätzlich kann jetzt der verhältnismäßige Abstand 80/20 = 4 berechnet werden. Er besagt, daß das Einkommen 80 TDM viermal so groß wie das Einkommen 20 TDM ist. Die Zulässigkeit der Berechnung liegt darin begründet, daß der Skalenwert 0 TDM ein natürlicher Nullpunkt ist.

Merkmale, deren Merkmalswerte nach der Verhältnisskala gemessen werden, heißen verhältnisskalierte Merkmale. Diese sind stets quantitative Merkmale.

1.3.4. Bedeutung der Meßskalen

Die vier beschriebenen Meßskalen besitzen ein unterschiedliches Informationsniveau. Die vier Skalen können entsprechend ihrem Informationsniveau bzw. Skalenniveau in eine Hierarchie gebracht werden, die in Abb. 1.3.4.-1 wiedergegeben ist.

Die Verhältnisskala besitzt das höchste Informationsniveau. Mit ihr lassen sich die Verschiedenartigkeit, die Rangordnung, die einfachen und die verhältnismäßigen Abstände für Merkmalswerte feststellen. Bei der Nominalskala, der Skala mit dem niedrigsten Informationsniveau, kann nur die Verschiedenartigkeit festgestellt werden.

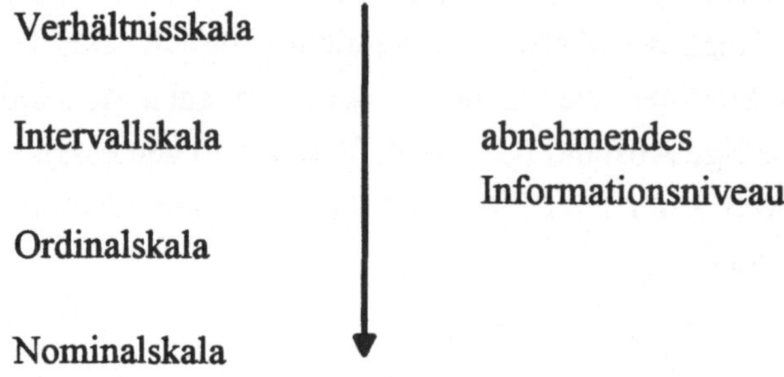

Abb. 1.3.4.- 1: Hierarchie der statistischen Meßskalen

Darüberhinaus erlauben höherstehende Skalen in der Regel eine feinere Skalierung und damit feinere Ermittlung der Merkmalswerte. Sie erlauben auch eine objektivere Zuordnung der Skalenwerte zu den Merkmalswerten, bei qualitativen Merkmalen kann die Zuordnung subjektiven Einflüssen unterliegen und unterschiedlich ausfallen. Man denke z.B. an die Abgabe von Qualitätsurteilen.

Vom Skalenniveau hängt es auch ab, welche statistischen Verfahren zur Aufbereitung, Auswertung und Analyse verwendet werden dürfen. Die Verfahren wenden auf die Merkmalswerte mathematische Operationen (Addition, Subtraktion etc.) an, die nur ab einem bestimmten Skalenniveau zulässig sind.
So setzt z.B. die Berechnung des arithmetischen Mittels (Durchschnitt) voraus, daß der einfache Abstand (Entfernung) zwischen zwei Merkmalswerten bekannt ist, da anderenfalls die Mitte nicht ermittelt werden kann. Die Berechnung des arithmetischen Mittels setzt also mindestens die Intervallskala voraus.
Je höher die Ansprüche an das Skalenniveau sind, desto höher ist der Aussagegehalt und das Analysepotential der mit den Verfahren erzielten Ergebnisse.

Zusammenfassend kann festgestellt werden:

Je höher das Skalenniveau ist, desto

    feiner ist die Ermittlung der Merkmalswerte,
    objektiver ist die Ermittlung der Merkmalswerte,

höher ist der Informationsgehalt der Merkmalswerte,
höher ist das Analysepotential der Verfahren.

Dem Bemühen, bei statistischen Untersuchungen ein möglichst hohes Skalenniveau zu erreichen, sind jedoch sehr enge Grenzen gesetzt. Das Skalenniveau wird durch die Merkmalsart determiniert, die wiederum durch das Untersuchungsziel festgeschrieben ist. Die einzige Möglichkeit besteht darin, für das Untersuchungsziel Merkmale mit möglichst hohem Skalenniveau zu finden. So kann z.B. die Sorgfalt eines Akkordarbeiters mit Hilfe einer Ordinalskala, die von "sehr sorgfältig" stufenweise bis "unachtsam" führt, gemessen werden oder mit dem verhältnisskalierten Merkmal Anzahl der Fehler pro 100 ME, falls dieses Ausdruck der Sorgfalt ist.

1.4. Mißbrauch der Statistik

Bei einem relativ großen Teil der Bevölkerung herrscht eine mißtrauische oder gar ablehnende Haltung gegenüber der Statistik. Dies belegen bekannte Aussagen und oft zu hörende Redewendungen, von denen einige nachstehend aufgeführt sind:

> Statistik ist die größte Lüge. (Bismarck)
> Ich glaube keiner Statistik außer der, die ich selbst gefälscht habe. (Churchill)
> Mit Statistik läßt sich alles beweisen.
> Notlüge, gemeine Lüge, Statistik.

Diese äußerst kritischen und weit überzogen gehaltenen Aussagen sind völlig unberechtigt, wenn die statistischen Verfahren korrekt angewendet werden. Alle Verfahren sind logisch konzipiert und fehlerfrei.

Die Aussagen sind auch dann unberechtigt, wenn sie sich auf Fehleinschätzungen beziehen, die bei statistischen Untersuchungen aufgrund bewußt kalkulierter Risiken eintreten. Bei der Abgabe von Wahlprognosen z.B. müssen unvermeidbar Fehlerrisiken eingegangen werden, die in ihrem Ausmaß quantifiziert werden können. Das dann unvermeidbare, sehr seltene Eintreten der Risiken darf der Statistik aber nicht als Unvermögen angelastet werden.

Auch in der menschlichen Natur begründete und damit nie vollends zu vermeidende Fehler bei der Erfassung, Aufbereitung, Auswertung und Analyse erlauben keine abwertenden Äußerungen über die Statistik.

Die Aussagen werden - aber nicht in dieser Härte - verständlicher, wenn Statistiken bewußt manipuliert werden, um den Adressaten zu täuschen. Nachstehend werden einige Möglichkeiten der Manipulation kurz aufgezählt. Die Aufzählung ist nicht als Anleitung zur Manipulation, sondern als Anregung zu einer kritischen Sichtweise zu verstehen.

a) Manipulation durch graphische Verzerrungen

Durch ein gezieltes Auseinanderziehen oder Zusammenschieben der Skalenwerte (Maßstab) oder durch ein gezieltes Weglassen ganzer Skalenabschnitte auf dem Koordinatenkreuz kann derselbe Sachverhalt scheinbar unterschiedlich dargestellt werden. Dem unaufmerksamen Leser können damit falsche Einschätzungen suggeriert werden. Die Abbildung 1.4.-1, in der die Umsatzentwicklung eines Artikels scheinbar unterschiedlich dargestellt wird, soll dies zeigen.

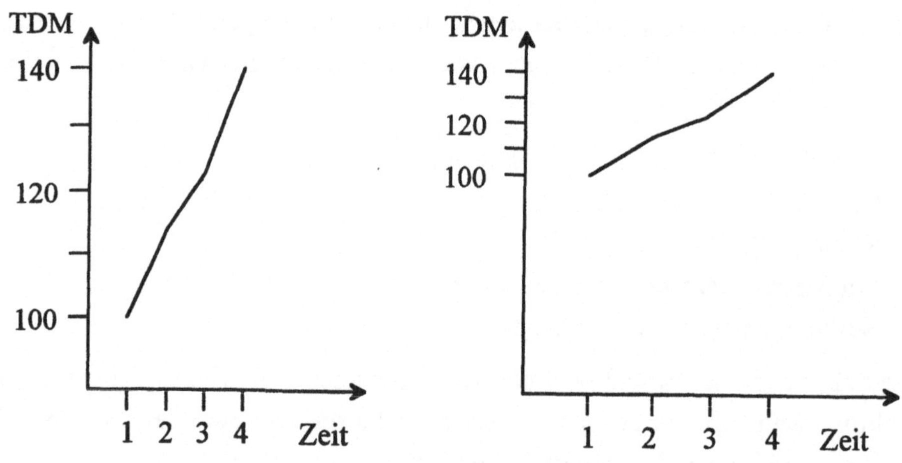

Abb. 1.4.-1: Graphische Wiedergabe der Umsatzentwicklung bei
unterschiedlicher Skalenabtragung

b) Täuschung durch falsche Angaben

Die Täuschung des Lesers durch bewußt falsche Angaben ist die schlimmste Form des Mißbrauchs. Paradebeispiel hierfür sind die Kriegsstatistiken, in der die feindlichen Verluste in der Regel vervielfacht und die eigenen in Bruchteilen ausgewiesen werden. In diese Rubrik gehört auch das Nichtbeachten von Daten oder Antworten, die dem Auftraggeber der Statistik nicht ins Bild passen.

c) Nicht-Angabe unüblicher Definitionen oder erklärender Informationen

Die Verwendung eigenwilliger, unüblicher Begriffsdefinitionen, die dem Leser nicht offengelegt werden, stellen ebenfalls eine Täuschung der schlimmen Art dar.

Beispiel: Bei der Berechnung des Niveaus der Lohnnebenkosten werden die Lohnnebenkosten in Relation zum Bruttolohn gesetzt. Es stellt eine Täuschung dar, wenn die Bezugsgröße Lohn nicht wie gewöhnlich als Bruttolohn, sondern unüblich als Nettolohn, d.h. nach Abzug der Lohnsteuer und Sozialabgaben (verfügbarer Lohn) definiert wird und die Angabe dieser unüblichen Definition unterbleibt.

d) Nicht repräsentative Stichprobe

Durch eine gezielte Auswahl der Merkmalsträger kann das Wunschergebnis erfragt werden.

Beispiel: In der Diskussion um die Verlängerung der Ladenöffnungszeit ist einem Verbandsvertreter eine positive Einstellung der Bevölkerung zur Verlängerung willkommen. Ihm käme es daher sehr entgegen, wenn in einer Meinungsumfrage vornehmlich Personen, die während der verlängerten Ladenöffnungszeit einkaufen, befragt würden und weniger Personen, die während der normalen Ladenöffnungszeit einkaufen.

e) irreführende Auswahl der Untersuchungsmerkmale

Bei qualitativen Merkmalen, deren Merkmalswerte sich einer unmittelbaren Ermittlung entziehen, muß die Ermittlung ersatzweise bzw. mittelbar über ein oder mehrere andere Untersuchungsmerkmale erfolgen. Man denke z.B. an die Ermittlung der Intelligenz, der Geschicklichkeit oder des Betriebsklimas. Über eine gezielte Auswahl der Untersuchungsmerkmale kann Einfluß auf das Ergebnis genommen werden.

f) Die Antwort beeinflussende Fragestellungen

Das Ergebnis der statistischen Untersuchung kann auch über die Formulierung der Fragestellung gesteuert werden. Die Frage kann so formuliert werden, daß sie dem Befragten die vom Auftraggeber gewünschte Antwort suggeriert.

Beispiel: Einem Bürger, der zur Höhe der Gemeindeverschuldung befragt wird, wird bei der Fragestellung "Halten Sie die Verschuldung der Gemeinde in Höhe von 37,4 Mio DM zu hoch?" eher die Antwort "ja" nahegelegt, während bei der Frage "Halten Sie die Verschuldung der Gemeinde in Höhe von 1.800 DM pro Einwohner für zu hoch?" eher die Antwort "nein" suggeriert wird.

g) manipulierende Auswahl der Bezugsgröße

Die Entwicklung eines Merkmalswertes kann in einer vergleichenden Betrachtung durch die gezielte Auswahl einer Bezugsgröße (Vergleichsgröße) beschönigt oder verschlimmert ausgewiesen werden.

Beispiel: In Regensburg betrug der Preis für ein Pfund Kaffee der Sorte A am 01.09.95 DM 9,10, am 01.08.96 DM 7,90 und am 01.09.96 DM 8,40. Je nach beabsichtigter Wirkung kann die Preisentwicklung für ein Pfund Kaffee im Vormonats-Vergleich mit einem Plus von 6,3% (Rechnung: 8,4:7,9·100 - 100) oder alternativ im Vorjahres-Vergleich mit einem Minus von 7,7% (Rechnung: 8,4:9,1·100 - 100) angegeben werden.

h) Vortäuschen von Zusammenhängen

In der Betriebswirtschaft gibt es zahlreiche Merkmale, deren Werte sich z.B. im Zeitablauf in dieselbe oder entgegengesetzte Richtung bewegen. Für diese Merkmale läßt sich formal ein Zusammenhang nachweisen, ohne daß ein sachlicher Zusammenhang bestehen muß. Man denke - allerdings auf anderem Sektor - an den oft zitierten formalen Zusammenhang zwischen der Zahl der Störche und der Zahl der Geburten. Eine Aufzucht von Störchen wird das Geburtendefizit in der BRD sicherlich nicht beseitigen.

Nicht unerwähnt bleiben darf schließlich, daß sich in bestimmten Bereichen Daten einer Erfassung entziehen, was ebenfalls zu einem allgemeinen Mißtrauen gegenüber der Statistik führen kann. Paradebeispiel ist hier die Dunkelziffer bei der Erfassung krimineller Delikte wie Ladendiebstähle, Vergewaltigungen, Kindesmißhandlungen, Schwarzarbeit etc.

Die Auflistung zeigt, daß es zahlreiche Möglichkeiten zur Täuschung bzw. Manipulation gibt. Daraus darf jedoch keine ablehnende Haltung gegenüber der Statistik entstehen, sondern eine verstärkt objektiv kritische Haltung. Dazu tragen gute statistische Kenntnisse bei.

1.5. Übungsaufgaben und Kontrollfragen

01) Welche Funktionen erfüllen Daten bei der Planung, Steuerung und Kontrolle des gesamten Betriebsgeschehens? Welche Aufgabe erfüllt in diesem Zusammenhang die Statistik?

02) Erklären Sie den Unterschied zwischen der beschreibenden und der schließenden Statistik!

03) Erläutern Sie den Begriff Merkmalsträger!

04) Erläutern Sie den Begriff Grundgesamtheit! Gehen Sie in diesem Zusammenhang auf die Bedeutung der Abgrenzungsmerkmale ein!

05) Erklären Sie an einem selbstgewählten Beispiel den Unterschied zwischen Bestandsmasse, Bewegungsmasse und Anwesenheitsmasse!

06) Definieren Sie den Begriff Untersuchungsmerkmal!

07) Erklären Sie an einem selbstgewählten Beispiel den Unterschied zwischen Untersuchungsmerkmal und Abgrenzungsmerkmal!

08) Erklären Sie den Begriff Merkmalswert!

09) Beschreiben Sie den Unterschied zwischen qualitativen und quantitativen Merkmalen!

10) Wie können qualitative Merkmale untergliedert werden?

11) Beschreiben Sie den Unterschied zwischen diskreten und stetigen Merkmalen!

12) Erklären Sie anhand von Beispielen den Unterschied zwischen häufbaren und nicht-häufbaren Merkmalen!

13) Geben Sie für die folgenden Beispiele an, um welche Art von Merkmal es sich jeweils handelt! Fehlzeit, Geschicklichkeit, Tarifgruppe, Einkommen, Berufsbezeichnung, Dienstgrad, Autofarbe, Kundenzufriedenheit, Religionszugehörigkeit, Füllgewicht, Uhrzeit, Lebensdauer.

14) Ordnen Sie die Intervallskala, Nominalskala, Ordinalskala und die Verhältnisskala entsprechend ihrem Informationsniveau! Erklären Sie dabei den Informationsgehalt der einzelnen Skalen!

15) Warum ist die Unterscheidung in die vier Skalentypen notwendig?

16) Geben Sie an, wie die folgenden Merkmale skaliert sind!
Fehlzeit, Geschicklichkeit, Tarifgruppe, Einkommen, Berufsbezeichnung, Dienstgrad, Autofarbe, Kundenzufriedenheit, Religionszugehörigkeit, Füllgewicht, Uhrzeit, Lebensdauer.

17) Den Merkmalswerten eines nominal- oder ordinalskalierten Merkmals werden häufig Zahlen zugeordnet. Warum dürfen mit diesen Zahlen keine Rechenoperationen durchgeführt werden?

18) Warum ist manchen Statistiken mit einer verstärkt kritischen Haltung zu begegnen?

19) Sie sollen eine statistische Untersuchung mit dem Titel "Art des Schulabschlusses der leitenden Angestellten der Firma A" erstellen.

  a) Schildern Sie die Problematik, die bei der Abgrenzung der Grundgesamtheit auftritt! Um welche Angabe sollte der Titel ergänzt werden?

  b) Erklären Sie am Beispiel den Unterschied zwischen (Prädikats-)Merkmal und Abgrenzungsmerkmal!

  c) Erklären Sie am Beispiel den Unterschied zwischen Bestands- und Anwesenheitsmasse!

  d) Bestimmen Sie die Merkmalsart!

  e) Nach welcher Skala wird das Merkmal gemessen? Welche Informationen können beim Vergleich zweier Merkmalsträger abgerufen werden?

2. Ablauf der statistischen Untersuchung

Der Ablauf der statistischen Untersuchung, der sich weitestgehend aus den unter Abschnitt 1.1. genannten Aufgaben der Statistik ergibt, kann in folgende Phasen unterteilt werden:

> Planung
> Datenerhebung
> Datenaufbereitung und -darstellung
> Datenanalyse und -interpretation.

2.1. Planung

Statistische Untersuchungen erreichen sehr oft eine Größenordnung, die eine planerische Vorgehensweise erforderlich macht.

Die Planung erstreckt sich auf die Gestaltung und Durchführung der drei sich anschließenden Phasen. Es ist dabei insbesondere festzulegen, welche Merkmale bei welchen Merkmalsträgern mit welcher Technik zu erheben, welche Aufbereitungsverfahren einzusetzen, welche Formen der Darstellung zu wählen und welche statistischen Analyseverfahren einzusetzen sind.

Von der sorgfältigen Planung des Untersuchungsablaufs hängt es in hohem Maße ab, ob die Untersuchung im Einklang mit dem Untersuchungsziel steht. Die Festlegung der einzusetzenden Verfahren bestimmt in erheblichem Maße den zeitlichen Aufwand und nicht zuletzt die Kosten der Untersuchung. Die Planung muß daher in enger Abstimmung mit dem Auftraggeber erfolgen.

In den folgenden Abschnitten werden Vorgehensweisen und Verfahren für die Erhebung und Aufbereitung der Daten beschrieben. Die Möglichkeiten der Analyse der Daten werden hier zunächst nur überblickartig vorgestellt. Sie werden als zentraler Gegenstand dieses Buches in den anschließenden Kapiteln ausführlich behandelt.

Aus den darzustellenden Verfahren sind für die Durchführung einer konkreten Untersuchung die geeigneten auszuwählen und bausteinartig zusammenzusetzen.

2.2. Datenerhebung

Aufgabe der Datenerhebung bzw. Datenerfassung ist es, die für das Untersuchungsziel relevanten Daten zu erfassen. Im Rahmen dieser Aufgabe sind

das Untersuchungsziel zu konkretisieren und
die Erhebungstechniken festzulegen.

2.2.1. Konkretisierung des Untersuchungszieles

Vor der eigentlichen Erhebung bzw. Erfassung der Daten steht die Konkretisierung des Untersuchungszieles bzw. der statistischen Fragestellung. Der Auftraggeber muß das Ziel bzw. die Fragestellung deutlich und präzise artikulieren. Dies ist Voraussetzung für eine entsprechende Abgrenzung der Grundgesamtheit und eine zielkonforme Festlegung der Untersuchungsmerkmale. Eine unpräzise oder oberflächliche Formulierung kann dazu führen, daß sich die statistische Untersuchung nicht genügend mit dem interessierenden oder sich zusätzlich mit anderen, nicht interessierenden Zielen oder Fragestellungen beschäftigt.

Beispiel:
Die Geschäftsleitung eines Kaufhauses erteilt den Auftrag, die Zufriedenheit der Kunden des Hauses in der vorweihnachtlichen Zeit des Jahres 1996 festzustellen. Diese Formulierung bringt das Untersuchungsziel bzw. das Interesse der Geschäftsleitung nicht hinreichend zum Ausdruck. Für die sachliche Abgrenzung der Grundgesamtheit z.B. muß der Begriff Kunde genau definiert werden. Es ist von erheblichem Einfluß auf das Ergebnis der Untersuchung, ob ein Kunde als eine Person definiert wird, die als Käufer auftritt, oder als eine Person, die das Kaufhaus betritt, unabhängig davon, ob sie etwas kauft oder - evtl. aus Unzufriedenheit - nichts kauft. Ähnliches gilt für die zeitliche (vorweihnachtliches Geschäft) und die räumliche Abgrenzung (Subunternehmen im Kaufhaus).
Die Geschäftsleitung muß auch präzise angeben, welchen Zweck bzw. welches Ziel sie mit der Untersuchung verfolgt. Dient die Untersuchung lediglich einer

groben Istbeschreibung, so genügt als Untersuchungsmerkmal die Kundenzufriedenheit mit den Merkmalswerten "sehr zufrieden" bis hin zu "sehr unzufrieden". Beabsichtigt die Geschäftsleitung eine Steigerung der Kundenzufriedenheit, dann ist diese in mehrere Untersuchungsmerkmale wie z.B. die Zufriedenheit mit dem Sortimentsumfang, der Produktqualität, dem Preis-Leistungsverhältnis, der Beratung, der Freundlichkeit des Personals etc. aufzuschlüsseln, um eine Basis für gezielte Verbesserungsmaßnahmen zu besitzen.

Dies Beispiel verdeutlicht, daß eine präzise Formulierung des Untersuchungszieles bzw. der Fragestellung durch den Auftraggeber unerläßlich ist. Zudem werden damit bereits im Vorfeld spätere eventuelle Unstimmigkeiten vermieden.

2.2.2. Erhebungstechniken

Für die Erhebung bzw. Erfassung der Daten stehen verschiedene Techniken zur Auswahl. Die Auswahl betrifft die Herkunft der Daten, den Erhebungsumfang und die Art der Erhebung. Von diesem Auswahlentscheid hängen der zeitliche Aufwand, die Kosten und der Genauigkeitsgrad der Untersuchung ab. Dies zeigt wieder, wie wichtig es ist, den Auftraggeber in die Planung der Untersuchung einzubinden.

2.2.2.1. Herkunft der Daten

Für die statistische Untersuchung können eigens Daten erhoben oder - falls vorhanden - bereits vorliegende Daten verwendet werden. Nach der Herkunft der Daten wird entsprechend zwischen Primärstatistik und Sekundärstatistik unterschieden.

2.2.2.1.1. Primärstatistik

Eine Primärstatistik (Primärerhebung) liegt vor, wenn für die aktuelle Untersuchung erstmalig (primär) Daten erhoben werden. Das interessierende Untersuchungsziel ist Basis für die Erhebung der Daten.
Darin liegt der bedeutende Vorteil der Primärstatistik; die Grundgesamtheit und die Untersuchungsmerkmale werden ganz genau auf das Untersuchungsziel

ausgerichtet. Diese zielkonforme Ausrichtung bzw. adäquate Umsetzung führt zu einem Gewinn an Aussagekraft und Genauigkeit.

Andererseits ist mit der erstmaligen Erhebung der Daten ein höherer zeitlicher und finanzieller Aufwand verbunden.

2.2.2.1.2. Sekundärstatistik

Eine Sekundärstatistik (Sekundärerhebung) liegt vor, wenn bei der statistischen Untersuchung auf bereits vorliegendes Datenmaterial zurückgegriffen wird. Im Unterschied zur Primärstatistik ist das aktuelle Untersuchungsziel nicht die Basis für die Erhebung der Daten. Es werden vielmehr Daten, die primär für andere Zwecke gewonnen wurden, ein zweites Mal (sekundär) verwendet bzw. erhoben.

Die Eignung dieser Daten für die aktuelle Untersuchung hängt davon ab, inwieweit Ziel und Begriffsabgrenzungen der beiden Untersuchungen übereinstimmen. Bei nicht hinreichender Übereinstimmung kommt es in der aktuellen Untersuchung zu Ungenauigkeiten oder Fehlern, deren Ausmaß und Richtung schwer abzuschätzen sind. Erschwerend kann bei der Verwendung älterer Daten die fehlende Aktualität hinzukommen.

Auf der anderen Seite ist die Sekundärstatistik mit einem geringen Zeitaufwand und geringen Kosten verbunden.

Aus Kosten- und Zeitgründen sollte - falls vorhanden - der sekundärstatistischen Erhebung der Vorzug gegenüber der primärstatistischen gegeben werden. Bestehen Zweifel an einer hinreichenden Übereinstimmung der Ziele und der verwendeten Begriffe und/oder ist die Sekundärstatistik zu alt, dann ist primärstatistisch erhobenen Daten der Vorzug zu geben.

Beispiel:

Im Landkreis Regensburg soll der Stromverbrauch der privaten Haushalte für das Jahr 1995 ermittelt werden.

Bei der primärstatistischen Erhebung sind Haushalte nach ihrem Stromverbrauch zu befragen. Für eine sekundärstatistische Erhebung könnte z.B. der Stromerzeuger REWAG & Co KG die Stromverbräuche aus den Stromrechnungen der relevanten Haushalte entnehmen und - ohne namentliche Angabe der Haushalte - an den Landkreis weitergeben. Die zweite Art der Datenerhebung erfolgt wesentlich schneller und verursacht deutlich weniger Kosten.

Die Sekundärstatistik führt zu kleinen, akzeptablen Ungenauigkeiten, da die RE-WAG den von privaten Haushalten über Photovoltaik oder kleinere Wasserkraftwerke erzeugten und verbrauchten Strom nicht vollständig erfaßt. Hier tritt die Problematik der unterschiedlichen Zielsetzung auf. Nicht akzeptabel wäre die Ungenauigkeit, wenn es z.B. um die Erfassung des Stromverbrauchs von Aluminiumherstellern ginge, die ihren Energiebedarf oft zu einem hohen Anteil aus eigenen Kraftwerken decken.

Mit der zunehmenden, weltweiten Vernetzung bzw. dem leichten Zugriff auf Datenbanken gewinnt die Sekundärstatistik an Bedeutung.

Wichtige Datenlieferanten für Sekundärerhebungen sind die amtliche und die nicht-amtliche Statistik.

Träger der amtlichen Statistik sind zum Beispiel das Statistische Bundesamt der BRD, die Statistischen Landesämter, die Bundesbank und die kommunalen statistischen Ämter. Bekannte Veröffentlichungen sind das "Statistische Jahrbuch für die Bundesrepublik Deutschland", die Zeitschriften "Wirtschaft und Statistik" und "Monatsbericht der Deutschen Bundesbank".

Träger der nicht-amtlichen Statistik sind zum Beispiel Wirtschaftsforschungsinstitute (DIW, IFO, ...), Markt- und Meinungsforschungsinstitute (GfK, Infratest, ...), Unternehmensverbände und Unternehmen.

Dabei ist zu beachten, daß die amtliche Statistik i.d.R. objektivere Daten liefert als die oft interessenvertretenden Träger der nicht-amtlichen Statistik.

	Primärstatistik	Sekundärstatistik
Kosten	hoch	niedrig
Zeitaufwand	hoch	niedrig
Zielbezug	stark	evtl. eingeschränkt
zeitliche Nähe	aktuell	evtl. weniger aktuell

Im Falle der Erstellung einer Primärstatistik sind weitere Entscheidungen hinsichtlich Umfang und der Art der Erhebung zu treffen.

2.2.2.2. Erhebungsumfang

Falls die Daten erstmalig erhoben werden, ist über den Umfang der Erhebung zu entscheiden. Es können sämtliche Merkmalsträger bzw. die ganze Grundgesamtheit oder nur ein Teil davon erfaßt werden, d.h. es ist zwischen der Vollerhebung und der Teilerhebung zu entscheiden.

2.2.2.2.1. Vollerhebung

Eine Vollerhebung (Totalerhebung, Totalstatistik) liegt vor, wenn sämtliche Merkmalsträger der Grundgesamtheit erfaßt werden.

Mit der Erfassung eines jeden Merkmalsträgers erfolgt die vollständige und genaue Information über die Grundgesamtheit. Darin liegt der Vorteil der Vollerhebung. Die vollständige Information ist aber zumindest bei umfangreichen Grundgesamtheiten mit hohen Kosten und hohem Zeitaufwand verbunden. Der hohe Zeitaufwand kann auch mit einem Verlust an Aktualität einhergehen. So konnten die Daten der Volkszählung 1987 zum Teil erst 1989 ausgewertet werden. Der Vollerhebung kann in bestimmten Fällen die praktische Unmöglichkeit entgegenstehen. Ist die Ermittlung der Merkmalswerte etwa nur über eine zerstörende Prüfung (z.B. Brenndauer einer Glühbirne, Reißfestigkeit von Textilfasern) möglich oder mit einer Wertminderung verbunden, so ist eine Teilerhebung unumgänglich.

2.2.2.2.2. Teilerhebung

Eine Teilerhebung (Teilstatistik) liegt vor, wenn nur ein Teil der Merkmalsträger der Grundgesamtheit erfaßt wird.

In der Erwartung, daß die erfaßte Teilgesamtheit ein verkleinertes, getreues Abbild der übergeordneten Grundgesamtheit ist, schließt man vom Ergebnis der Teilgesamtheit auf das Ergebnis der Grundgesamtheit. Die geringeren Erhebungskosten und die schnellere Durchführung der Erhebung sind die Vorteile der Teilerhebung. Der Nachteil liegt in dem Risiko, daß die Teilgesamtheit die Grundgesamtheit nicht widerspiegelt bzw. nicht repräsentativ ist, was mit einem mehr oder weniger großen Genauigkeitsverlust verbunden ist. Die Teilerhebung kann umgekehrt aber auch zu genaueren Ergebnissen als die Vollerhebung führen, da bei der Teilerhebung eine gründlichere Erfassung des einzelnen Merkmalträgers vorgenommen werden kann. Abgesehen davon können auch bei der Vollerhebung Erhebungsfehler unterlaufen.

Nicht unerwähnt bleiben darf, daß die Teilerhebung an die statistischen Kenntnisse des Organisators deutlich höhere Anforderungen stellt als die Vollerhebung. Kleinere Firmen, die sich entsprechendes Fachpersonal nicht leisten können, sind hier auf Beratung angewiesen.

Beispiel:
Bei der Ermittlung des Stromverbrauchs privater Haushalte im Landkreis Regensburg können sämtliche Haushalte erfaßt werden, was mit hohen Kosten und erheblichem zeitlichen Einsatz verbunden wäre. Es kann aber auch nur ein Teil der Haushalte erfaßt werden und vom Ergebnis der Teilgesamtheit auf das der Gesamtheit zurückgeschlossen werden.

	Vollerhebung	Teilerhebung
Kosten	hoch	gering
Zeitaufwand	hoch	gering
Genauigkeit	groß	evtl. geringer
zeitliche Nähe	i.d.R. aktuell	aktuell
Durchführbarkeit	nicht immer möglich	fast immer möglich

2.2.2.3. Arten der Erhebung

Bei Voll- oder Teilerhebung können die Daten auf verschiedene Arten erhoben werden. In der Betriebswirtschaft stehen dabei die Beobachtung und die Befragung deutlich im Vordergrund, Experimente spielen dagegen eine nur untergeordnete Rolle.

2.2.2.3.1. Beobachtung

Bei der Beobachtung erfolgt die Erfassung der Daten per Augenschein durch das Erhebungspersonal oder mit Hilfe von Meßgeräten oder Aufzeichnungsvorrichtungen.

Der Vorteil der Beobachtung liegt darin, daß mit verantwortungsbewußtem Erhebungspersonal (z.B. Sachverständige, Gutachter) und/oder genau justierten

Meßgeräten (z.B. Stromzähler, Wasseruhr) eine exakte Erfassung der Daten gewährleistet wird. So ist die Ermittlung des Leistungsgrades eines Arbeiters durch einen Sachverständigen (z.B. REFA-Fachmann) der Selbsteinschätzung (Befragung) des Arbeiters vorzuziehen.

Zahlreiche Merkmale entziehen sich jedoch dieser Art der Erfassung. So stößt die Beobachtung z.B. bei der Erfassung von Meinungen, der Ermittlung des Alters einer Maschine, der Religionszugehörigkeit, der Anzahl der Kinder etc. sehr schnell an ihre Grenzen. Die Daten lassen sich per Beobachtung nicht oder nur mit nicht vertretbarem Aufwand erfassen. Hier ist eine Befragung unumgänglich.

2.2.2.3.2. Befragung

Die Befragung kann auf mündlichem oder schriftlichem Weg erfolgen. Die Befragung richtet sich an eine Auskunftsperson oder -stelle, die mit dem Merkmalsträger nicht identisch sein muß. So kann die Dauer der Betriebszugehörigkeit direkt bei dem Mitarbeiter oder indirekt in der Personalabteilung erfragt werden.

Die Befragung ist im Vergleich zur Beobachtung mit zwei Nachteilen verbunden, die zu einer Verzerrung der Ergebnisse führen können. Die Befragten können, falls keine Auskunftspflicht besteht, die Antwort verweigern. Ursachen dafür sind z.B. der große Zeitaufwand für die Befragung oder zu persönliche Fragen. Die Befragten können aber auch bewußt oder aus Unfähigkeit heraus Falschauskünfte erteilen. Falschauskünfte werden z.B. aus Furcht vor negativen Folgen beim Zugeben extremer oder unerwünschter Anschauungen oder bei Nichterfüllung erwarteter Leistungen erteilt.

Antwortverweigerungen können durch folgende Maßnahmen eventuell reduziert werden:

 Mündliche anstatt schriftliche Befragung (Ablehnung fällt schwerer),

 Unterlassen überflüssiger Fragen,

 Stellen geschlossener Fragen (Antwortkategorien sind vorgegeben),

 indirektes statt direktes Erfragen von Persönlichem,

 ansprechende Gestaltung (Layout) des Fragebogens.

Falschauskünfte können durch folgende Maßnahmen eventuell reduziert und/oder leichter erkannt werden:

 Präzise und für jeden verständliche Formulierung der Fragen,

 Stellen unauffälliger Kontrollfragen,

 mündliche anstatt schriftliche Befragung (Interviewer kann nachfragen).

Die Vorteile der mündlichen Befragung sind jedoch mit höheren Kosten und mehr Zeitaufwand verbunden.

	Beobachtung	schriftliche Befragung	mündliche Befragung
Kosten	relativ gering	gering	hoch
Zeitaufwand	relativ gering	gering	hoch
Genauigkeit	groß	ungenaue Auskunft möglich	ungenaue Auskunft möglich
zeitliche Nähe	aktuell	evtl. längere Rücklaufzeit	i.d.R. aktuell

2.3. Datenaufbereitung

Die Daten bzw. Merkmalswerte aus der Erhebung sind in den Fragebögen, Beobachtungs-, Interview- oder Versuchsprotokollen festgehalten. Sie liegen damit in einer für unsere Zwecke i.d.R. noch ungeordneten und unübersichtlichen Form vor.

Im Rahmen der Datenaufbereitung sind die Daten so zu ordnen und zusammenzufassen, daß sie - in der Form von Tabellen und/oder Graphiken - einen schnellen, gut strukturierten und übersichtlichen Einblick in die Gegebenheiten der Grundgesamtheit oder Teilgesamtheit ermöglichen. Dazu müssen die Daten in einem ersten Schritt geprüft bzw. kontrolliert, in einem zweiten Schritt ausgezählt und in einem abschließenden Schritt in eine tabellarische und/oder graphische Form gebracht werden.

2.3.1. Kontrolle der Daten

Zu Beginn der Datenaufbereitung oder auch schon während der Erhebungsphase müssen die Daten geprüft bzw. kontrolliert werden. Die Kontrolle erstreckt sich auf die Vollständigkeit der Erfassung und der Beantwortung sowie auf die Glaubwürdigkeit der Daten.

Bei der Kontrolle der Vollständigkeit der Erfassung ist festzustellen, ob sämtliche Merkmalsträger der statistischen Untersuchung erfaßt worden sind. Für nicht erfaßte Merkmalsträger ist - falls noch möglich - eine Nacherhebung vorzunehmen. Bei der Kontrolle auf Vollständigkeit der Beantwortung ist festzustellen, ob für die Merkmalsträger sämtliche Merkmalswerte vorliegen. Zudem ist zu kontrollieren, ob die vorliegenden Merkmalswerte glaubwürdig sind. Gegebenenfalls sind - falls noch möglich - Nacherhebungen vorzunehmen, oder die Merkmalswerte sind im Analogieschluß über ähnlich strukturierte Merkmalsträger festzulegen.

An die Kontrolle der Daten schließt sich mit dem Auszählen der Daten die eigentliche Aufbereitung an.

2.3.2. Auszählen der Daten

Durch das Auszählen der Daten wird festgestellt, wie häufig die einzelnen Merkmalswerte in der Grund- oder Teilgesamtheit aufgetreten sind. Die Vorgehensweise wird in den folgenden Abschnitten beschrieben.

2.3.2.1. Urliste

Nach der Erhebung liegen die Daten bzw. Merkmalswerte (Urwerte, Urdaten) zunächst in Form einer sogenannten Urliste (statistische Reihe) vor. In der Urliste sind die Merkmalswerte und eventuell auch die zugehörigen Merkmalsträger nacheinander aufgereiht. Die Reihung kann rein zufällig, zum Beispiel entsprechend der zeitlichen Abfolge der Beobachtung oder Befragung entstanden sein, oder nach der alphabetischen Ordnung der Merkmalsträger festgelegt worden sein.

In Abbildung 2.3.2.1.-1 findet sich ein Beispiel für eine Urliste. Aus der Urliste kann nur mit viel Mühe ersehen werden, wie sich die 20 Merkmalsträger z.B. auf die Merkmalswerte des Merkmals Familienstand verteilen. Die Verteilung der Merkmalsträger auf die möglichen Kombinationen der Merkmalswerte aus den drei Merkmalen kann aus der Urliste nur schwer ersehen werden. Das Beispiel zeigt dies deutlich. Bei größeren Datenumfängen ist es nicht mehr möglich, die Verteilung aus der Urliste zu erkennen.

Beispiel: Familienstand, Zahl der Kinder und Tarifgruppe der 20 Beschäftigten der Firma Maier KG

Nr.	Name, Vorname	Fam.stand	Zahl der Kinder	Tarifgruppe
01	Amberger, Heinz	ledig	0	II
02	Bauer, Regine	verheiratet	2	I
03	Bertram, Günther	geschieden	1	II
04	Dünnes, Rita	ledig	0	I
05	Engel, Erika	verheiratet	1	II
06	Frühauf, Ernst	verwitwet	1	III
07	Frisch, Anton	verheiratet	3	II
08	Gillhuber, Erwin	geschieden	0	III
09	Hell, Marion	ledig	0	II
10	Jahn, Josef	verheiratet	2	II
11	Kaps, Wolfgang	verwitwet	0	III
12	Lechner, Ernst	verheiratet	4	II
13	Maier, Waltraud	ledig	0	II
14	Mayer, Elisabeth	ledig	1	I
15	Pagler, Fritz	ledig	0	I
16	Polzer, Hermann	verheiratet	2	IV
17	Rabe, Armin	verheiratet	3	III
18	Reiser, Gabriele	geschieden	2	II
19	Schmidt, Heinz	verheiratet	1	IV
20	Zube, Karl	verheiratet	1	IV

Abb. 2.3.2.1.-1: Urliste

Bei kleineren Datenmengen bildet die Urliste häufig schon den Abschluß der statistischen Untersuchung, da sie in diesem Fall überschaubar ist.

2.3.2.2. Strichliste

In der Strichliste werden alle in der Urliste enthaltenen Merkmalswerte aufgelistet. Die Anordnung der Merkmalswerte ist vom Skalenniveau abhängig. Sind die Merkmalswerte mindestens ordinalskaliert, so werden sie entsprechend der natürlichen Rangordnung angeordnet. Da bei nominalskalierten Merkmalswerten ein natürliches Ordnungskriterium fehlt, können sie beliebig oder nach irgendeinem

Kriterium (z.B. Alphabet) angeordnet werden. Für jeden Merkmalswert aus der Urliste wird dem entsprechenden Merkmalswert in der Strichliste ein Strich zugeordnet. In Abbildung 2.3.2.2.-1 ist die Strichliste für das Merkmal Zahl der Kinder zu finden.

Beispiel: Zahl der Kinder der 20 Beschäftigten der Firma Maier KG

Zahl der Kinder	Anzahl der Beschäftigten
0	⊬⊬ ||
1	⊬⊬ |
2	||||
3	||
4	|

Abb. 2.3.2.2.-1: Strichliste

Auf diese Weise werden Merkmalsträger mit identischen Merkmalswerten zusammengefaßt.

Da die Sortier- und Auszählaufgaben in zunehmendem Maße maschinell vorgenommen werden, wird die Strichliste i.d.R. nur noch bei kleinerem Datenumfang tatsächlich erstellt. Sind die möglichen Merkmalswerte bereits vor der Erhebung bekannt, dann können bei der Erhebung die Urwerte in Form von Strichen direkt in die Strichliste abgetragen werden. Man denke hierbei z.B. an die per Hand vorgenommene Verkehrszählung.

Bei qualitativen Merkmalen kann insbesondere die maschinelle Aufbereitung übersichtlicher gestaltet und leichter durchgeführt werden, wenn die Merkmalswerte durch Kennziffern (Schlüsselnummern) verschlüsselt werden. Für die Verschlüsselung werden meistens dekadische Systeme gewählt (z.B. beim Industriekontenrahmen). Bei der Vergabe von Kennziffern ist darauf zu achten, daß diese im Einklang mit eventuell bereits bestehenden betrieblichen Systemen stehen.

2.3.2.3. Häufigkeitstabelle

Zur Erstellung der Häufigkeitstabelle werden in der Strichliste die Striche ausgezählt und dem jeweiligen Merkmalswert als Häufigkeit zugeordnet. Die Häufigkeitstabelle gibt also die Häufigkeitsverteilung eines Merkmals wieder, d.h. aus ihr kann ersehen werden, wie sich die Merkmalsträger auf die verschiedenen Merkmalswerte verteilen.

Beispiel: Zahl der Kinder der 20 Beschäftigten der Firma Maier KG

Zahl der Kinder	Anzahl der Beschäftigten
0	7
1	6
2	4
3	2
4	1

Abb. 2.3.2.3.-1: Häufigkeitstabelle

Der Häufigkeitstabelle in Abbildung 2.3.2.3.-1 kann die Häufigkeitsverteilung für das Merkmal Zahl der Kinder entnommen werden. So gibt es z.B. 4 Beschäftigte, die zwei Kinder haben.

Eine Gegenüberstellung von Urliste (Abb. 2.3.2.1.-1) und Häufigkeitstabelle (Abb. 2.3.2.3.-1) zeigt, daß durch die Aufbereitung umfangreiche Informationen über die Gesamtheit schnell und in gut strukturierter Form vermittelt werden können. Die Charakterisierung des einzelnen Merkmalsträgers geht dabei zugunsten der Charakterisierung der Gesamtheit verloren.

Im Rahmen der Datenaufbereitung sind noch weitere Arten von Häufigkeiten zu bestimmen. Ihre Bestimmung erfolgt im Abschnitt 2.4. zusammen mit der tabellarischen Datendarstellung, die sehr eng mit der Datenaufbereitung verbunden ist.

2.4. Tabellarische Darstellung von Daten

Die aufbereiteten Daten sind übersichtlich und systematisch in Form von Häufigkeitsverteilungen darzustellen. Die klassische Form der Darstellung ist die Tabelle. Ihre Darstellung erfolgt in den Abschnitten 2.4.1. bis 2.4.3. im Rahmen der Vorstellung der unterschiedlichen Formen von Häufigkeitsverteilungen. Im daran anschließenden Abschnitt 2.5. werden Möglichkeiten der graphischen Darstellung vorgestellt.

Statistische Untersuchungen können sich auf ein einziges Merkmal oder gleichzeitig auf mehrere Merkmale erstrecken, entsprechend wird in eindimensionale und mehrdimensionale Häufigkeitsverteilungen unterschieden.

2.4.1. Eindimensionale Häufigkeitsverteilung

Werden die Merkmalsträger hinsichtlich eines einzigen Merkmals (Dimension) untersucht, ist das Ergebnis der Erhebung und Aufbereitung eine eindimensionale Häufigkeitsverteilung. Sie beschreibt, wie sich die Merkmalsträger auf die Merkmalswerte des einen Merkmals verteilen (häufen).

Eindimensionale Häufigkeitsverteilungen werden nach der Art der Häufigkeit in einfache und kumulierte Häufigkeitsverteilungen untergliedert.

Im folgenden werden den Begriffen stets Symbole zugeordnet, was eine einfachere Darstellung von Formeln und Berechnungen ermöglicht.

2.4.1.1. Einfache Häufigkeitsverteilung

Die einfache Häufigkeit gibt an, wie häufig ein Merkmalswert x_i aufgetreten ist. Die einfache Häufigkeit kann absolut oder relativ ausgedrückt werden.

h_i = absolute einfache Häufigkeit (i.d.R. kurz: absolute Häufigkeit)
d.h. Anzahl der Merkmalsträger mit dem Merkmalswert x_i ($i = 1, .., v$)

f_i = relative einfache Häufigkeit (i.d.R. kurz: relative Häufigkeit)
d.h. Anteil der Merkmalsträger mit dem Merkmalswert x_i ($i = 1, .., v$)

n = Gesamtzahl der Merkmalsträger

v = Anzahl verschiedener Merkmalswerte

Die Gesamtzahl der Merkmalsträger errechnet sich aus der Summe der absoluten Häufigkeiten. Diese Berechnung ist nur bei nicht-häufbaren Merkmalen zulässig.

$$h_1 + h_2 + \; ... \; + h_v = n$$

Oder in der Kurzschreibweise:

$$\sum_{i=1}^{v} h_i = n \quad \text{(Leseweise: Die Summe über alle } h_i \text{ für i gleich 1 bis v.)}$$

Die relative Häufigkeit f_i ergibt sich aus dem Relativieren der absoluten Häufigkeit an der Gesamtzahl der Merkmalsträger n.

$$f_i = \frac{h_i}{n} \qquad \text{(Formel 2.4.1.1.-1)}$$

Die Summe aller relativen Häufigkeit ist gleich 1 bzw. 100%.

$$f_1 + f_2 + \ldots + f_v = 1$$

Oder in der Kurzschreibweise:

$$\sum_{i=1}^{v} f_i = 1$$

Das Relativieren bringt einen zusätzlichen Informationsgewinn. Zugleich erleichtert die relative Häufigkeit den Vergleich mit anderen Gesamtheiten.

Beispiel: Anzahl der Kinder der Beschäftigten der Firma Maier KG

i	x_i	h_i	f_i
1	0	7	0,35
2	1	6	0,30
3	2	4	0,20
4	3	2	0,10
5	4	1	0,05
			1,00

Abb. 2.4.1.1.-1: Einfache Häufigkeitsverteilung

Zum besseren Einfinden in die Symbolik ist in Spalte 1 der Abb. 2.4.1.1.-1 der Laufindex i angegeben; dieser ist streng zu unterscheiden vom Merkmalswert x_i.

$x_2 = 1$, d.h. der Merkmalswert beträgt 1 Kind

$h_2 = 6$, d.h. 6 Beschäftigte haben 1 Kind

$$n = \sum_{i=1}^{5} h_i = 7 + 6 + 4 + 2 + 1 = 20$$

$$f_2 = \frac{h_2}{n} = \frac{6}{20} = 0,30, \text{ d.h. 30\% der Beschäftigten haben 1 Kind}$$

2.4.1.2. Kumulierte Häufigkeitsverteilung

Die kumulierte Häufigkeit (Summenhäufigkeit) gibt die Anzahl bzw. den Anteil der Merkmalsträger an, die einen bestimmten Merkmalswert nicht überschreiten.

H_i = absolute kumulierte Häufigkeit

d.h. Anzahl der Merkmalsträger mit einem Merkmalswert, der kleiner oder gleich x_i ist $\quad$ (i = 1, ..., v)

F_i = relative kumulierte Häufigkeit

d.h. Anteil der Merkmalsträger mit einem Merkmalswert, der kleiner oder gleich x_i ist $\quad$ (i = 1, ..., v)

Zur Ermittlung einer kumulierten Häufigkeit werden die entsprechenden einfachen Häufigkeiten kumuliert, d.h. sukzessive addiert.

$$H_i = h_1 + h_2 + \ldots + h_i = \sum_{a=1}^{i} h_a$$

$$F_i = f_1 + f_2 + \ldots + f_i = \sum_{a=1}^{i} f_a = \frac{H_i}{n}$$

Die Berechnung der kumulierten Häufigkeiten ist nur zulässig, wenn das Merkmal mindestens ordinalskaliert ist, d.h. wenn die Merkmalswerte in eine natürliche Rangordnung gebracht werden können.

Beispiel: Anzahl der Kinder der Beschäftigten der Firma Maier KG

i	x_i	h_i	f_i	H_i	F_i
1	0	7	0,35	7	0,35
2	1	6	0,30	13	0,65
3	2	4	0,20	17	0,85
4	3	2	0,10	19	0,95
5	4	1	0,05	20	1,00
		20	1,00		

Abb. 2.4.1.2.-1: Einfache und kumulierte Häufigkeitsverteilung

H_2 = 13, d.h. 13 Beschäftigte haben höchstens 1 Kind

F_2 = 0,65, d.h. 65% der Beschäftigten haben höchstens 1 Kind

Als ergänzende Häufigkeit kann die sogenannte Resthäufigkeit berechnet werden. Sie ist das Komplement zu der kumulierten Häufigkeit, d.h. sie gibt die Anzahl HR_i bzw. den Anteil FR_i der Merkmalsträger mit einem Merkmalswert an, der größer als der Merkmalswert x_i ist.

$$HR_i = n - H_i$$

$$FR_i = 1 - F_i$$

Im Beispiel:

$$HR_2 = n - H_2 = 20 - 13 = 7, \quad d.h.\ 7\ \text{Beschäftigte haben mehr als 1 Kind}$$

$$
\begin{array}{lcl}
h_i, f_i & \longleftrightarrow & = x_i \\
H_i, F_i & \longleftrightarrow & \leq x_i \\
HR_i, FR_i & \longleftrightarrow & > x_i
\end{array}
$$

2.4.2. Mehrdimensionale Häufigkeitsverteilung

Werden die Merkmalsträger hinsichtlich mehrerer Merkmale (Dimensionen) untersucht, ist das Ergebnis der Erhebung und Aufbereitung eine mehrdimensionale Häufigkeitsverteilung. Sie beschreibt, wie sich die Merkmalsträger auf die Kombinationen aus den Merkmalswerten der Merkmale verteilen (häufen).

Eine überschaubare tabellarische Darstellung ist nur für die zweidimensionale und - bei sehr geringer Anzahl von Merkmalswerten - die dreidimensionale Häufigkeitsverteilung möglich.

In Abb. 2.4.2.-1 ist die zweidimensionale Häufigkeitsverteilung für die Merkmale Zahl der Kinder und Tarifgruppe für das Beispiel aus Abschnitt 2.3.2.1. dargestellt.

In der Vorspalte sind für das Merkmal X (Tarifgruppe) die zugehörigen Merkmalswerte x_i abgetragen; in der Kopfzeile sind für das Merkmal Y (Zahl der Kinder) die zugehörigen Merkmalswerte y_k abgetragen. Im Inneren der Tabelle, den Tabellenfeldern, sind die absoluten Häufigkeiten h_{ik} und in Klammern die absoluten kumulierten Häufigkeiten H_{ik} eingetragen. Der erste Index gibt den Zeilenindex i und der zweite Index den Spaltenindex k an.

X = Tarifgruppe; x_i = I, II, III, IV;   i = Zeilenindex $(i = 1, ..., v = 4)$

Y = Zahl der Kinder; y_k = 0, 1, 2, 3, 4;   k = Spaltenindex $(k = 1, ..., w = 5)$

$x_i \diagdown y_k$	0	1	2	3	4	$\sum_{k=1}^{5} h_{ik}$
I	2 (2)	1 (3)	0 (3)	0 (3)	0 (3)	3
II	3 (5)	3 (9)	3 (12)	2 (14)	1 (15)	12
III	2 (7)	1 (12)	1 (16)	0 (18)	0 (19)	4
IV	0 (7)	1 (13)	0 (17)	0 (19)	0 (20)	1
$\sum_{i=1}^{4} h_{ik}$	7	6	4	2	1	20

Kopfzeile → (Zeile mit $\sum_{k=1}^{5} h_{ik}$)

Tabellenfelder

Summenzeile → (Zeile mit $\sum_{i=1}^{4} h_{ik}$)

Vorspalte   Summenspalte

Abb. 2.4.2.-1: Zweidimensionale Häufigkeitsverteilung

h_{ik} = Anzahl der Merkmalsträger mit der Merkmalswertkombination x_i, y_k

h_{24} = 2, d.h. 2 Beschäftigte gehören Tarifgruppe II an und haben 3 Kinder.

Die Summenzeile gibt die eindimensionale Verteilung (Randverteilung) für das Merkmal Y (Zahl der Kinder) wieder. Die eindimensionale Häufigkeit ergibt sich aus der Addition der zweidimensionalen Häufigkeiten in der entsprechenden Spalte.

$$\sum_{i=1}^{v} h_{ik} = h_{1k} + h_{2k} + ... + h_{vk} = h_k$$

$$\sum_{i=1}^{4} h_{i2} = h_{12} + h_{22} + h_{32} + h_{42} = h_{k=2}$$

$$= 1 + 3 + 1 + 1 = 6$$

d.h. 6 Beschäftigte haben 1 Kind.

Analoges gilt für die Summenspalte. Sie gibt die eindimensionale Verteilung (Randverteilung) für das Merkmal X (Tarifgruppe) wieder. Im Schnittpunkt von Summenzeile und Summenspalte steht die Gesamtzahl der Merkmalsträger n.

Die absoluten kumulierten Häufigkeiten sind in Abb. 2.4.2.-1 durch die in den Tabellenfeldern in Klammern gesetzten Zahlen angegeben.

H_{ik} = absolute kumulierte Häufigkeit
Anzahl der Merkmalsträger mit den Merkmalswerten $x \leq x_i$ und $y \leq y_k$

H_{24} = 14, d.h. 14 Beschäftigte gehören höchstens der Tarifgruppe II an und haben höchstens 3 Kinder.

Die Berechnung von H_{ik} ist folgendermaßen durchzuführen:

$$H_{ik} = h_{11} + h_{12} + ... + h_{1k}$$
$$+ h_{21} + h_{22} + ... + h_{2k}$$
$$+ ...$$
$$+ h_{i1} + h_{i2} + ... + h_{ik}$$

Oder in der Kurzschreibweise:

$$H_{ik} = \sum_{a=1}^{i} \sum_{b=1}^{k} h_{ab}$$

$$H_{24} = \sum_{a=1}^{2} \sum_{b=1}^{4} h_{ab}$$
$$= 2 + 1 + 0 + 0$$
$$+ 3 + 3 + 3 + 2$$
$$= 14$$

Für die Berechnung und Interpretation der relativen Häufigkeiten f_{ik} und F_{ik} gelten die Ausführungen zu h_{ik} bzw. H_{ik} analog.

Die Erweiterung der zweidimensionalen Häufigkeitsverteilung um ein drittes Merkmal zu einer dreidimensionalen Häufigkeitsverteilung führt zu Problemen bei der tabellarischen Darstellung. Die Tabellen sind nicht überschaubar und benötigen sehr viel Platz.

So steigt im obigen Beispiel die Zahl der Tabellenfelder von $4 \cdot 5 = 20$ auf $4 \cdot 5 \cdot 4 = 80$ Tabellenfelder. In Abb. 2.4.2.-1 müßte jedes Tabellenfeld in vier Felder aufgegliedert werden. Es ist dies in Abb. 2.4.2.-2 ausschnittsweise angedeutet. Als drittes Merkmal wird das Merkmal Z = Familienstand aufgenommen.

x_i	z_l	y_k	0	1
	ledig		2	1
I	verheiratet		0	0
	geschieden		0	0
	verwitwet		0	0
	ledig		3	1
II	verheiratet		0	1
	....			

Abb. 2.4.2.-2: Ausschnitt aus der dreidimensionalen
Häufigkeitsverteilung

Abb. 2.4.2.-2 läßt erkennen, daß die Darstellung einer Häufigkeitsverteilung mit mehr als zwei Merkmalen praktisch nicht immer sinnvoll ist. Werden mehr als zwei Merkmale erfaßt, dann sollten je nach Informationsbedarf mehrere eindimensionale und/oder zweidimensionale Tabellen erstellt werden.

2.4.3. Klassifizierte Häufigkeitsverteilung

Die tabellarische Darstellung von Häufigkeitsverteilungen in der oben beschriebenen Weise ist nur möglich, wenn die Merkmale eine eng begrenzte Anzahl von Merkmalswerten besitzen. Bei mehr als 10 bis 15 verschiedenen Merkmalswerten ist die Darstellung nicht mehr überschaubar.

Beispiel: Rechnungsbeträge von 140 Kunden

Grundgesamtheit:	140 Kunden
Merkmal X:	Rechnungsbetrag (DM)
Merkmalswert x_i:	0,25, 1,18, ..., 116,00, 119,80.

In diesem Beispiel kann man davon ausgehen, daß deutlich über 15 verschiedene Rechnungsbeträge vorkommen. Um eine Überschaubarkeit der tabellarischen Darstellung zu erzielen, muß die Zahl der Angaben reduziert werden. Dies wird über eine Zusammenfassung benachbarter Merkmalswerte zu Klassen (Gruppen) erreicht. Aus der klassifizierten Häufigkeitsverteilung kann entnommen werden, wie sich die Merkmalsträger auf die verschiedenen Klassen verteilen. Den einzelnen Klassen werden also Klassenhäufigkeiten zugeordnet.

Für das obige Beispiel möge sich folgende Verteilung ergeben:

j	Rechnungsbetrag (DM) von ... bis unter ...		h_j	H_j	f_j	F_j
1	0	20	10	10	0,07	0,07
2	20	40	20	30	0,14	0,21
3	40	60	60	90	0,43	0,64
4	60	80	35	125	0,25	0,89
5	80	100	10	135	0,07	0,96
6	100	120	5	140	0,04	1,00
			140		1,00	

Abb. 2.4.3.-1: Klassifizierte Häufigkeitsverteilung

Erläuterung der Begriffe und Symbole:

j = Laufindex für die Klasse (Klassenindex), $j = 1, ..., v$

x_j^u = Untergrenze der Klasse j

x_j^o = Obergrenze der Klasse j

h_j = absolute einfache Klassenhäufigkeit (kurz: absolute Klassenhäufigkeit)
Anzahl der Merkmalsträger mit einem Merkmalswert x_i, der in die j-te Klasse fällt, d.h.

$$x_j^u \leq x_i < x_j^o$$

h_2 = 20, d.h. 20 Kunden haben eine Rechnung über einen Betrag von DM 20 bis unter DM 40

H_j = absolute kumulierte Klassenhäufigkeit (kurz: absolute Klassenhäufigkeit)
Anzahl der Merkmalsträger mit einem Merkmalswert x_i, der kleiner als die Obergrenze der j-ten Klasse ist, d.h.

$$x_i < x_j^o$$

H_2 = 30, d.h. 30 Kunden haben eine Rechnung über einen Betrag von weniger als DM 40

Die relativen kumulierten Häufigkeiten f_j und F_j sind analog zu h_j bzw. H_j zu definieren und interpretieren.

Durch die Verdichtung der Merkmalswerte zu Klassen werden einerseits Informationen reduziert bzw. vernichtet, andererseits wird eine Übersichtlichkeit erzielt. Bei der Klassenbildung ist ein Kompromiß zu finden zwischen dem Verlust an Informationen und dem Gewinn an Übersichtlichkeit. Dabei ist über die Anzahl der Klassen und die Breite der einzelnen Klassen zu entscheiden. Die Entscheidung ist abhängig von der Kompromißhaltung des Statistikers.

a) Anzahl der Klassen

Die Anzahl der Klassen hat entscheidenden Einfluß auf den Umfang des Informationsverlustes und das Ausmaß der Übersichtlichkeit. Je geringer die Anzahl der Klassen, desto höher der Informationsverlust und desto besser die Übersichtlichkeit und umgekehrt.

Die Vorschläge zur Anzahl der Klassen entspringen unterschiedlichen Kompromißhaltungen. Die Vorschläge sind daher unterschiedlich und zum Teil auch widersprüchlich. Einige der Vorschläge sind nachstehend aufgelistet.

Vorschläge zur Anzahl der Klassen:

   5 bis 15;   6 bis 10;   10 bis 20; $\sqrt{n}$;

   oder aus den DIN-Vorschriften:

Anzahl der Merkmalsträger		Mindestzahl der Klassen
-	100	10
101 -	1.000	13
1.001 -	10.000	16
10.001 -	100.000	20

Die erheblichen Abweichungen der einzelnen Vorschläge sind ein Indiz dafür, daß kein allgemeingültiger Vorschlag für die Festlegung der Anzahl der Klassen gemacht werden kann. Die Entscheidung ist immer eine Einzelfallentscheidung, für die die individuelle Verteilung der Merkmalsträger und das Informationsbedürfnis des Informationssuchenden ausschlaggebend sind.

b) Klassenbreite

Bei der Entscheidung über die Klassenbreite sollte immer geprüft werden, ob eine für alle Klassen identische Klassenbreite möglich ist. Bei identischen Klassenbreiten gewinnt man leicht und schnell eine gute Vorstellung, wie sich die Merkmalsträger über die gesamte Bandbreite der Merkmalswerte verteilen, da die Häufigkeiten stets auf dieselbe Basis bezogen sind. Ein Relativieren der Häufigkeiten an der jeweiligen Klassenbreite ist nicht erforderlich.

Die Festlegung einer konstanten Klassenbreite ist jedoch nicht immer möglich bzw. sinnvoll.

Beispiel:

| Merkmalswert | | h_j |
von ...	bis unter ...	
0	10	1
10	20	3
20	30	70
30	40	9
40	50	2

Abb. 2.4.3.-2: Klassifizierte Häufigkeitsverteilung

Weist die Verteilung breite Zonen mit einer sehr schwachen Besetzung und/oder schmale Zonen mit einer sehr starken Besetzung auf, dann ist es nicht sinnvoll, konstante Breiten festzulegen. Das Beispiel aus Abb. 2.4.3.-2 zeigt dies deutlich auf. Die konstante Klassenbreite von 10 führt zu einer erheblichen Informationsvernichtung. Bei größeren Klassenbreiten in den beiden Randbereichen und einer dafür feineren Einteilung der Klasse 20 bis unter 30 wären deutlich weniger Informationen vernichtet worden.

Die Festlegung der Klassenbreite sollte möglichst so erfolgen, daß der Wert in der Klassenmitte ein typischer Stellvertreter für die ganze Klasse ist. So sollte sich z.B. nicht die Mehrheit der Merkmalsträger in einer Randzone der Klasse befinden.

Liegt eine Verteilung vor, bei der relativ wenige Werte in einem extrem äußeren Bereich der Skala quasi als Ausreißer auftreten, dann ist es sinnvoll, die Untergrenze der ersten Klasse und/oder die Obergrenze der letzten Klasse nicht anzugeben. Diese sogenannten offenen Randklassen lassen dann nicht den falschen Eindruck einer normalen Streuung in der Randklasse entstehen.

c) Eindeutige Zuordnung der Merkmalswerte

Die Klasseneinteilung ist so vorzunehmen, daß ein Merkmalswert eindeutig einer Klasse zugeordnet werden kann. Es dürfen keine Überlappungen benachbarter Klassen bestehen.

Rechnungsbetrag (DM)		Rechnungsbetrag (DM)	
		von ...	bis ...
0	- 10	0	10
10	- 20	10	20
20	...	20	...

Abb. 2.4.3.-3:　Beispiele zur fehlerhaften Festlegung der Klassengrenzen

In den beiden Beispielen aus Abb. 2.4.3.-3 ist nicht eindeutig geklärt, in welche Klasse die Merkmalswerte einzuordnen sind, die genau auf eine Klassengrenze treffen. So entsteht z.B. bei dem Merkmalswert 10 die Frage, ob dieser der ersten oder der zweiten Klasse zuzuordnen ist. Die Klassengrenzen müssen, eventuell unter Angabe eines erklärenden Textes, so festgelegt werden, daß auf sie fallende Werte ohne Probleme genau einer Klasse zugeordnet werden können. In der Abb. 2.4.3.-4 sind dazu einige Beispiele angegeben.

Rechnungsbetrag (DM)		Rechnungsbetrag (DM)		Rechnungsbetrag (DM)	
		von ...	bis unter...	über ...	bis ...
0,00	- 9,99	0	10	0	10
10,00	- 19,99	10	20	10	20
20,00	...	20	....	20	...

Abb. 2.4.3.-4: Beispiele zur richtigen Festlegung der Klassengrenzen

Das Statistische Bundesamt etwa bevorzugt die Festlegung der Klassengrenzen so, wie sie im mittleren Beispiel der Abb. 2.4.3.-4 vorgenommen wurde.

Exkurs: Näherungsweise Häufigkeitsberechnungen

Durch die Klassifizierung der Daten gehen zahlreiche Zuordnungen von Häufigkeit und Merkmalswert verloren. Liegen die Urwerte nicht vor, dann können mit

Hilfe der linearen Interpolation bzw. dem Strahlensatz den Merkmalswerten näherungsweise Häufigkeiten zugeordnet werden und umgekehrt.

Interessiert man sich in dem Eingangsbeispiel dieses Abschnittes für den Anteil
der Kunden mit einem Rechnungsbetrag unter DM 75, dann kann die interessierende Häufigkeit aus der Häufigkeitsverteilung nicht abgelesen werden, sondern
nur noch näherungsweise bestimmt werden.
Für die beiden Klassengrenzen, die den Wert DM 75 einschließen, sind die relativen kumulierten Häufigkeiten bekannt.

$$x_3^o = 60 \qquad \text{mit} \qquad F_3 = 0{,}64$$

$$x_4^o = 80 \qquad \text{mit} \qquad F_4 = 0{,}89$$

Die gesuchte Häufigkeit muß zwischen 64% und 89% liegen. Unterstellt man eine Gleichverteilung in der vierten Klasse, d.h. benachbarte Merkmalswerte besitzen dieselbe Entfernung (Äquidistanz) und kommen gleich häufig vor, dann steigt
die Häufigkeit zwischen F_3 und F_4 nahezu linear an. Die zu DM 75 gehörende
Häufigkeit $F(x < 75)$ kann dann mit der linearen Interpolation näherungsweise
bestimmt werden. Der Rechenansatz ist in Abb. 2.4.3.-5 graphisch veranschaulicht.

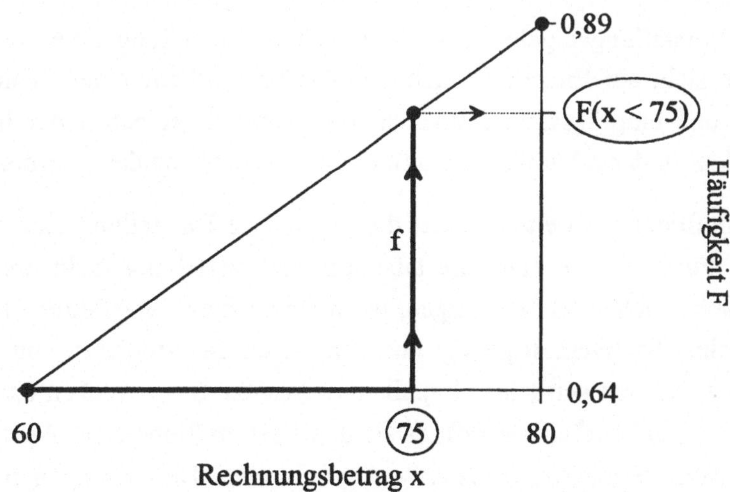

Abb. 2.4.3.-5: Graphische Veranschaulichung zur Häufigkeitsberechnung

Die Strecke bzw. relative Häufigkeit f für DM 60 bis unter DM 75 ist mit dem
Strahlensatz zu bestimmen und dann zur (Basis-)Häufigkeit 0,64 zu addieren.

$$f : (0,89 - 0,64) = (75 - 60) : (80 - 60)$$

$$f = \frac{75 - 60}{80 - 60} \cdot (0,89 - 0,64)$$

$$f = 0,75 \cdot 0,25 = 0,1875$$

Damit ergibt sich:

$$F(x < 75) = 0,64 + 0,1875 = 0,8275 \approx 0,83 \text{ bzw. } 83\%$$

Zirka 83% der Kunden haben eine Rechnung über einen Betrag von weniger als DM 75 zu begleichen.

Die relative Häufigkeit für einen Wert x_i aus der j-ten Klasse lautet damit:

$$F(x < x_i) = F_{j-1} + \frac{x_i - x_j^u}{x_j^o - x_j^u} \cdot (F_j - F_{j-1}) \qquad \text{(Formel 2.4.3.-1)}$$

2.5. Graphische Darstellung von Daten

Graphische Darstellungen gehen aus tabellarischen Darstellungen hervor und sollen unter Verzicht auf Einzelinformationen das Wesentliche einer Zahlentabelle anschaulich und einprägsam ausdrücken. Ihr Vorteil liegt neben der leichteren Einprägsamkeit in der schnellen und mühelosen Vermittlung der Informationen.

In wissenschaftlichen Arbeiten besitzt die graphische Darstellung eine mehr unterstützende Funktion, sie kann die tabellarische Darstellung nicht ersetzen. In nichtwissenschaftlichen Abhandlungen, wo bereits oft ein ungefährer Einblick in den statistischen Sachverhalt genügt und dem Leser das Studieren von Tabellen Mühe bereitet, werden vermehrt Graphiken eingesetzt. Sie erwecken das Interesse und erhöhen die Lesebereitschaft, da sie den Text im Sinne einer Abwechslung auflockern. Zum vermehrten Einsatz von graphischen Darstellungen trägt auch die immer leistungsfähigere Graphik-Software bei.

In Abschnitt 2.5.1. werden Darstellungsmöglichkeiten für einfache Häufigkeitsverteilungen, in Abschnitt 2.5.2. für kumulierte Häufigkeitsverteilungen aufgezeigt. Die Ausführungen beschränken sich dabei auf die klassischen Darstellungsmöglichkeiten.

2.5.1. Einfache Häufigkeitsverteilungen

Für die graphische Wiedergabe der einfachen Häufigkeitsverteilung stehen zahlreiche Möglichkeiten zur Auswahl, von denen hier Stabdiagramm, Flächendiagramm, Kreisdiagramm, Histogramm und Polygonzug beschrieben werden. Die Häufigkeiten werden dabei durch Strecken, Flächen oder Volumina wiedergegeben. Unter dem Aspekt der Vergleichbarkeit sind Strecken den Flächen und diese den Volumina vorzuziehen, da der Mensch Größenrelationen zwischen Strecken deutlich besser abschätzen kann als zwischen Flächen oder gar zwischen Volumina. Dennoch werden aus Repräsentationsgründen dreidimensionale Darstellungen zusehends bevorzugt.

2.5.1.1. Das Stabdiagramm

a) Eignung

Das Stabdiagramm ist geeignet für die Darstellung von Häufigkeitsverteilungen qualitativer Merkmale und diskreter, nicht-klassifizierter Merkmale.

b) Konstruktion

Auf der Abszisse eines rechtwinkeligen Koordinatensystems werden die Merkmalswerte abgetragen. Ihre Anordnung hat entsprechend der natürlichen Rangordnung zu erfolgen, bei nominalskalierten Merkmalen ist die Anordnung beliebig. Auf der Ordinate werden die einfachen absoluten und/oder relativen Häufigkeiten h bzw. f abgetragen. Über den Merkmalswerten werden Stäbe (Linien) senkrecht errichtet, deren Höhe der jeweiligen Häufigkeit entspricht bzw. proportional ist. Das Stabdiagramm wird daher als höhenproportional bezeichnet.

c) Beispiel

Tarifliche Eingruppierung der 20 Beschäftigten der Maier KG

Tarifgruppe	h_i
I	4
II	9
III	4
IV	3

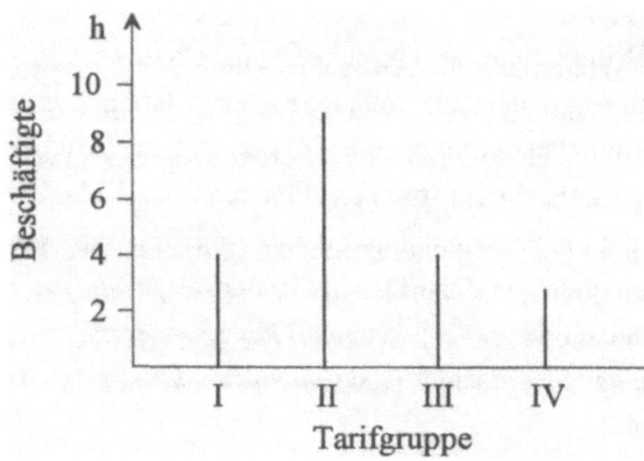

Abb. 2.5.1.1.-1: Stabdiagramm

Bei der Darstellung von qualitativen Merkmalen sollten auf der Abszisse keine Skalenabschnitte eingetragen werden, damit nicht der Eindruck entsteht, als könnten Abstände gemessen werden.

d) Abwandlungen und Erweiterungen

Werden die Stäbe zu Säulen verbreitert, dann geht das Stabdiagramm in das Säulen- oder Balkendiagramm über. Da der Betrachter oft die dabei entstandenen Flächen als Maß für die Häufigkeiten ansieht, müssen alle Säulenbreiten identisch sein. Die Erweiterung zu Säulen ist sinnvoll, wenn die Verteilungen mehrerer Gesamtheiten in einer Darstellung gemeinsam zu zeigen sind. Über den Merk-

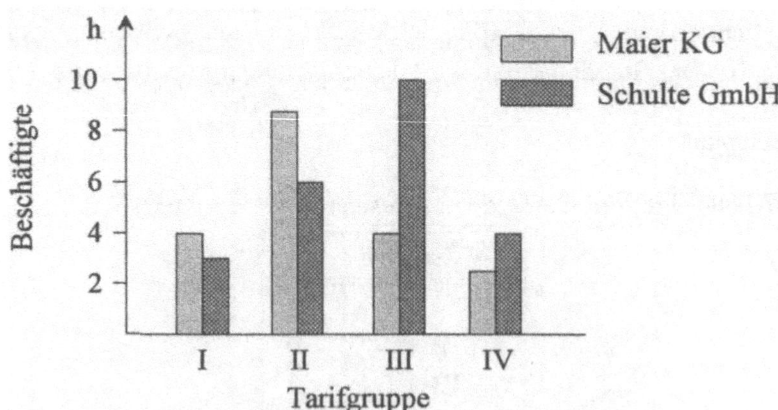

Abb. 2.5.1.1.-2: Säulendiagramm für zwei Gesamtheiten

malswerten werden die Säulen für die einzelnen Gesamtheiten nebeneinander und ohne Abstand errichtet und mit unterschiedlichen Mustern ausgefüllt. In Abb. 2.5.1.1.-2 sind die Verteilungen der Beschäftigten auf die Tarifgruppen für die Maier KG und die Schulte GmbH mit Hilfe von Säulendiagrammen wiedergegeben. Auf einen Blick ist zu erkennen, daß die Beschäftigten der Schulte GmbH im ganzen gesehen tariflich höher eingestuft sind als die Beschäftigten der Maier KG. Bei der Schulte GmbH sind die meisten Beschäftigten in Tarifgruppe III eingestuft, bei der Maier KG in Tarifgruppe II.

Die zunehmend anzutreffende perspektivische, d.h. dreidimensionale Darstellung der Säulen ist problematisch, da der Betrachter zum Vergleich der Volumina neigt und hierbei die Größenrelationen auch aufgrund optischer Täuschungen nur selten richtig einschätzt. So scheint z.B. in der Abb. 2.5.1.1.-3 die Relation von großer zu kleiner Säule in den beiden Gegenüberstellungen unterschiedlich zu sein, obwohl in beiden Fällen die Relation von großer zu kleiner Säule 2:1 beträgt.

Abb. 2.5.1.1.-3: Voluminavergleich von Säulen

Mit dem Stabdiagramm können auch zweidimensionale Häufigkeitsverteilungen dargestellt werden. Dazu wird in der dritten Ebene das zweite Merkmal Y abgetragen. In der X,Y-Ebene werden an den Koordinatenpunkten (x/y) die Stäbe errichtet. Es bedarf eines großen zeichnerischen Geschickes, damit bei der Vielzahl der Stäbe, die sich zudem nicht überlappen oder verdecken dürfen, ein schneller und guter Einblick in die Verteilung ermöglicht wird.

e) Hinweise

Eine Unterbrechung der Häufigkeitsskala wie etwa der Beginn mit einem Wert größer als Null sollte vermieden werden, da dies einen Verstoß gegen die Höhenproportionalität darstellt. Muß ein Teil der Skala ausgelassen werden, so ist dies dem Leser deutlich zu vermitteln. Dies geschieht in der Regel dadurch, daß die Unterbrechung der Skala durch eine gezackte Linie wiedergegeben wird.

2.5.1.2. Das Rechteckdiagramm

a) Eignung

Das Rechteckdiagramm oder Flächendiagramm ist geeignet für die Darstellung von Häufigkeitsverteilungen qualitativer Merkmale und diskreter, nicht-klassifizierter Merkmale.

b) Konstruktion

Jedem Merkmalswert wird ein Rechteck zugeordnet. Die Rechtecke werden in gleichem Abstand nebeneinander auf einer Linie angeordnet. Grundlinie und Seitenhöhe sind so festzulegen, daß die Fläche des Rechteckes proportional zur Häufigkeit ist. Das Rechteckdiagramm ist also eine flächenproportionale Darstellung. Konstruktion und Interpretation fallen leichter, wenn die Grundlinie für alle Rechtecke identisch ist, da das Diagramm dann zugleich höhenproportional ist. Die Seitenhöhe entspricht in diesem Fall direkt der Häufigkeit. In oder unter den Rechtecken können die Merkmalswerte, über den Rechtecken deren Häufigkeiten angegeben werden.

Sind die Grundlinien für alle Rechtecke gleich lang, dann können die Rechtecke auch zu einem Turm aufgestapelt werden.

c) Beispiel

Die Kapitalstruktur der Maier KG zum 31.12.1995:

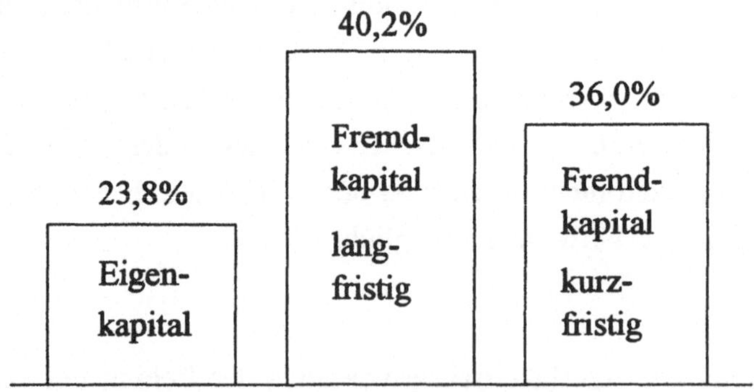

Abb. 2.5.1.2.-1: Rechteckdiagramm

2.5.1.3. Das Kreisdiagramm

a) Eignung

Das Kreisdiagramm ist geeignet für die Darstellung von Häufigkeitsverteilungen qualitativer Merkmale und diskreter, nicht-klassifizierter Merkmale. Es ist dabei insbesondere zum Aufzeigen der inneren Struktur einer Gesamtheit geeignet.

b) Konstruktion

Der Kreis ist derart in Kreissektoren zu untergliedern, daß die Flächen der Kreissektoren den Häufigkeiten proportional sind. Das Kreisdiagramm ist also eine flächenproportionale Darstellung.

Die Flächenproportionalität wird hergestellt, indem der Kreiswinkel von 360° den Häufigkeiten entsprechend auf die Merkmale aufgeteilt wird. Entfallen auf einen Merkmalswert 20% der Gesamtheit, dann entfallen auf ihn auch 20% des Kreiswinkels, also 72°. Der Winkel α des Kreissektors ist damit festgelegt.

$$\alpha_i = f_i \cdot 360° \quad \text{bzw.} \quad \alpha_i = \frac{h_i}{n} \cdot 360° \qquad (i = 1, \dots ,v)$$

c) Beispiel

Die Passivseite der Beständebilanz der Eifelhöhen-Klinik AG zum 31.12.1994:

Passiva	h_i (in Mio DM)	α_i (in °)
Eigenkapital	43,3	255
Rückstellungen	3,9	23
Verbindlichkeiten	13,9	82
Gesamtkapital	61,1	360

Abb. 2.5.1.3.-1: Häufigkeitsverteilung

Berechnung des Winkels α_1 des Kreissektors für das Eigenkapital:

$$\alpha_1 = \frac{h_1}{n} = \frac{43,3}{61,1} \cdot 360° = 255°$$

Die tabellarische Darstellung in Abb. 2.5.1.3.-1 läßt die Gliederung der Passivseite bzw. die Struktur des Kapitals zwar schnell erkennen, das Kreisdiagramm in Abb. 2.5.1.3.-2 veranschaulicht die Struktur des Gesamtkapitals jedoch wesentlich einprägsamer.

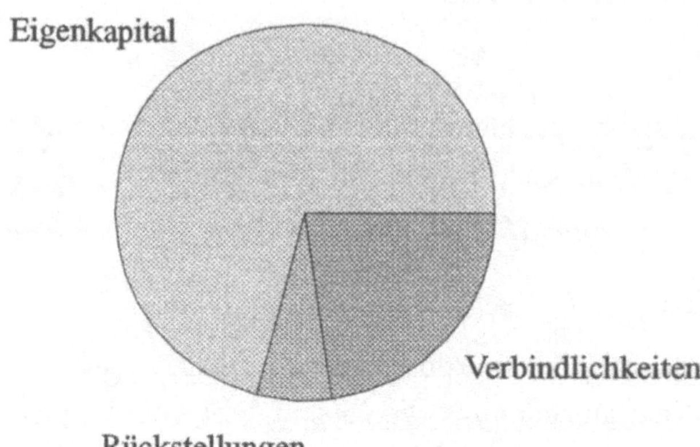

Abb. 2.5.1.3.-2: Kreisdiagramm

d) Erweiterungen

Durch ein Nebeneinanderreihen mehrerer Kreisdiagramme können Gesamtheiten anschaulich verglichen werden. Dabei können größenmäßige Unterschiede von Gesamtheiten durch unterschiedlich große Kreise (Flächen) wiedergegeben werden.

2.5.1.4. Das Histogramm

a) Eignung

Das Histogramm ist geeignet zur graphischen Darstellung klassifizierter Häufigkeitsverteilungen.

b) Konstruktion

Auf der Abszisse eines rechtwinkeligen Koordinatensystems werden die Merkmalswerte bzw. die Klassen abgetragen. Bei offenen Randklassen ist für die offene Grenze ein plausibel erscheinender Wert anzusetzen. Über den Klassen werden Rechtecke errichtet, wobei die Flächen der Rechtecke den jeweiligen Klassenhäufigkeiten proportional sind. Da die Grundlinie des Rechteckes durch die Klassenbreite festgelegt ist, ist die Flächenproportionalität über die Höhe des Rechteckes herzustellen.
Bei der Bestimmung der Rechteckhöhe ist es sinnvoll, zwischen konstanter und unterschiedlicher Klassenbreite zu differenzieren.

1) konstante Klassenbreite

Bei konstanter Klassenbreite ist die Fläche der Häufigkeit proportional, wenn als Rechteckhöhe die Klassenhäufigkeit herangezogen wird. Auf der Ordinate ist in diesem Fall die Klassenhäufigkeit abzutragen. Das Histogramm ist damit zugleich höhenproportional.

2) unterschiedliche Klassenbreite

Wegen

$$\text{Rechteckhöhe} \cdot \text{Klassenbreite} = \text{Klassenhäufigkeit}$$

gilt bei unterschiedlicher Klassenbreite für die Rechteckhöhe:

$$\text{Rechteckhöhe} = \frac{\text{Klassenhäufigkeit}}{\text{Klassenbreite}}$$

Die Rechteckhöhe bzw. der Quotient gibt die Anzahl der Merkmalsträger an, die in der jeweiligen Klasse auf eine Einheit der Merkmalsdimension entfällt. Dieser Wert wird als Häufigkeitsdichte d_j bezeichnet.

$$d_j = \frac{h_j}{x_j^o - x_j^u} \qquad (j = 1, ..., v) \qquad \text{(Formel 2.5.1.4.-1)}$$

Auf der Ordinate ist die Häufigkeitsdichte d_j abzutragen.

c) Beispiele

Für konstante Klassenbreiten ist in Abb. 2.5.1.4.-1 das Histogramm für das Beispiel Rechnungsbeträge aus Abschnitt 2.4.3. wiedergegeben.

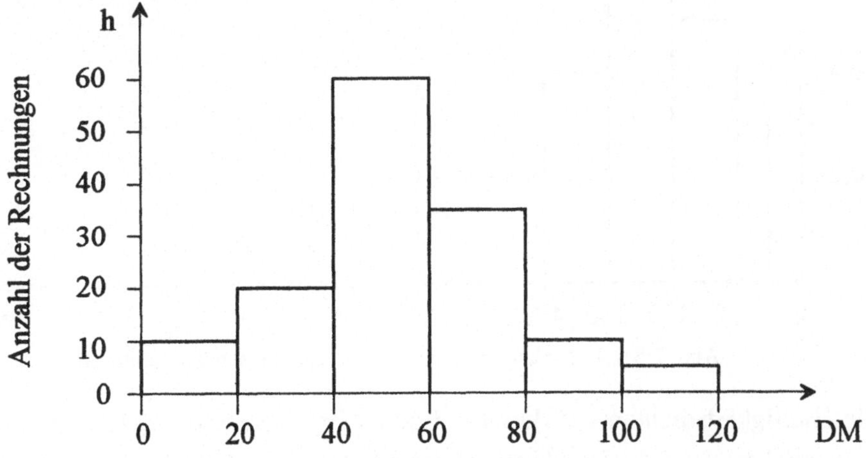

Abb. 2.5.1.4.-1: Histogramm bei konstanten Klassenbreiten

Das Histogramm für unterschiedliche Klassenbreiten wird am Beispiel Forderungsbestand am 30.06.1996 aufgezeigt. Die Verteilung und die Häufigkeitsdichte sind in Abb. 2.5.1.4.-2 angegeben.

Forderung (DM)		h_j	d_j
von ...	bis unter ...		
50	100	15	0,30
100	200	50	0,50
200	300	80	0,80
300	400	40	0,40
400	600	40	0,20
600	1.000	20	0,05

Abb. 2.5.1.4.-2: Häufigkeitsverteilung und Häufigkeitsdichte

Die Berechnung der Rechteckshöhe bzw. der Häufigkeitsdichte für die erste und zweite Klasse z.B. lautet gemäß Formel 2.5.1.4.-1:

$$d_1 = \frac{15}{100 - 50} = 0,30; \quad d_2 = \frac{50}{200 - 100} = 0,50$$

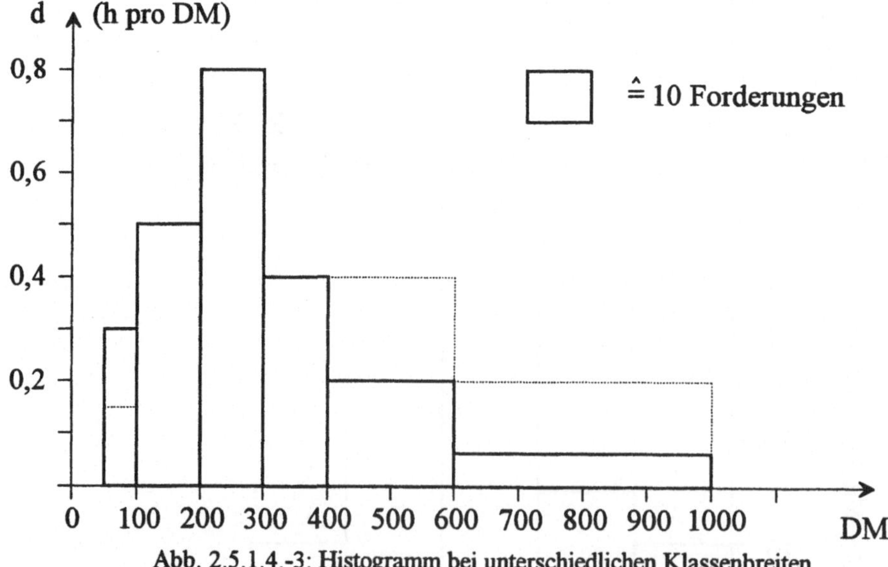

Abb. 2.5.1.4.-3: Histogramm bei unterschiedlichen Klassenbreiten

Da alle Häufigkeitsdichten auf dieselbe Einheit bezogen sind, dürfen sie unmittelbar verglichen werden. Das Histogramm zeigt anschaulich das Ansteigen der

Häufigkeiten bis zur dritten Klasse und deren anschließendes Abfallen. Die gepunkteten Linien in Abb. 2.5.1.4.-3 zeigen die Abänderung des Histogramms im Falle der - relativ oft zu findenden - fehlerhaften höhenproportionalen Darstellung. Diese erweckt u.a. den falschen Eindruck, als ob die Häufigkeit der Klasse 400 bis unter 600 DM doppelt so stark ist wie Häufigkeit der Klasse 300 bis unter 400 DM. Eine Zusammenlegung der fünften und sechsten Klasse würde die dann gemeinsame Rechteckhöhe ansteigen lassen, obwohl sich die gemeinsame Häufigkeit nicht verändert hat.

d) Erweiterungen

Mit dem Histogramm lassen sich auch zweidimensionale Häufigkeitsverteilungen darstellen. Das Vorgehen ist analog dem beim Stabdiagramm. In der dritten Ebene wird das zweite Merkmal Y abgetragen. Über den durch die Klassengrenzen festgelegten Parzellen in der X,Y-Ebene werden Quader errichtet, deren Volumina der jeweiligen Häufigkeit entsprechen.

2.5.1.5. Der Polygonzug

a) Eignung

Der Polygonzug ist geeignet zur graphischen Darstellung klassifizierter Häufigkeitsverteilungen, insbesondere wenn es um den Vergleich mit anderen Häufigkeitsverteilungen geht.

b) Konstruktion

Auf der Abszisse eines rechtwinkeligen Koordinatensystems werden die Merkmalswerte bzw. die Klassen abgetragen und auf der Ordinate die Häufigkeiten bzw. die Häufigkeitsdichte. In das Koordinatensystem werden die Koordinatenpunkte

$$(x_j' / d_j) \qquad (j = 1, ..., v)$$

eingetragen. Dabei bezeichnet x_j' die Klassenmitte, d.h. die Mitte zwischen Untergrenze und Obergrenze der Klasse j.

$$x_j' = \frac{x_j^o + x_j^u}{2}$$

Diese Punkte entsprechen beim Histogramm den Mitten der oberen Rechtecksbegrenzungen. Als Anfang und Ende des Polygonzuges werden die Punkte

$$(x_1^u / \frac{d_1}{2}) \quad \text{bzw.} \quad (x_v^o / \frac{d_v}{2})$$

festgelegt. Bei konstanter Klassenbreite können - wie beim Histogramm - anstelle der Häufigkeitsdichten d die Klassenhäufigkeiten h verwendet werden. Anschließend werden benachbarte Koordinatenpunkte linear verbunden. Häufig werden Anfangs- und Schlußlinienzug bis zum Auftreffen auf die Abszisse verlängert.

c) Beispiel

In Abb. 2.5.1.5.-1 wird der Polygonzug für das Beispiel Rechnungsbeträge aus Abschnitt 2.4.3. dargestellt. Wegen der konstanten Klassenbreiten darf hier die Klassendichte d durch die Klassenhäufigkeit h ersetzt werden.

Die Koordinatenpunkte lauten:

(10/10), (30/20), (50/60), (70/35), (90/10), (110/5)

sowie (0/5) und (120/2,5)

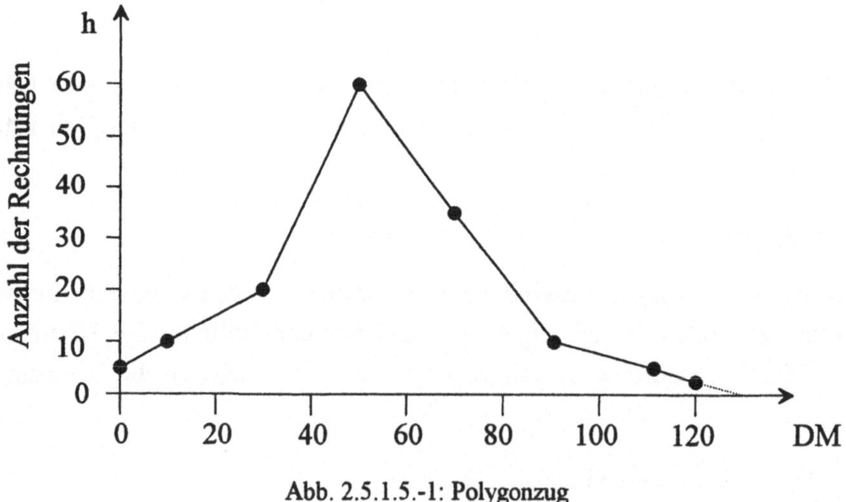

Abb. 2.5.1.5.-1: Polygonzug

Der Polygonzug darf nicht als eine Funktion gesehen werden, die den Merkmalswerten Häufigkeiten zuordnet. Die linearen Verbindungen benachbarter Koordinatenpunkte dienen alleine dazu, das Ansteigen oder Abfallen der einfachen Häufigkeit von Merkmalswert zu Merkmalswert oder von Klasse zu Klasse anschaulicher zu vermitteln. So vermittelt der Polygonzug im Beispiel anschaulich, wie die Anzahl der Rechnungen bis zum Rechnungsbetrag von DM 50 zunächst langsam und dann stärker ansteigt und anschließend zunächst schnell und dann langsamer abnimmt.

d) Erweiterungen

Der Polygonzug ist sehr gut zur graphischen Darstellung von Vergleichen mit anderen Gesamtheiten geeignet. Dazu ist in das Koordinatensystem der Polygonzug einer zweiten oder weiterer Gesamtheiten einzutragen.

2.5.2. Kumulierte Häufigkeitsverteilungen

Kumulierte Häufigkeitsverteilungen können durch die Treppenfunktion oder das Summenpolygon graphisch veranschaulicht werden.

2.5.2.1. Die Treppenfunktion

a) Eignung

Die Treppenfunktion ist geeignet zur Darstellung ordinalskalierter Merkmale und diskreter, nicht-klassifizierter Merkmale.

b) Konstruktion

Auf der Abszisse eines rechtwinkeligen Koordinatensystems werden die Merkmalswerte entsprechend der natürlichen Rangordnung abgetragen, auf der Ordinate die kumulierten Häufigkeiten H und/oder F. Die Treppenfunktion verläuft abschnittsweise parallel zur Abszisse, wobei die Funktion an der Stelle x um die einfache Häufigkeit h (f) auf die kumulierte Häufigkeit H (F) springt. Das treppengleiche Aussehen der Funktion ist für sie namensgebend.
Um besser zu erkennen, welche Häufigkeit einer Sprungstelle zugeordnet ist, wird am Beginn jeder Treppenstufe häufig ein Punkt eingetragen. Häufig werden auch die senkrechten Treppenabstände eingezeichnet, um den Häufigkeitsanstieg optisch stärker hervorzuheben.

c) Beispiel

In Abbildung 2.5.2.1.-1 ist die Treppenfunktion für die tarifliche Eingruppierung der 20 Beschäftigten der Maier KG wiedergegeben.

Tarifgruppe	h_i	H_i
I	4	4
II	9	13
III	4	17
IV	3	20

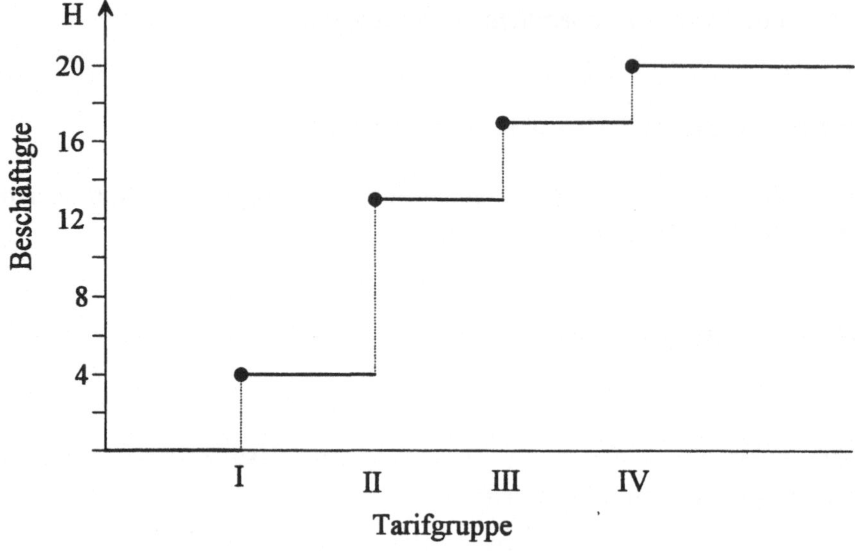

Abb. 2.5.2.1.-1: Treppenfunktion

2.5.2.2. Das Summenpolygon

a) Eignung

Das Summenpolygon ist geeignet zur graphischen Darstellung klassifizierter Häufigkeitsverteilungen.

b) Konstruktion

Auf der Abszisse eines rechtwinkeligen Koordinatensystems werden die Merkmalswerte bzw. Klassen abgetragen, auf der Ordinate die kumulierten Häufigkeiten H_j und/oder F_j. In das Koordinatensystem werden die Koordinatenpunkte

$$(x_j^o \,/\, H_j) \quad \text{bzw.} \quad (x_j^o \,/\, F_j) \qquad \text{sowie} \qquad (x_1^u \,/\, 0)$$

eingetragen. Anschließend werden benachbarte Punkte linear verbunden. Mit der linearen Verbindung bzw. dem gleichmäßigen Anstieg wird eine Gleichverteilung in einer jeden Klasse unterstellt.

c) Beispiel

In Abbildung 2.5.2.2.-1 ist das Summenpolygon für den Forderungsbestand zum 30.06.1996 wiedergegeben.

Forderung (DM) von ... bis unter ...		h_j	H_j	F_j
50	100	15	15	0,06
100	200	50	65	0,27
200	300	80	145	0,59
300	400	40	185	0,76
400	600	40	225	0,92
600	1000	20	245	1,00

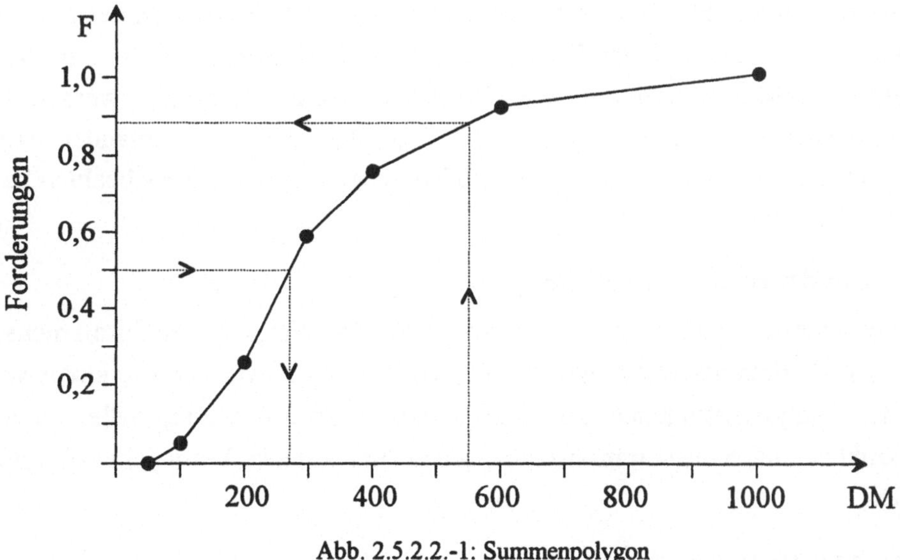

Abb. 2.5.2.2.-1: Summenpolygon

Abb. 2.5.2.2.-1 veranschaulicht das zunehmende Ansteigen des Anteils der Forderungen in den ersten drei Klassen und dann das langsamer werdende Ansteigen bis zum Forderungswert von DM 1.000. Aus der Zeichnung kann - unter der Annahme der Gleichverteilung - die Zuordnung von Forderungen und kumulierten

Häufigkeiten näherungsweise abgelesen werden. Für den Wert 550 kann in etwa die Häufigkeit 0,88 abgelesen werden, d.h. auf einen Forderungswert von unter DM 550 entfallen zirka 88% der Forderungen. Für die Häufigkeit 0,50 kann in etwa der Wert 270 abgelesen werden, d.h. 50% der Forderungen haben einen Wert von weniger als zirka DM 270.

2.6. Datenanalyse und -interpretation

Die Datenanalyse und die Interpretation der Analyseergebnisse schließen die statistische Untersuchung ab. Die Trennlinie zur Darstellung der Daten kann dabei nicht streng gezogen werden. So wird manchmal die Erstellung der Häufigkeitsverteilung bereits der Analyse zugeordnet.

Die beschreibende Statistik umfaßt vier Analysefelder, denen jeweils spezielle Analysemethoden und -instrumente zugeordnet sind.

a) Niveau der Häufigkeitsverteilung

Im ersten Analysefeld geht es um die Bestimmung des Niveaus, d.h. der Lage der Merkmalswerte bzw. der Häufigkeitsverteilung einer Gesamtheit. Die Lage kann mit Hilfe von Mittelwerten oder der Merkmalswertsumme analysiert werden. Lagen können in zeitlicher, räumlicher oder sektoraler Hinsicht miteinander verglichen werden. Als Analyseinstrumente finden dabei vornehmlich Meßzahlen bzw. Indexzahlen Anwendung.

b) Struktur der Häufigkeitsverteilung

Das zweite Analysefeld beschäftigt sich mit der Struktur, d.h. der Zusammensetzung der Häufigkeitsverteilung bzw. der Gesamtheit sowie der Merkmalswertsumme. Analyseinstrumente sind hier in erster Linie Streuungsmaße, Gliederungszahlen und Konzentrationsmaße. Auch hier können Vergleiche angestellt werden.

c) Zusammenhang zwischen Merkmalen

Das dritte Feld befaßt sich mit der Analyse des Zusammenhangs, d.h. der Beziehung zwischen zwei oder mehr Merkmalen. Zum Einsatz kommen hier die Regressions- und Korrelationsanalyse sowie Beziehungszahlen.

d) Entwicklung von Zeitreihen

Im vierten Feld geht es um die Analyse der zeitlichen Entwicklung eines oder mehrerer Merkmale sowie um das Treffen von Aussagen über die zukünftige zeitliche Entwicklung. Zum Einsatz kommt hier die Zeitreihenanalyse.

Die Ergebnisse der Analyse sind stets unter Beachtung des Untersuchungzieles bzw. der statistischen Fragestellung sachbezogen zu interpretieren.

Die Analysemethoden und -instrumente werden als zentraler Gegenstand des Buches in den folgenden Kapiteln ausführlich dargestellt.

2.7. Übungsaufgaben und Kontrollfragen

01) Beschreiben Sie in groben Zügen die einzelnen Phasen der statistischen Untersuchung und ihre jeweiligen Aufgaben!

02) Erläutern Sie die Bedeutung der Konkretisierung des Untersuchungszieles!

03) Erklären Sie den Unterschied zwischen Primär- und Sekundärstatistik! Worin liegen jeweils die Vor- und Nachteile?

04) Erklären Sie den Unterschied zwischen Voll- und Teilerhebung! Beschreiben Sie jeweils die Vor- und Nachteile!

05) Erklären Sie den Unterschied zwischen Beobachtung und Befragung! Worin liegen jeweils die Vor- und Nachteile?

06) Sie erhalten den Auftrag, die Benzinpreisentwicklung für das nächste Quartal in Regensburg zu untersuchen. Konkretisieren Sie die Zielsetzung! Diskutieren Sie dabei mögliche Abgrenzungsfragen! Begründen Sie ausführlich Ihre Entscheidung für die von Ihnen ausgewählten Erhebungstechniken!

07) Sie sollen die Fehlzeiten der Beschäftigten der Maier KG für den letzten Monat ermitteln. Konkretisieren Sie die Zielsetzung! Diskutieren Sie dabei mögliche Abgrenzungsfragen! Begründen Sie ausführlich Ihre Entscheidung für die von Ihnen ausgewählten Erhebungstechniken!

08) Halten Sie auf Hauptversammlungen die Banken als Auskunftsperson für Kleinaktionäre geeignet? Begründen Sie Ihre Antwort!

09) Betrachten Sie die Bundestagswahl als statistische Untersuchung. Welche Erhebungstechniken kommen dabei zum Einsatz?

10) Erklären Sie den Unterschied zwischen eindimensionaler und mehrdimensionaler Häufigkeitsverteilung!

11) Erklären Sie den Unterschied zwischen einfacher und kumulierter Häufigkeitsverteilung!

12) Wann ist es erforderlich, eine klassifizierte Häufigkeitsverteilung zu erstellen? Welcher Zielkonflikt ist bei der Klassenbildung zu lösen?

13) Erstellen Sie das Kreisdiagramm für die tarifliche Eingruppierung der 20 Beschäftigten der Maier KG!

14) Erstellen Sie das Stabdiagramm für den Familienstand der 20 Beschäftigten
der Maier KG!

15) Erstellen Sie das Rechteckdiagramm für die Zahl der Kinder der 20 Beschäftigten der Maier KG!

16) Die Brenndauer von 200 Glühbirnen ist folgendermaßen verteilt:

| Brenndauer (Std) | | h_j |
von ...	bis unter ...	
0	4.000	12
4.000	6.000	28
6.000	7.000	44
7.000	8.000	68
8.000	9.000	30
9.000	10.000	18

a) Bestimmen Sie die relativen einfachen und die kumulierten Klassenhäufigkeiten! Interpretieren Sie die Werte h_2, f_4, H_3 und F_5!

b) Erstellen Sie das Histogramm und den Polygonzug!

c) Berechnen Sie näherungsweise den Anteil der Glühbirnen mit einer Brenndauer unter 6.700 Stunden! (35,4%)

d) Ermitteln Sie mit Hilfe des Summenpolygons den Anteil der Glühbirnen mit
einer Brenndauer von mindestens 7.800 Stunden! Überprüfen Sie Ihr Ergebnis rechnerisch! (30,8%)

e) Welche Annahme haben Sie bei Ihrer Vorgehensweise unter c) und d) unterstellt?

f) Wie wäre das Histogramm abzuändern, wenn bei gleichbleibenden Häufigkeiten die Obergrenze der fünften Klasse DM 10.000 und die Grenzen der
sechsten Klasse DM 10.000 und DM 12.000 betragen hätten? Erklären Sie in
diesem Zusammenhang den Begriff Häufigkeitsdichte!

3. Parameter von Häufigkeitsverteilungen

Tabellierte Häufigkeitsverteilungen informieren übersichtlich und umfassend, wie sich die Merkmalsträger einer Gesamtheit auf die Merkmalswerte oder Klassen von Merkmalswerten verteilen. Ein genaues Betrachten der Verteilung läßt deren typische Eigenschaften erkennen. Die typischen Eigenschaften der Häufigkeitsverteilung können mit Hilfe von Kenngrößen, den sogenannten Parametern oder Maßzahlen, ausgedrückt werden. Dabei werden viele Einzelinformationen zu wenigen, aber aussagekräftigen Größen verdichtet.

Die Parameter ermöglichen damit einen raschen Einblick in die typischen Eigenschaften der Häufigkeitsverteilung. Darüberhinaus erleichtern sie den Vergleich mit anderen Gesamtheiten.

In den folgenden Abschnitten werden die Parameter Mittelwerte, Streuungsmaße und Konzentrationsmaße ausführlich dargestellt, die Parameter Schiefe und Wölbung werden nur kurz angesprochen, da sie in der betrieblichen Praxis eine untergeordnete Bedeutung besitzen.

3.1. Mittelwerte

Die Lage (Niveau) auf der Merkmalswertachse stellt eine wesentliche Eigenschaft der Häufigkeitsverteilung dar. In Abb. 3.1.-1 sind die Histogramme für drei Häufigkeitsverteilungen skizziert, die sich nur hinsichtlich ihrer Lage unterscheiden.

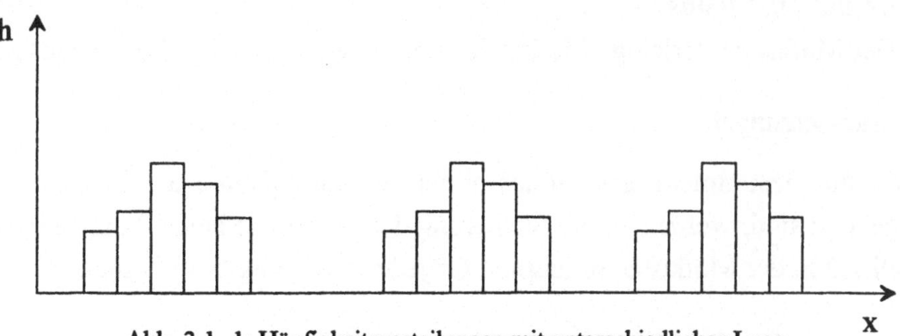

Abb. 3.1.-1: Häufigkeitsverteilungen mit unterschiedlicher Lage

Ist die Lage der Häufigkeitsverteilung mit Hilfe eines einzigen Wertes zu beschreiben, liegt es nahe, dafür die Mitte der Verteilung anzugeben. Die Aufgabe der Mittelwerte (Lageparameter, Lokalisationsparameter) besteht also darin, die Mitte bzw. das Zentrum der Häufigkeitsverteilung zu bestimmen, um die Lage der Häufigkeitsverteilung zu kennzeichnen.

Die Kenntnis der Mitte der Häufigkeitsverteilung ermöglicht darüber hinaus das Relativieren der einzelnen Merkmalswerte, d.h. sie können an der Mitte gemessen (z.B. über/unter, Entfernung) werden, und den Vergleich von Häufigkeitsverteilungen in zeitlicher, räumlicher oder sektoraler Hinsicht (z.B. 1996 mit 1990, Bayern mit Sachsen, Arbeiter mit Angestellten).

Die beschreibende Statistik kennt eine Reihe von Mittelwerten, von denen hier Modus, Median, arithmetisches Mittel, harmonisches Mittel und geometrisches Mittel vorgestellt werden. Die unterschiedlichen Mittelwerte entspringen mathematischen Erfordernissen und unterschiedlichen Vorstellungen von der Mitte.

3.1.1. Der Modus

Andere übliche Bezeichnungen für Modus Mo sind Modalwert, häufigster Wert und dichtester Wert.

a) Definition

Die Lage der Häufigkeitsverteilung wird durch den Merkmalswert beschrieben, der am häufigsten beobachtet wurde. D.h. der in der Verteilung vorherrschende Wert wird als Mitte und damit als Repräsentant für die Lage der Häufigkeitsverteilung angesehen. Der Modus ist also ein typischer, ein normaler Wert.

> Definition: Modus
> Der Modus ist derjenige Merkmalswert, der am häufigsten beobachtet wurde.

b) Voraussetzungen

Da für die Bestimmung des Modus allein die Häufigkeiten der Merkmalswerte maßgebend sind, werden an die Skalierung der Merkmale keine Voraussetzungen gestellt. D.h. der Modus ist prinzipiell für jede Verteilung bestimmbar.

c) Berechnungsbeispiel

Für die Beschäftigten der Maier KG und der Schulte GmbH wurden jeweils die in der vergangenen Woche geleisteten Überstunden erfaßt. Die zugehörigen Häufigkeitsverteilungen sind in den Abb. 3.1.1.-1 bzw. 3.1.1.-2 wiedergegeben.

Überstunde x_i	h_i
0	3
1	5
2	4
3	4
4	4

Überstunde x_i	h_i
0	3
1	10
2	4
3	3
4	2
12	1

Abb. 3.1.1.-1: Verteilung der Überstunden in der Maier KG

Abb. 3.1.1.-2: Verteilung der Überstunden in der Schulte GmbH

Der Modus beträgt in beiden Häufigkeitsverteilungen offensichtlich jeweils eine Überstunde. Die am häufigsten geleistete Überstundenzahl beträgt bei der Maier KG wie auch bei der Schulte GmbH jeweils eine Überstunde.

d) Beurteilung

Ein Vorteil des Modus ist die schnelle und einfache Ermittlung. Bedeutsamer ist der zweite Vorteil: Der Modus ist ein von sogenannten Ausreißern unbeeinflußter Mittelwert. Im Beispiel der Schulte GmbH wird der Modus nicht durch die aus dem Rahmen fallende Überstundenzahl 12 beeinflußt. Es kommt damit nicht zu einer Verzerrung der Lagedarstellung.

Dem Modus wird manchmal angelastet, daß in seine Berechnung nicht alle Häufigkeiten und Merkmalswerte Eingang finden. Dieser Vorwurf greift nur bei einer gedankenlosen Ausrichtung an der Definition. Bei kritischer Anwendung wird man erkennen, daß die Bestimmung des Modus für die Maier KG nicht sinnvoll ist, da sich die zum Modus gehörende Häufigkeit nicht deutlich genug von den anderen Häufigkeiten abhebt. Im Unterschied dazu spitzt sich bei der Schulte GmbH die Verteilung deutlich auf den Modus zu.

e) Eignung

Der Modus ist der einzig mögliche Mittelwert für nominalskalierte Merkmale. Ob seine Bestimmung auch sinnvoll ist, ist im Einzelfall zu prüfen.

Der Modus ist ein geeigneter Mittelwert, wenn seine Häufigkeit die anderen Häufigkeiten dominiert, d.h. die Verteilung muß sich auf ihn - wie z.B. bei der Schulte GmbH - zuspitzen, sie muß einen deutlichen Gipfel besitzen. Zumindest muß die Verteilung in der Umgebung des Modus eine erkennbare Konzentration aufweisen.

Im Falle mehrgipfeliger Verteilungen gehen die Ansichten über die Eignung auseinander. Sie reichen von ungeeignet bis geeignet. Manche halten eine Bestimmung für unzulässig, andere befürworten die Bestimmung der Modi für alle Gipfel, selbst wenn die Häufigkeiten (Spitzen) nicht gleichauf liegen.

f) klassifizierte Häufigkeitsverteilung

Aus der klassifizierten Häufigkeitsverteilung kann der Modus nicht mehr abgelesen werden. Der Modus läßt sich nur näherungsweise bestimmen. Dabei wird der Modus in der Klasse vermutet, die die größte Häufigkeitsdichte d besitzt. Diese Klasse wird als Einfall- oder Modusklasse m bezeichnet. Es ist sinnvoll, zwischen konstanter und unterschiedlicher Klassenbreite zu unterscheiden.

1) konstante Klassenbreiten

Bei konstanten Klassenbreiten ist die Modusklasse m die Klasse mit der größten Klassenhäufigkeit. Bei sehr schmalen Klassen kann die Klassenmitte als Modus verwendet werden; der Modus kann aber auch - wie bei breiteren Klassen - fein berechnet werden. Bei der Feinberechnung wird angenommen, daß der Modus umso näher an der oberen Grenze der Modusklasse liegt, je größer die Häufigkeit der Klasse m+1 gegenüber der Häufigkeit der Klasse m-1 ist und umgekehrt.

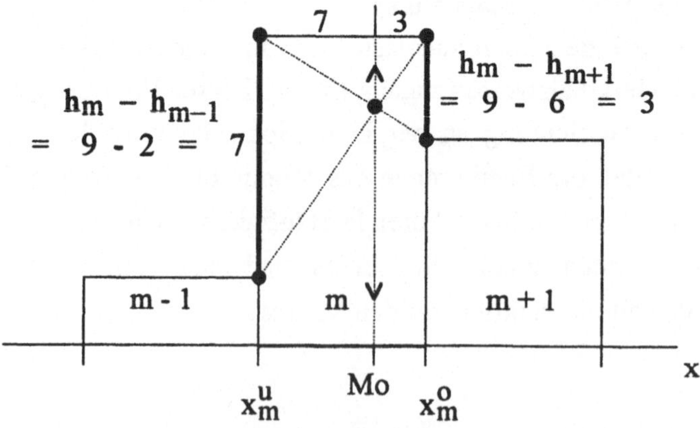

Abb. 3.1.1.-3: Histogrammausschnitt zur Feinberechnung des Modus

Formal wird dies umgesetzt, indem die Klassenbreite in Relation der Häufigkeits-differenzen

$$(h_m - h_{m-1}) \quad \text{zu} \quad (h_m - h_{m+1})$$

zerlegt wird. Die Trennlinie gibt den Modus an. In Abb. 3.1.1.-3 ist die Vorge-hensweise graphisch veranschaulicht. Die Klassenbreite wird dort in der Relation 7 : 3 aufgeteilt. Bei der Feinberechnung müssen daher 7/(7+3) gleich 7/10 der Klassenbreite zur Klassenuntergrenze addiert werden.

Berechnungsformel für die Feinberechnung des Modus: (Formel 3.1.1.-1)

$$Mo = x_m^u + \frac{h_m - h_{m-1}}{\left(h_m - h_{m-1}\right) + \left(h_m - h_{m+1}\right)} \cdot \left(x_m^o - x_m^u\right)$$

Die Schrittfolge zur Bestimmung des Modus:

Schritt 1: Festlegung der Modusklasse
Modusklasse ist die Klasse mit der größten Klassenhäufigkeit

Schritt 2: Lokalisierung des Modus
Anwendung der Formel 3.1.1.-1.

Die Berechnung soll am Beispiel Auftragswert verdeutlicht werden:

Auftragswert (TDM)		h_j
von ...	bis unter ...	
0	20	20
20	40	30
40	60	70	← Modusklasse m = 3
60	80	45
80	100	20
100	120	15

Schritt 1: Modusklasse ist die Klasse 3

Schritt 2: $Mo = 40 + \dfrac{70 - 30}{(70 - 30) + (70 - 45)} \cdot (60 - 40)$

$$= 40 + 0{,}615 \cdot 20$$

$$= 40 + 12{,}30$$

$$= 52{,}30 \text{ DM}$$

Der am häufigsten beobachtete Auftragswert beläuft sich auf TDM 52,30. Man darf sich nicht vorstellen, daß dieser Auftragswert tatsächlich und dann auch noch am häufigsten beobachtet worden ist. Es geht vielmehr darum, die Stelle anzugeben, an der oder um die sich die Auftragswerte konzentrieren.

2) unterschiedliche Klassenbreiten

Bei unterschiedlichen Klassenbreiten ist die Modusklasse m die Klasse mit der größten Häufigkeitsdichte d. Sie ist nicht notwendig die Klasse mit der größten Klassenhäufigkeit. Die Ermittlung des Modus ist identisch mit der Modusermittlung bei konstanten Klassenbreiten, lediglich die Klassenhäufigkeit h ist gegen die Dichte d auszutauschen.

Berechnungsformel für den Modus: (Formel 3.1.1.-2)

$$Mo = x_m^u + \frac{d_m - d_{m-1}}{(d_m - d_{m-1}) + (d_m - d_{m+1})} \cdot (x_m^o - x_m^u)$$

Schrittfolge zur Feinberechnung des Modus:

Schritt 1: Berechnung der Häufigkeitsdichten $\quad d_j = \dfrac{h_j}{(x_j^o - x_j^u)}$

Schritt 2: Festlegung der Modusklasse
Modusklasse ist die Klasse mit der größten Häufigkeitsdichte

Schritt 3: Lokalisierung des Modus
Anwendung der Formel 3.1.1.-2.

3.1.2. Der Median

Andere Bezeichnungen für Median Me sind Zentralwert oder zentraler Wert.

a) Definition

Als Mitte der Häufigkeitsverteilung wird derjenige Merkmalswert angesehen, dessen Merkmalsträger die mittlere, die zentrale Position (Platz) in der Rangordnung aller Merkmalsträger (Häufigkeitsverteilung) einnimmt. Das bedeutet, die Anzahl der Merkmalsträger bzw. Merkmalswerte, die vor ihm liegen, ist gleich der Anzahl der Merkmalsträger bzw. Merkmalswerte, die hinter ihm liegen. Der Median zerlegt die Gesamtheit folglich in zwei Hälften. Repräsentant für die

Lage der Häufigkeitsverteilung ist also der Wert, der in der Rangordnung die mittlere Position einnimmt.

Definition: Median
Der Median ist derjenige Merkmalswert, dessen Merkmalsträger in der Rangordnung aller Merkmalsträger genau die mittlere Position einnimmt.

b) Voraussetzungen

Zur Bestimmung des Medians müssen die Merkmalswerte bzw. die Merkmalsträger in eine Rangordnung gebracht werden. Der Median kann daher nur dann bestimmt werden, wenn das Merkmal mindestens ordinalskaliert ist.

c) Formeln und Berechnungsbeispiele

Die mittlere Position einer Rangordnung läßt sich leicht bestimmen mit

$$\frac{n + 1}{2} \qquad\qquad \text{(Formel 3.1.2.-1)}$$

Bei der Bestimmung des Medians ist es sinnvoll, zwischen gerader und ungerader Anzahl n zu unterscheiden.

1) n ist ungerade

Für die 23 Beschäftigten der Schulte GmbH wurden die Fehlzeiten (in Tagen) für das letzte Halbjahr festgestellt.

Fehltage	0	3	4	7	8	9	12	13	59
h_i	3	1	2	3	5	4	2	2	1
H_i	3	4	6	9	14	18	20	22	23

Abb. 3.1.2.-1: Fehlzeiten der Beschäftigten der Schulte GmbH

Der Beschäftigte, der die Mittelposition in der Rangordnung einnimmt, hat nach Formel 3.1.2.-1 die Positionsziffer (23 + 1)/2 = 12. Mit Hilfe der kumulierten Häufigkeit H läßt sich einfach ermitteln, daß der Beschäftigte mit der Positionsziffer 12 genau 8 Tage gefehlt hat. Der Median drückt aus, daß 50% der Beschäftigten acht oder weniger Tage und 50% acht oder mehr Tage gefehlt haben. Die oft zu findende Interpretation "mindestens 50% ..." ist vom Aussagegehalt her richtig, trifft aber, abgesehen von der schwerfälligen Formulierung, nicht den Zweck des Medians, der auf genau 50% ausgerichtet ist.

Berechnungsformel:

$$Me = x_{\left[\frac{n+1}{2}\right]}$$ (Formel 3.1.2.-2)

wobei gilt

$x_{[i]}$ = Merkmalswert des Merkmalsträgers mit der Positionsziffer i

2) n ist gerade

Für die 20 Beschäftigten der Maier KG wurden die Fehlzeiten (in Tagen) für das letzte Halbjahr festgestellt.

Fehltage	0	2	5	6	7	11	12	14
h_i	4	2	2	2	4	3	2	1
H_i	4	6	8	10	14	17	19	20

Abb. 3.1.2.-2: Fehlzeiten der Beschäftigten der Maier KG

Für gerades n ist die Positionsziffer nach Formel 3.1.2.-1 keine ganze Zahl (im Beispiel 10,5) und damit keinem Merkmalsträger zuordenbar. In diesem Fall ist der Median gleich dem Durchschnitt aus den Merkmalswerten der beiden zentral gelegenen Merkmalsträger.

$$Me = \frac{1}{2} \cdot \left(x_{\left[\frac{n}{2}\right]} + x_{\left[\frac{n}{2}+1\right]}\right)$$ (Formel 3.1.2.-3)

$$Me = \frac{1}{2} \cdot (x_{[10]} + x_{[11]}) = \frac{1}{2} \cdot (6+7) = 6,5 \text{ Tage}$$

50% der Beschäftigten haben weniger, 50% mehr als 6,5 Tage gefehlt.

Wäre das Merkmal im Beispiel ordinalskaliert gewesen, hätte der Median nicht festgestellt werden können, da zwischen unterschiedlichen Merkmalswerten die Mitte nicht bestimmt werden kann.

d) Beurteilung

Der Median ist unbeeinflußt von Ausreißern, da er allein von der Anzahl der Merkmalswerte abhängig ist. Im Beispiel der Schulte GmbH wird der Median nicht durch die aus dem Rahmen fallende Fehlzeit von 59 Tagen beeinflußt. Der Median gibt die Lage der Häufigkeitsverteilung also unverzerrt wieder. Ein weiterer Vorteil liegt in der schnellen und einfachen Ermittlung.

Der dem Median relativ oft angelastete Nachteil, daß er als Merkmalswert selbst eventuell nicht vorkommt (siehe Beispiel Maier KG), ist nicht schwerwiegend.

e) Eignung

Der Median ist ein geeigneter Mittelwert für schiefe Verteilungen. Bei schiefen Verteilungen konzentrieren sich die Merkmalsträger im unteren oder oberen Merkmalswertbereich. Bei einer Durchschnittsbildung würden die relativ wenigen Merkmalsträger mit hohen (niedrigen) Merkmalswerten den Durchschnitt nach oben (unten) verzerren. Die Zerlegung der Gesamtheit in zwei Hälften vermittelt hier einen besseren Einblick in die Mitte. - Der Median ist grundsätzlich dann geeignet, wenn eine Halbierung der Gesamtheit interessiert.

f) klassifizierte Häufigkeitsverteilung

Aus der klassifizierten Häufigkeitsverteilung kann der Median nicht mehr exakt abgelesen werden. Er läßt sich nur näherungsweise bestimmen.

Die Einfall- oder Medianklasse ist die Klasse, in der der Merkmalsträger mit der Positionsziffer $\frac{n+1}{2}$ oder vereinfacht $\frac{n}{2}$ liegt.

Für die Feinberechnung wird angenommen, daß in der Medianklasse eine Gleichverteilung vorliegt. Zur Untergrenze der Medianklasse ist, wie in Abb. 3.1.2.-3 dargestellt, die Strecke x zu addieren. Die Strecke x kann über die lineare Interpolation bzw. den Strahlensatz (siehe Abschnitt 2.4.3.) ermittelt werden.

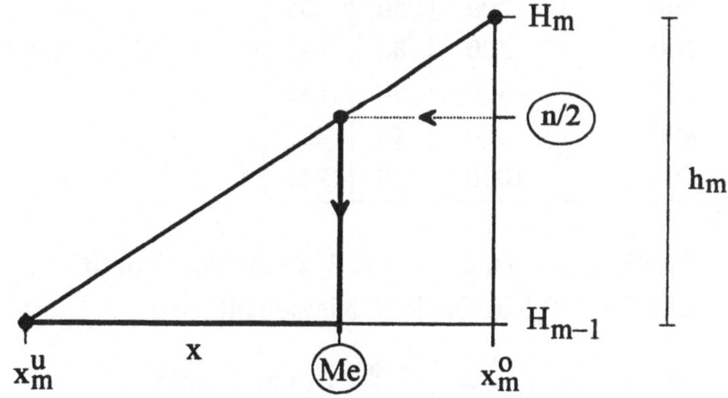

Abb. 3.1.2.-3: Ermittlung des Medians

$$x : (x_m^o - x_m^u) = (\frac{n}{2} - H_{m-1}) : (H_m - H_{m-1})$$

$$x = \frac{\frac{n}{2} - H_{m-1}}{H_m - H_{m-1}} \cdot (x_m^o - x_m^u)$$

$$x = \frac{\frac{n}{2} - H_{m-1}}{h_m} \cdot (x_m^o - x_m^u)$$

Damit ergibt sich die Berechnungsformel für den Median:

$$Me = x_m^u + \frac{\frac{n}{2} - H_{m-1}}{h_m} \cdot (x_m^o - x_m^u) \qquad \text{(Formel 3.1.2.-4)}$$

Schrittfolge zur Feinberechnung des Medians:

Schritt 1: Bestimmung der Medianklasse m über die Positionsziffer $\frac{n}{2}$

Schritt 2: Lokalisierung des Medians
            Anwendung der Formel 3.1.2.-4.

Hinweis: Bei unterschiedlichen Klassenbreiten ist im Unterschied zum Modus nicht mit der Häufigkeitsdichte d zu rechnen. Das Relativieren ist nicht erforderlich, da nur eine einzige Häufigkeit h - die der Medianklasse - verwendet wird.

Die Berechnung soll am Beispiel Forderungen verdeutlicht werden:

Forderung (DM)		h_j	H_j
von ...	bis unter ...		
50	100	15	15
100	200	50	65
200	300	80	145	← Medianklasse $m = 3$
300	400	40	185
400	600	40	225
600	1000	20	245

Schritt 1: Medianklasse ist die Klasse 3, da die Positionsziffer
            245/2 = 122,5 in die dritte Klasse fällt.

$$\text{Schritt 2:} \quad Me = 200 + \frac{122,5 - 65}{80} \cdot (300 - 200)$$

$$= 200 + 0,719 \cdot 100$$

$$= 271,90 \text{ DM}$$

D.h. 50% der Forderungen haben einen Wert von weniger, 50% von mehr als 271,90 DM. Auf die Angabe "oder gleich 271,90 DM" wird verzichtet, da das Auftreten dieses Wertes unwahrscheinlich ist.

Exkurs: Quantile

Als Quantile werden Merkmalswerte bezeichnet, durch die Gesamtheiten in gleich große Teile zerlegt werden. Der Median zerlegt die Gesamtheit in zwei Hälften, die Quartile zerlegen die Gesamtheit in vier Viertel, die Dezentile in zehn Zehntel, die Perzentile in 100 Hundertstel etc.

Bei den Quartilen zerlegen das 1., 2. und 3. Quartil die Gesamtheit in die Teile 25% : 75%, 50% : 50% bzw. 75% : 25%. Bei den Dezentilen und Perzentilen interessieren nur die am Rand liegenden Werte wie z.B. das 5. Perzentil, das die Gesamtheit in die Teile 5% : 95% zerlegt. Auf diese Weise werden weitere Informationen über die Lage und die Struktur der Verteilung gewonnen.

Die Berechnung der Quantile erfolgt analog der Berechnung des Medians. Zur Veranschaulichung wird das 3. Quartil für das Beispiel Forderungen berechnet:

Schritt 1: Bestimmung der 3. Quartilsklasse
75% bzw. 3/4 von n = 245 ergibt die Positionsziffer 183,75.
Das 3. Quartil liegt in der 4. Klasse.

Schritt 2: Lokalisation des 3. Quartils

$$Q_3 = 300 + \frac{183,75 - 145}{40} \cdot (400 - 300)$$

$$= 300 + 0,969 \cdot 100$$

$$= 396,90 \text{ DM}$$

75% der Forderungen haben einen Wert von weniger als, 25% von mehr als 396,90 DM.

3.1.3. Das arithmetische Mittel

Das arithmetische Mittel $\bar{x}$ ist der mit Abstand am häufigsten verwendete Mittelwert. In der Umgangssprache wird er treffend als Durchschnitt bezeichnet.

a) Definition

Während der Median sich an der gleichen Anzahl der in der Häufigkeitsverteilung vor und nach ihm liegenden Merkmalswerte orientiert, stellt das arithmetische Mittel auf die Entfernungen zu den vor und nach ihm liegenden Merkmalswerten ab. Der Mittelpunkt der Verteilung wird in demjenigen Merkmalswert gesehen, zu dem die Entfernungen der vor ihm liegenden Merkmalswerte in der Summe gleich sind den Entfernungen der nach ihm liegenden Merkmalswerte. Die Mitte muß - vereinfacht gesagt - von beiden Seiten gleich weit entfernt sein. In Abb. 3.1.3.-1 ist dies skizzenhaft veranschaulicht. Das arithmetische Mittel ergibt sich rechnerisch, wenn die Summe aller beobachteten Merkmalswerte (Merkmalswertsumme) gleichmäßig auf alle Merkmalsträger verteilt wird. Das arithmetische Mittel beschreibt also die Lage zugleich durch den Merkmalswert, der sich bei Gleichheit aller Merkmalsträger ergeben würde.

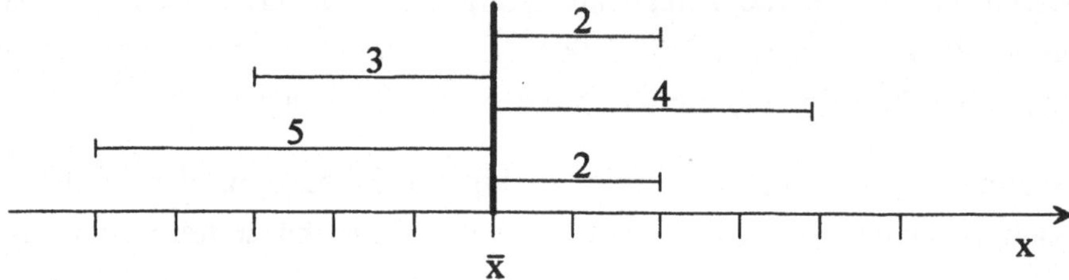

Abb. 3.1.3.-1: Entfernungen von 5 Merkmalswerten zu ihrem arithmetischen Mittel

Definition: Arithmetisches Mittel
Das arithmetische Mittel ist der Wert, der sich bei gleichmäßiger Verteilung der Summe aller beobachteten Merkmalswerte auf alle Merkmalsträger ergibt.

b) Voraussetzungen

Die Addition von Merkmalswerten ergibt nur dann einen Sinn, wenn die Abstände zwischen den Werten meßbar sind. Die Bestimmung des arithmetischen Mittels ist daher nur zulässig, wenn das Merkmal mindestens intervallskaliert ist.

c) Formel und Berechnungsbeispiel

Für die 23 Beschäftigten der Schulte GmbH ist die durchschnittliche Überstundenzahl für die letzte Woche zu berechnen.

Überstunde x_i	0	1	2	3	4	12
h_i	3	10	4	3	2	1

Abb. 3.1.3.-2: Überstunden der Beschäftigten der Schulte GmbH

Für die Berechnung des arithmetischen Mittels sind alle Überstunden zu addieren und dann durch die Anzahl der Beschäftigten zu dividieren.

Berechnungsformel für das arithmetische Mittel $\bar{x}$:

$$\bar{x} = \frac{1}{n} \cdot \sum_{i=1}^{v} x_i \cdot h_i \qquad \text{bzw.} \qquad \bar{x} = \sum_{i=1}^{v} x_i \cdot f_i \qquad \text{(Formel 3.1.3.-1)}$$

Im Beispiel:

$$\bar{x} = \frac{1}{23} \cdot (0 \cdot 3 + 1 \cdot 10 + 2 \cdot 4 + 3 \cdot 3 + 4 \cdot 2 + 12 \cdot 1)$$

$$\bar{x} = \frac{1}{23} \cdot 47 = 2,04 \ \text{Überstunden}$$

Die Beschäftigten der Schulte GmbH haben in der letzten Woche durchschnittlich 2,04 Überstunden geleistet.

Das mit Formel 3.1.3.-1 berechnete arithmetische Mittel wird auch als gewogenes arithmetisches Mittel bezeichnet, da die einzelnen Merkmalswerte mit ihrer Häufigkeit h bzw. f gewichtet werden.

d) Beurteilung

Die Konstruktion des arithmetischen Mittels ermöglicht die Berechnung der Merkmalswertsumme. Sind z.B. die Anzahl der Beschäftigten und der durchschnittliche Umsatz pro Beschäftigten bekannt, dann kann der Gesamtumsatz des Unternehmens berechnet werden.

Die arithmetischen Mittel zweier Verteilungen können zu einem gemeinsamen arithmetischen Mittel aggregiert werden, wenn die Anzahl der Merkmalsträger jeweils bekannt ist. Zum Beispiel: Die gemeinsame durchschnittliche Fehlzeit der Beschäftigten der Maier KG und der Schulte GmbH errechnet sich wie folgt:

Maier KG: $\quad n_M = 20$ Beschäftigte; $\quad \bar{x}_M = 6,25$ Tage/Beschäftigte

Schulte GmbH: $n_S = 23$ Beschäftigte; $\quad \bar{x}_S = 9,43$ Tage/Beschäftigte

$$\bar{x} = \frac{6,25 \cdot 20 + 9,43 \cdot 23}{20 + 23} = 7,95 \ \text{Tage/Beschäftigte}$$

Die Abhängigkeit des arithmetischen Mittels von sämtlichen Merkmalswerten kann nachteilig sein, wenn in der Verteilung Ausreißer auftreten oder eine schiefe Verteilung vorliegt. In diesen Fällen verzerren die Ausreißer bzw. die weit außenliegenden Werte den Mittelwert. So würde im Beispiel unter c) die durchschnittliche Überstundenzahl bei der Schulte GmbH ohne den Ausreißer mit den 12 Überstunden von 2,04 Stunden auf 1,59 Stunden sinken.

e) Eignung

Das arithmetische Mittel ist ein geeigneter Mittelwert für eingipfelige, symmetrische Häufigkeitsverteilungen sowie für Verteilungen ohne klar erkennbare Konzentration auf einen Merkmalswert. Es ist nicht geeignet für schiefe Verteilungen und für kleine Gesamtheiten mit Ausreißern.

Die Anwendung des arithmetischen Mittels ist unzulässig, wenn das Merkmal als Quotient definiert ist und der Zähler des Quotienten und die Häufigkeit auf dieselbe Größe bezogen sind. Zum Beispiel: Eine voll beladene Kipplore legt die 2 km von der Tongrube zur Ziegelei mit einer Geschwindigkeit von 10 km/h zurück, auf der Rückfahrt legt sie die Strecke mit einer Geschwindigkeit von 30 km/h zurück. Zur Berechnung der durchschnittlichen Geschwindigkeit ist die Anwendung des arithmetischen Mittels nicht zulässig, da sowohl der Zähler des Quotienten als auch die Häufigkeit auf die Größe "Kilometer" bezogen sind. Die Durchschnittsgeschwindigkeit ist - wie in Abschnitt 3.1.4. aufgezeigt - mit dem harmonischen Mittel zu berechnen.

f) klassifizierte Häufigkeitsverteilungen

Für klassifizierte Häufigkeitsverteilungen kann das arithmetische Mittel nur näherungsweise berechnet werden. In Formel 3.1.3.-1 werden dazu die Merkmalswerte x_i gegen die Klassenmitten x_j' ausgetauscht.

Berechnungsformel des arithmetischen Mittels:

$$\bar{x} = \frac{1}{n} \cdot \sum_{j=1}^{v} x_j' \cdot h_j \qquad \text{bzw.} \qquad \bar{x} = \sum_{j=1}^{v} x_j' \cdot f_j \qquad \text{(Formel 3.1.3.-2)}$$

Die Klassenmitte wird als Repräsentant für die Merkmalswerte in der Klasse angesehen. D.h. es wird für jede Klasse eine Gleichverteilung oder eine um die Klassenmitte symmetrische Verteilung unterstellt.

Schrittfolge zur Berechnung des arithmetischen Mittels

Schritt 1: Bestimmung der Klassenmitten

Schritt 2: Berechnung der Produkte $x_j' \cdot h_j$ und ihre anschließende Addition

Schritt 3: Division der Summe aus Schritt 2 durch die Anzahl der Merkmalsträger n

Die Berechnung wird am Beispiel Forderungen veranschaulicht. Die Häufigkeitstabelle wird zur Arbeitstabelle erweitert.

Forderung (DM) von ... bis unter ...		h_j	x_j'	$x_j' \cdot h_j$
50	100	15	75	1.125
100	200	50	150	7.500
200	300	80	250	20.000
300	400	40	350	14.000
400	600	40	500	20.000
600	1000	20	800	16.000
				78.625

Abb. 3.1.3.-3: Arbeitstabelle zur Bestimmung des arithmetischen Mittels

Schritt 1: Bestimmung der Klassenmitten x_j' (Spalte 3)

Schritt 2: Berechnung der Produkte $x_j' \cdot h_j$ und anschließende Addition
(Spalte 4)

Schritt 3: $\dfrac{1}{245} \cdot 78.625 = 320{,}92 \, \text{DM}$

Der durchschnittliche Wert einer Forderung beträgt 320,92 DM.

Das arithmetische Mittel mit DM 320,92 ist deutlich größer als der Median mit
DM 271,90 und - die Berechnung ist dem Leser als Übungsaufgabe zugedacht -
der Modus mit DM 242,86. Das Histogramm in Abb. 2.5.1.4.-3 läßt die Ursache
dafür erkennen: Die 20 Forderungen aus der letzten Klasse sind mit DM 600 bis
unter DM 1.000 weit entfernt vom Zentrum und ziehen dadurch den Durchschnitt
erheblich nach oben.

3.1.4. Das harmonische Mittel

a) Definition

Im Unterschied zum arithmetischen Mittel stellt das harmonische Mittel MH
nicht auf die einfachen, sondern auf die relativen Entfernungen ab. Der Mittelpunkt der Verteilung wird in demjenigen Merkmalswert gesehen, zu dem die

relativen Entfernungen der vor ihm liegenden Merkmalswerte in der Summe gleich sind den relativen Entfernungen der nach ihm liegenden Merkmalswerte. Die Mitte ist - vereinfacht gesagt - von beiden Seiten relativ gleich weit entfernt.

> Definition: Harmonisches Mittel
> Das harmonische Mittel ist derjenige Wert, zu dem die in der
> Häufigkeitsverteilung vor ihm liegenden Merkmalswerte in der
> Summe gesehen relativ gleich weit entfernt sind wie die nach
> ihm liegenden Merkmalswerte.

b) Voraussetzungen

Zur Berechnung der relativen Entfernungen müssen Quotienten aus Merkmalswerten gebildet werden. Das Merkmal muß daher verhältnisskaliert sein. Die Merkmalswerte müssen alle positiv oder alle negativ sein.

c) Formel und Berechnungsbeispiele

Zur Aufstellung der Berechnungsformel wird das Beispiel Kipplore aus Abschnitt 3.1.3.e) herangezogen. Die Kipplore legt die Strecke von zwei Kilometern auf der Hinfahrt mit 10 km/h und auf der Rückfahrt mit 30 km/h zurück.

$$x_1 = 10 \text{ km/h}, \qquad h_1 = 2 \text{ km}$$

$$x_2 = 30 \text{ km/h}, \qquad h_2 = 2 \text{ km}$$

Zur Berechnung der durchschnittlichen Geschwindigkeit der Kipplore ist die insgesamt zurückgelegte Strecke durch die insgesamt benötigte Zeit zu dividieren.

Gesamtstrecke: $\quad h_1 + h_2 = 2 + 2 = 4 \text{ km}$

Gesamtzeit: Zur Bestimmung der Gesamtzeit sind die Zeiten für die Hin- und Rückfahrt zu addieren. Die Zeit für eine Einzelfahrt ergibt sich aus der Division von Teilstrecke und Geschwindigkeit.

Hinfahrtzeit: $\quad \dfrac{2}{10} \dfrac{[\text{km}]}{[\text{km/h}]} = 0,2000 \ [\text{h}]$

Rückfahrtzeit: $\quad \dfrac{2}{30} \dfrac{[\text{km}]}{[\text{km/h}]} = 0,0667 \ [\text{h}]$

Gesamtzeit: $\quad 0,2000 + 0,0667 = 0,2667 \ [\text{h}]$

Die durchschnittliche Geschwindigkeit der Kipplore beträgt damit:

$$\frac{\text{Gesamtstrecke}}{\text{Gesamtzeit}} = \frac{2 + 2 \quad [\text{km}]}{\frac{2}{10} + \frac{2}{30} \quad \frac{[\text{km}]}{[\text{km/h}]}} = 15,00 \; [\text{km/h}]$$

Die durchschnittliche Geschwindigkeit der Lore beträgt 15,00 km/h.

Die Verallgemeinerung der Berechnung für das Beispiel lautet:

$$MH = \frac{h_1 + h_2}{\frac{h_1}{x_1} + \frac{h_2}{x_2}}$$

Für v verschiedene Merkmalswerte gilt entsprechend die Formel:

$$MH = \frac{\sum\limits_{i=1}^{v} h_i}{\sum\limits_{i=1}^{v} \frac{h_i}{x_i}} = \frac{n}{\sum\limits_{i=1}^{v} \frac{h_i}{x_i}} \qquad \text{(Formel 3.1.4.-1)}$$

Beispiel: Eigenkapitalquote

Die Maier KG ist mit DM 200.000, die Schulte GmbH mit DM 300.000 Eigenkapital ausgestattet. Die Eigenkapitalquoten (Eigenkapital/Gesamtkapital) betragen 23,8% bzw. 43,8%. Wie groß wäre die Eigenkapitalquote bei einem Zusammenschluß beider Unternehmen? - Da der Zähler des Quotienten und die Häufigkeit auf das Eigenkapital bezogen sind, ist das harmonische Mittel zu berechnen.

$$x_1 = 23,8\% \; (\frac{\text{Eigenkapital}}{\text{Gesamtkapital}} \cdot 100); \quad h_1 = 200.000 \; (\text{DM Eigenkapital})$$

$$x_2 = 43,8\% \; (\frac{\text{Eigenkapital}}{\text{Gesamtkapital}} \cdot 100); \quad h_2 = 300.000 \; (\text{DM Eigenkapital})$$

$$MH = \frac{200.000 + 300.000}{\frac{200.000}{23,8} + \frac{300.000}{43,8}}$$

$$= 32,78\%$$

Die Eigenkapitalquote würde nach dem Zusammenschluß 32,78% betragen.

d) Beurteilung

Das harmonische Mittel ist die einzige Möglichkeit, den Durchschnittswert in der unter c) beispielhaft und unter e) allgemein beschriebenen Situation exakt zu bestimmen.

e) Eignung

Das harmonische Mittel ist zur Berechnung des Durchschnitts einzusetzen, wenn das Merkmal als Quotient definiert ist und der Zähler des Quotienten und die Häufigkeit auf dieselbe Größe (in den Beispielen: Kilometer; Eigenkapital) bezogen sind.

f) klassifizierte Häufigkeitsverteilung

Für klassifizierte Häufigkeitsverteilungen kann das harmonische Mittel - analog dem arithmetischen Mittel - nur näherungsweise berechnet werden. Dazu sind in Formel 3.1.4.-1 die Merkmalswerte x_i durch die Klassenmitten x_j' zu ersetzen.

3.1.5. Das geometrische Mittel

Das geometrische Mittel MG ist nicht mit den obigen Mittelwerten vergleichbar. Es entspringt nicht einer bestimmten Vorstellung von der Mitte. Vielmehr erzwingen mathematische Regeln seinen Einsatz in genau definierten Situationen.

a) Definition

Basis für die Häufigkeitsverteilung ist die Entwicklung einer wirtschaftlichen Größe im Zeitablauf. In Abb. 3.1.5.-1 ist dies beispielhaft an der Entwicklung eines Jahreseinkommens (40, 48, 60 und 57 TDM) über vier Jahre dargestellt.

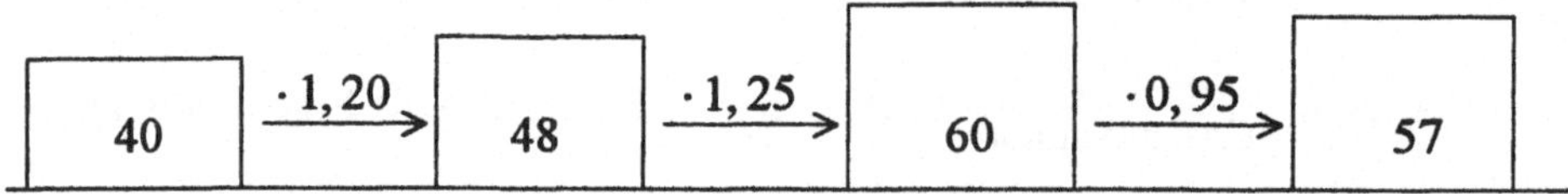

Abb. 3.1.5.-1: Entwicklung eines Jahreseinkommens (TDM) über vier Jahre

Merkmalswerte sind jetzt - im Unterschied zu bisher - die Quotienten aus zwei zeitlich benachbarten Größen. Die Merkmalswerte beschreiben damit in Form eines Faktors das relative Wachstum bzw. die Vervielfachung einer Größe. Der Merkmalswert 1,20 z.B. beschreibt, daß das Jahreseinkommen TDM 48 das 1,2-fache des Vorjahreseinkommens TDM 40 beträgt. Das Einkommen TDM 40 wurde zunächst auf das 1,2-fache, anschließend auf das 1,25-fache und schließlich auf das 0,95-fache bzw. auf TDM 57 gesteigert. Gesucht ist die durchschnittliche relative Vervielfachung des Einkommens (1,1253).

Definition: Geometrisches Mittel

Das geometrische Mittel ist der Wert, der mehrere aufeinanderfolgende Vervielfachungen einer Größe als durchschnittliche Vervielfachung wiedergibt.

Die übliche, rein mathematisch orientierte Definition lautet:

Das geometrische Mittel ist die n-te Wurzel aus dem Produkt aller beobachteten Merkmalswerte.

b) Voraussetzungen

Die den Merkmalswerten zugrunde liegenden Größen müssen wegen der Division verhältnisskaliert sein.

Alle Merkmalswerte, aus denen der Durchschnitt berechnet wird, müssen größer als Null sein.

c) Formel und Berechnungsbeispiel

In Abb. 3.1.5.-2 ist für den Zeitraum 1990 bis 1995 die Gewinnentwicklung der Software AG angegeben.

Jahr	1990	1991	1992	1993	1994	1995
Gewinn (DM)	120.000	138.000	165.600	157.320	188.784	235.980

Abb. 3.1.5.-2: Gewinnentwicklung der Software AG von 1990 bis 1995

Die Geschäftsleitung interessiert sich für den durchschnittlichen prozentualen Gewinnanstieg pro Jahr (Vervielfachung) im Betrachtungszeitraum.

Jahr	Gewinn (DM)	Wachstums-faktor x_i	Wachstums-rate (%)
1990	120.000	-	-
1991	138.000	1,15	+ 15
1992	165.600	1,20	+ 20
1993	157.320	0,95	- 5
1994	188.784	1,20	+ 20
1995	235.980	1,25	+ 25

Abb. 3.1.5.-3: Arbeitstabelle zur Bestimmung des geometrischen Mittels

Zur Berechnung des durchschnittlichen prozentualen Gewinnanstiegs sind für die Jahre 1991 bis 1995 zunächst die Wachstumsfaktoren zu berechnen. Sie stellen die Merkmalswerte dar. Der Wachstumsfaktor im Beispiel gibt das Vielfache an, das der Gewinn gegenüber dem Vorjahresgewinn beträgt. So beträgt etwa der Gewinn 1991 das 1,15-fache des Gewinnes 1990.

$$x_1 = \frac{\text{Gewinn 1991}}{\text{Gewinn 1990}} = \frac{138.000}{120.000} = 1,15$$

Die Wachstumsrate (in %) errechnet sich aus

Wachstumsrate (in %) = (Wachstumsfaktor - 1) · 100

Die Wachstumsrate (in %) im Beispiel gibt die prozentuale Veränderung des Gewinnes gegenüber dem Vorjahresgewinn an. So übersteigt etwa der Gewinn 1991 den Gewinn 1990 um 15%. Die weiteren Wachstumsfaktoren und Wachstumsraten sind in Abbildung 3.1.5.-3 angegeben.

Die Gesamtvervielfachung des Gewinnes von 1990 bis 1995 errechnet sich aus dem Produkt der fünf Wachstumsfaktoren bzw. Merkmalswerte.

$$1,15 \cdot 1,20 \cdot 0,95 \cdot 1,20 \cdot 1,25 = 1,9665$$

Der Gewinn 1995 beträgt das 1,9665-fache des Gewinnes 1990 bzw. der Gewinn lag in 1995 um 96,65% über dem des Jahres 1990. Um den durchschnittlichen prozentualen Gewinnanstieg zu bestimmen, müssen die fünf Wachstumsfaktoren durch den fünfmal anzusetzenden konstanten Wachstumsfaktor ersetzt werden, der zu derselben Gesamtvervielfachung 1,9665 führt. Dieser konstante Faktor ist das geometrisches Mittel MG.

$$MG^5 = 1,15 \cdot 1,20 \cdot 0,95 \cdot 1,20 \cdot 1,25$$

Durch das Ziehen der fünften Wurzel auf beiden Seiten ergibt sich der gesuchte Wert.

$$MG = \sqrt[5]{1,15 \cdot 1,20 \cdot 0,95 \cdot 1,20 \cdot 1,25}$$

$$= \sqrt[5]{1,9665} = 1,1448$$

Das geometrische Mittel bzw. der durchschnittliche Wachstumsfaktor (Vervielfachung) beträgt 1,1448; die durchschnittliche Wachstumsrate beträgt + 0,1448. Der Gewinn ist jährlich um durchschnittlich 14,48% gestiegen.

Aus der Verallgemeinerung des Berechnungsbeispiels ergibt sich die Berechnungsformel für das geometrische Mittel:

$$MG = \sqrt[n]{x_1 \cdot x_2 \cdot \ldots \cdot x_n} \qquad \text{(Formel 3.1.5.-1a)}$$

oder in der Kurzschreibweise:

$$MG = \sqrt[n]{\prod_{i=1}^{n} x_i} \qquad \text{(Formel 3.1.5.-1b)}$$

Auf die Darstellung der Formeln 3.1.5.-1a/b als gewogenes geometrisches Mittel wird bewußt verzichtet, da dieser Fall von geringer praktischer Bedeutung ist.

Sind der erste (120.000) und letzte (235.980) Wert aus der zugrunde liegenden Reihe der wirtschaftlichen Größe bekannt, so kann die Gesamtvervielfachung (Gesamtwachstumsfaktor) aus diesen beiden Größen berechnet werden. Nachstehend ist dies für das Beispiel aufgezeigt.

$$\frac{\mathbf{138.000}}{\mathbf{120.000}} \cdot \frac{165.600}{138.000} \cdot \frac{157.320}{165.600} \cdot \frac{188.784}{157.320} \cdot \frac{\mathbf{235.980}}{188.784} = \frac{235.980}{120.000}$$

Das Produkt der Wachstumsfaktoren in den Formeln 3.1.5.-1 kann also durch den Quotienten aus Endwert und Anfangswert ersetzt werden.

$$MG = \sqrt[n]{\frac{\text{Endwert}}{\text{Anfangswert}}} \qquad \text{(Formel 3.1.5.-2)}$$

$$MG = \sqrt[5]{\frac{235.980}{120.000}} = 1,1448$$

Schrittfolge zur Bestimmung des geometrischen Mittels:

Schritt 1: Berechnung der n Wachstumsfaktoren aus den Ausgangswerten

Schritt 2: Berechnung des Produktes der Wachstumsfaktoren

Schritt 3: Ziehen der n-ten Wurzel aus dem Produkt

d) Beurteilung

Das geometrische Mittel ist die einzige Möglichkeit, die durchschnittliche prozentuale (relative) Entwicklung einer Größe im Zeitablauf exakt zu beschreiben. Darin liegt die Bedeutung des geometrischen Mittels.

e) Eignung

Das geometrische Mittel ist zwingend anzuwenden, wenn die durchschnittliche prozentuale (relative) Entwicklung einer wirtschaftlichen Größe (Gewinn, Kapital, Aktienkurs, Sozialprodukt, Bevölkerung etc.) zu bestimmen ist. Da die zu mittelnden Wachstumsfaktoren nicht additiv, sondern multiplikativ verbunden sind, ist der Einsatz des arithmetischen Mittels nicht zulässig.

f) klassifizierte Häufigkeitsverteilungen

Entwicklungs- bzw. Wachstumsprozesse lassen sich nicht durch klassifizierte Häufigkeitsverteilungen beschreiben.

3.2. Streuungsmaße

Die Streuung der Merkmalswerte ist die zweite wesentliche Eigenschaft einer Häufigkeitsverteilung. So ist es ein wesentlicher Unterschied, ob die Merkmalswerte in einem engen Bereich oder in einem sehr breiten Bereich streuen. In der Abb. 3.2.-1 sind die Histogramme für zwei Häufigkeitsverteilungen mit deutlich unterschiedlicher Streuung skizziert.

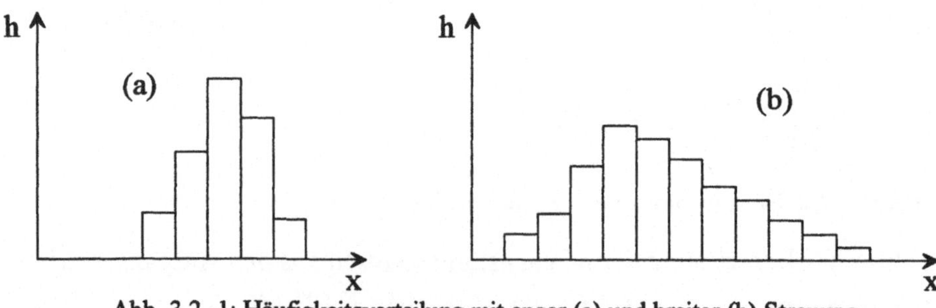

Abb. 3.2.-1: Häufigkeitsverteilung mit enger (a) und breiter (b) Streuung

Streuungsmaße (Streuungsparameter, Variabilitätsmaße, Variationsmaße) haben die Aufgabe, die Streuung der Häufigkeitsverteilung in Form eines einzigen Wertes zu beschreiben. In Verbindung mit dem Mittelwert kann - eine sinnvolle Auswahl der beiden Parameter vorausgesetzt - ein informativer Einblick in die Verteilung der Merkmalswerte erzielt werden.

Zur Messung der Streuung gibt es verschiedene Konzepte, von denen zwei für die Praxis maßgebend sind. Zum einen wird als Maß für die Streuung die Entfernung zwischen zwei ausgewählten Merkmalswerten bzw. Merkmalsträgern verwendet. Zum anderen werden die Entfernungen (Abweichungen) der Merkmalswerte zu ihrem Mittelwert als Maß für die Streuung herangezogen.

Die beschreibende Statistik kennt eine Reihe von Streuungsmaßen, von denen hier Spannweite, zentraler Quartilsabstand, mittlere absolute Abweichung, Varianz, Standardabweichung und Variationskoeffizient vorgestellt werden.

3.2.1. Die Spannweite

Andere Bezeichnungen für Spannweite R sind Variationsbreite und aus dem Englischen der symbolgebende Begriff range.

a) Definition

Bei der Spannweite wird als Maß für die Streuung die Entfernung zwischen dem kleinsten und größten beobachteten Merkmalswert verwendet. Die Spannweite gibt also die Länge des Bereiches an, über den sich die Merkmalswerte verteilen.

> Definition: Spannweite
> Die Spannweite ist die Differenz aus dem größten und kleinsten beobachteten Merkmalswert.

b) Voraussetzungen

Die Berechnung der Differenz zwischen den beiden Merkmalswerten setzt voraus, daß das Merkmal mindestens intervallskaliert ist. Relativ oft wird die Ordinalskala bereits als ausreichend angesehen. Dies ist dann zulässig, wenn die Spannweite durch die Nennung der beiden Eckwerte angegeben wird (z.B. die Klausurnoten streuen zwischen gut und mangelhaft).

c) Formeln und Berechnungsbeispiel

Entsprechend der Definition gilt für die Spannweite R die Berechnungsformel

R = größter Merkmalswert - kleinster Merkmalswert

$$R = x_{[n]} - x_{[1]} \qquad \text{(Formel 3.2.1.-1)}$$

Beispiel: Überstunden der Beschäftigten der Schulte GmbH

Überstunde	0	1	2	3	4	12
Beschäftigte	3	10	4	3	2	1

$$R = 12 - 0 = 12$$

Die Überstunden der Beschäftigten der Schulte GmbH streuen in einem Bereich von 12 Stunden.

d) Beurteilung

Die Spannweite ist ein anschauliches und leicht verständliches Streuungsmaß. Sie ist aber nur ein einfaches Streuungsmaß, weil sie lediglich die Länge des Streubereiches angibt und nicht beschreibt, wie die Merkmalswerte in diesem Bereich im einzelnen streuen. Die Spannweite reagiert äußerst empfindlich auf Ausreißer. Das Beispiel unter c) veranschaulicht dies deutlich. Durch die atypische Überstundenzahl 12 wird die Streuung viel zu hoch (12 anstatt 4) ausgewiesen.

e) Eignung

Die Spannweite kann, sofern keine Ausreißer vorliegen, nur eine erste grobe Abschätzung der Streuung vermitteln. Die Spannweite ist aufgrund ihrer Konstruktion als Streuungsmaß nur geeignet, wenn allein die Breite des Streubereiches interessiert. Dies ist insbesondere der Fall, wenn die äußersten Werte der Häufigkeitsverteilung von Bedeutung sind. In der praktischen Anwendung wird die Spannweite dann oft unter Nennung des kleinsten und größten Merkmalswertes angegeben. Man denke z.B. an die Angaben "höchst/tiefst" bei Börsenkursen oder "minimal/maximal" bei Temperaturangaben. In diesen Fällen beschreibt die Spannweite zugleich die Lage der Häufigkeitsverteilung.

f) klassifizierte Häufigkeitsverteilung

Bei der klassifizierten Häufigkeitsverteilung werden als kleinster Wert die Untergrenze der ersten Klasse und als größter Wert die Obergrenze der letzten Klasse v verwendet.

$$R = x_v^o - x_1^u \qquad\qquad \text{(Formel 3.2.1.-2)}$$

Im Beispiel Forderungen aus Abschnitt 2.5.1.4. streuen die Forderungen in einem Bereich von 950 DM (1.000 - 50).

3.2.2. Der zentrale Quartilsabstand

Der zentrale Quartilsabstand ZQA (Interquartilsabstand) verwendet - wie die Spannweite - die Entfernung zwischen zwei bestimmten Merkmalswerten bzw. Merkmalsträgern als Maß für die Streuung.

a) Definition

Die drei Quartile Q_1, Q_2 und Q_3 zerlegen, wie in Abschnitt 3.1.2. aufgezeigt, die Gesamtheit in vier Viertel. Die Randwerte der beiden zentralen Viertel sind das erste und dritte Quartil Q_1 bzw. Q_3. Ihre Entfernung wird daher als zentraler Quartilsabstand bezeichnet. In Abb. 3.2.2.-1 ist dies skizziert.

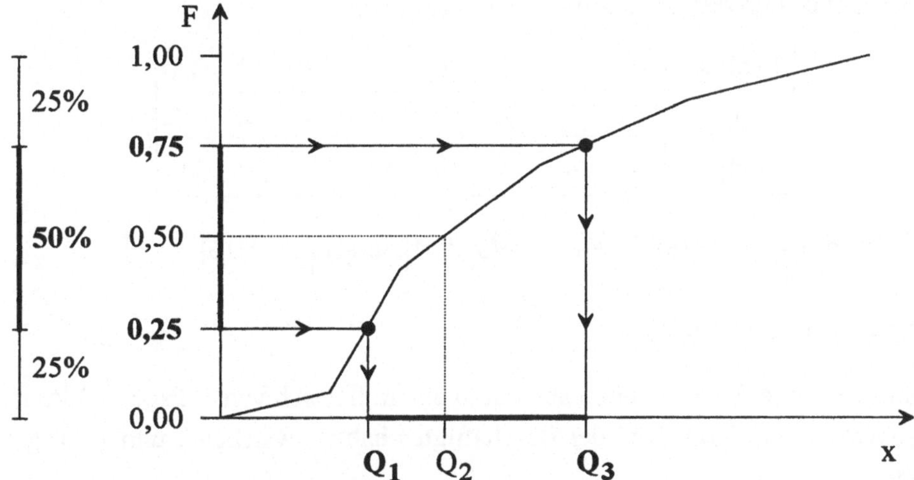

Abb. 3.2.2.-1: Graphische Darstellung des zentralen Quartilsabstandes mit Hilfe des Summenpolygons

Im zentralen Quartilsabstand streuen also die Merkmalswerte der zwei zentralen Viertel der Gesamtheit bzw. der zentral gelegenen 50% der Merkmalsträger. Analog lassen sich zentrale Dezentilsabstände und Perzentilsabstände konstruieren; der zentrale 90%-Perzentilsabstand zum Beispiel schneidet die unteren und oberen 5% der Häufigkeitsverteilung ab.

Definition: Zentraler Quartilsabstand
Der zentrale Quartilsabstand ist die Entfernung zwischen den beiden Merkmalswerten, welche die in der Rangordnung zentral gelegenen 50% der Merkmalsträger eingrenzen.

b) Voraussetzungen

Die Berechnung des Abstandes zwischen den beiden Merkmalswerten setzt voraus, daß das Merkmal mindestens intervallskaliert ist. Beschränkt man sich auf die Angabe der beiden Quartilswerte anstelle der Differenz, dann genügt bereits die Ordinalskala (z.B. die mittleren 50% der Noten streuen zwischen 2 und 4).

c) Formel und Berechnungsbeispiel

Aus der Definition ergibt sich die Formel für den zentralen Quartilsabstand:

$$ZQA = Q_3 - Q_1 \qquad\qquad \text{(Formel 3.2.2.-1)}$$

Beispiel: Fehlzeiten der Beschäftigten der Maier KG

Fehltage	0	2	5	6	7	11	12	14
h_i	4	2	2	2	4	3	2	1
H_i	4	6	8	10	14	17	19	20

$$Q_1 = x_{\left[\frac{n+1}{4}\right]} \approx x_{[5]} = 2; \qquad Q_3 = x_{\left[\frac{3(n+1)}{4}\right]} \approx x_{[16]} = 11$$

$$ZQA = 11 - 2 = 9 \text{ Tage}$$

Die mittleren 50% der Fehlzeiten streuen in einem Bereich von 9 Tagen. Oder informativer: Die mittleren 50% der Beschäftigten haben zwischen 2 und 11 Tagen gefehlt.

d) Beurteilung

Der zentrale Quartilsabstand ist ein anschauliches und ein leicht verständliches Streuungsmaß. Wie bei der Spannweite wird über den Streubereich informiert, nicht aber wie die Merkmalswerte in diesem Bereich streuen. Im Unterschied zur Spannweite tritt das Ausreißer-Problem hier nicht auf, da die unteren und oberen 25% der Häufigkeitsverteilung abgeschnitten werden.

e) Eignung

Der zentrale Quartilsabstand ist aufgrund seiner Konstruktion als Streuungsmaß geeignet, wenn der Kernbereich - hier 50% - einer Häufigkeitsverteilung interessiert. So ist es z.B. bei der Verteilung des Einkommens oder des Vermögens von Interesse, in welchem Bereich die mittleren 50% der Haushalte streuen.

f) klassifizierte Häufigkeitsverteilung

Bei klassifizierten Häufigkeitsverteilungen wird der zentrale Quartilsabstand ebenfalls nach Formel 3.2.2.-1 berechnet. Die näherungsweise Berechnung der Quartilswerte wurde in Abschnitt 3.1.2. aufgezeigt.

Beispiel: Forderungen (siehe Abschnitt 3.1.2., S.76 f)

$$Q_1 = 100 + \frac{\frac{245}{4} - 15}{50} \cdot (200 - 100) = 192,50 \text{ DM}; \quad Q_3 = 396,90 \text{ DM}$$

$$ZQA = 396,90 - 192,50 = 204,40 \text{ DM}$$

Die mittleren 50% der Forderungen streuen in einem Bereich von 204,40 DM.

3.2.3. Die mittlere absolute Abweichung

Im Unterschied zu der Spannweite und dem zentralen Quartilsabstand kommt bei der mittleren absoluten oder mittleren linearen Abweichung δ - kurz: mittlere Abweichung - das zweite Konzept zur Messung der Streuung zur Anwendung.

a) Definition

Die Streuung wird anhand der Entfernungen der Merkmalswerte zur Mitte der Verteilung gemessen. Zur besseren Verständlichkeit, Vergleichbarkeit und Anschaulichkeit wird die Summe dieser Entfernungen durch die Anzahl der Merkmalsträger dividiert. Die mittlere Abweichung beschreibt also, wie weit die Merkmalswerte durchschnittlich vom Mittelwert entfernt sind. Als Mittelwerte werden der Median und das arithmetische Mittel verwendet.

> Definition: Mittlere absolute Abweichung
> Die mittlere absolute Abweichung ist die durchschnittliche Entfernung
> aller beobachteten Merkmalswerte vom arithmetischen Mittel (alternativ:
> Median).

b) Voraussetzungen

Da die Abstände zwischen den Merkmalswerten und ihrem Mittelwert zu berechnen sind, muß das Merkmal mindestens intervallskaliert sein.

c) Formel und Berechnungsbeispiel

Zur Berechnung der mittleren Abweichung sind die Entfernungen der Merkmalswerte zum arithmetischen Mittel zu ermitteln, zu addieren und durch die Anzahl der Merkmalsträger zu dividieren. Statt dem arithmetischen Mittel kann auch der Median als Mittelwert verwendet werden.

Berechnungsformel für die mittlere absolute Abweichung δ:

$$\delta = \frac{1}{n} \cdot \sum_{i=1}^{v} |x_i - \bar{x}| \cdot h_i \qquad \text{(Formel} \quad 3.2.3.\text{-1)}$$

Schrittfolge zur Berechnung der mittleren Abweichung:

Schritt 1:   Berechnung des arithmetischen Mittels (alternativ: Median)

Schritt 2:   Berechnung der absoluten Abweichungen $|x_i - \bar{x}| \cdot h_i$
und deren anschließende Addition

Schritt 3:   Division der Summe durch die Anzahl der Merkmalsträger n

Beispiel: Überstunden der Beschäftigten der Schulte GmbH

x_i	h_i	$|x_i - \bar{x}|$	$|x_i - \bar{x}| \cdot h_i$
0	3	2,04	6,12
1	10	1,04	10,40
2	4	0,04	0,16
3	3	0,96	2,88
4	2	1,96	3,92
12	1	9,96	9,96
	23		33,44

Abb. 3.2.3.-1: Arbeitstabelle zur Bestimmung der mittleren Abweichung

Schritt 1: $\bar{x} = 2{,}04$ (siehe Abschnitt 3.1.3., S. 79)

Schritt 2: Berechnung der absoluten Abweichungen $|x_i - \bar{x}| \cdot h_i$
und deren anschließende Addition (Spalten 3 und 4)

Schritt 3: $\frac{1}{23} \cdot 33{,}44 = 1{,}45$ Überstunden

Die in der Schulte GmbH geleisteten Überstunden weichen durchschnittlich um 1,45 Stunden pro Beschäftigten vom arithmetischen Mittel 2,04 Stunden ab. Dies weist - im ganzen gesehen - auf eine deutliche Streuung der Überstunden um ihren Mittelwert hin.

Bei Verwendung des Medians als Mittelwert beträgt - der Leser möge dies als Übungsaufgabe nachrechnen - die mittlere Abweichung 1,30 Stunden. Da der Median zentral liegt, ist die mittlere Abweichung (Entfernung) zu den Merkmalswerten kleiner als bei Verwendung des arithmetischen Mittels, sofern die beiden Mittelwerte nicht identisch sind.

d) Beurteilung

Die mittlere absolute Abweichung ist ein verständliches, leicht nachvollziehbares Maß für die Streuung, das sämtliche Merkmalswerte berücksichtigt. Da auch die Abweichungen von Ausreißern erfaßt werden, besteht die Gefahr einer verzerrten Beschreibung. Ohne den Ausreißer mit 12 Überstunden hätte im obigen Beispiel die mittlere Abweichung nur 0,97 Stunden anstatt 1,45 Stunden betragen.

e) Eignung

Die mittlere Abweichung entspricht der allgemeinen Vorstellung von Streuung und ist zur Messung der Streuung sehr gut geeignet, falls nicht Ausreißer zu einer Verzerrung führen.
Sie ist für die beschreibende Statistik deutlich besser geeignet als die Varianz bzw. Standardabweichung, die aufgrund ihrer überragenden Bedeutung in der schließenden Statistik die mittlere Abweichung im praktischen Einsatz leider verdrängen.

f) klassifizierte Häufigkeitsverteilungen

Für klassifizierte Häufigkeitsverteilungen kann die mittlere Abweichung nur näherungsweise berechnet werden. Dazu sind in der Formel 3.2.3.-1 die Merkmalswerte x_i durch die Klassenmitten x_j' zu ersetzen; d.h. es wird für jede Klasse eine Gleichverteilung angenommen.

Berechnungsformel für die mittlere absolute Abweichung δ:

$$\delta = \frac{1}{n} \cdot \sum_{j=1}^{v} \left| x_j' - \bar{x} \right| \cdot h_j \qquad\qquad \text{(Formel } 3.2.3.\text{-2)}$$

Die Berechnung wird am Beispiel Forderungen aufgezeigt.

Forderung (DM) von ... bis unter ...	h_j	x_j'	$\left| x_j' - \bar{x} \right|$	$\left| x_j' - \bar{x} \right| \cdot h_j$
50 100	15	75	245,92	3.688,80
100 200	50	150	170,92	8.546,00
200 300	80	250	70,92	5.673,60
300 400	40	350	29,08	1.163,20
400 600	40	500	179,08	7.163,20
600 1000	20	800	479,08	9.581,60
	245			35.816,40

Abb. 3.2.3.-2: Arbeitstabelle zur Bestimmung der mittleren absoluten Abweichung

Schritt 1: $\bar{x}$ = 320,92 DM (siehe Abschnitt 3.1.3., S. 81)

Schritt 2: Bestimmung der Klassenmitten (Spalte 3),

Berechnung der absoluten Abweichungen $\left| x_j' - \bar{x} \right| \cdot h_j$ und

deren anschließende Addition (Spalten 4 und 5)

Schritt 3: $\dfrac{1}{245} \cdot 35.816,40 = 146,19$ DM

Der Wert der Forderungen weicht durchschnittlich um 146,19 DM vom arithmetischen Mittel 320,92 DM ab.

3.2.4. Die Varianz und Standardabweichung

Die Varianz σ^2 und die Standardabweichung σ sind die am häufigsten eingesetzten Streuungsmaße. Sie basieren wie die mittlere Abweichung auf dem zweiten Konzept zur Messung der Streuung. Die beiden Streuungsmaße werden im folgenden gemeinsam vorgestellt, da sie formal sehr eng verbunden sind.

a) Definition

Zur Messung der Streuung werden bei der Varianz die quadrierten Entfernungen der Merkmalswerte zum arithmetischen Mittel herangezogen. Sie werden addiert und durch die Anzahl der Merkmalsträger dividiert. Die Varianz wird daher auch als mittlere quadratische Abweichung bezeichnet. - Im Unterschied zu den bisher behandelten Parameter lassen Varianz und Standardabweichung keine inhaltliche, sondern nur eine an der Berechnungsprozedur orientierte Definition zu.

Definition: Varianz
Die Varianz ist die Summe der quadrierten Abweichungen der Merkmalswerte vom arithmetischen Mittel, dividiert durch die Anzahl der Merkmalsträger.

Definition: Standardabweichung
Die Standardabweichung ist die positive Quadratwurzel aus der Varianz.

b) Voraussetzungen

Da die Abstände zwischen den Merkmalswerten und dem arithmetischen Mittel zu berechnen sind, muß das Merkmal mindestens intervallskaliert sein.

c) Formeln und Berechnungsbeispiel

Die Formeln für die Varianz σ^2 und die Standardabweichung σ ergeben sich aus den Ausführungen unter a).

$$\sigma^2 = \frac{1}{n} \cdot \sum_{i=1}^{v} (x_i - \bar{x})^2 \cdot h_i \qquad \text{bzw.} \qquad \text{(Formel 3.2.4.-1a)}$$

$$\sigma^2 = \sum_{i=1}^{v} (x_i - \bar{x})^2 \cdot f_i \qquad \text{(Formel 3.2.4.-1b)}$$

Die Formeln 3.2.4.-1 können in die Formeln 3.2.4.-2 umgeformt werden. Diese erfordern zwar weniger Rechenaufwand, verschleiern aber dafür das Wesen der Varianz. Aus Verständnisgründen werden daher im folgenden stets die Formeln 3.2.4.-1 verwendet.

$$\sigma^2 = \frac{1}{n} \cdot \sum_{i=1}^{v} x_i^2 \cdot h_i - \bar{x}^2 \qquad \text{bzw.} \qquad \text{(Formel 3.2.4.-2a)}$$

$$\sigma^2 = \sum_{i=1}^{v} x_i^2 \cdot f_i - \bar{x}^2 \qquad \text{(Formel 3.2.4.-2b)}$$

Hinweis: Berechnungsformeln zur Varianz mit dem Divisor (n-1) anstelle von n sind nur für die schließende Statistik von Bedeutung.

$$\sigma = \sqrt{\sigma^2} \qquad \text{(Formel 3.2.4.-3)}$$

Schrittfolge zur Berechnung von Varianz und Standardabweichung:

Schritt 1: Berechnung des arithmetischen Mittels

Schritt 2: Berechnung der quadrierten Abweichungen $(x_i - \bar{x})^2 \cdot h_i$
und deren anschließende Addition

Schritt 3: Division der Summe durch die Anzahl der Merkmalsträger n

Schritt 4: Berechnung der positiven Quadratwurzel aus der Varianz

Beispiel: Überstunden der Beschäftigten der Schulte GmbH

x_i	h_i	$x_i - \bar{x}$	$(x_i - \bar{x})^2$	$(x_i - \bar{x})^2 \cdot h_i$
0	3	- 2,04	4,1616	12,48
1	10	- 1,04	1,0816	10,82
2	4	- 0,04	0,0016	0,01
3	3	0,96	0,9216	2,76
4	2	1,96	3,8416	7,68
12	1	9,96	99,2016	99,20
	23			132,95

Abb. 3.2.4.-1: Arbeitstabelle zur Bestimmung der Varianz

Schritt 1: $\bar{x} = 2,04$ (siehe Abschnitt 3.1.3., S. 81)

Schritt 2: Berechnung der quadrierten Abweichungen $(x_i - \bar{x})^2 \cdot h_i$
und deren anschließende Addition (Spalten 3, 4 und 5)

Schritt 3: $\sigma^2 = \frac{1}{23} \cdot 132,95 = 5,78$ Überstunden^2

Schritt 4: $\sigma = \sqrt{5,78} = 2,40$ Überstunden

Varianz und Standardabweichung können grundsätzlich nicht interpretiert werden, was die Dimension der Varianz mit Quadrat-Überstunden schon erkennen läßt. Es kann nur - wenig informativ - festgestellt werden: Je größer die Varianz bzw. die Standardabweichung, desto größer die Streuung und umgekehrt.

d) Beurteilung

Varianz und Standardabweichung sind keine anschaulichen Streuungsmaße. Sie entziehen sich der Interpretation, da das Quadrieren von Abweichungen, ihre anschließende Addition und Mittelung inhaltlich nicht nachvollziehbar sind. Ihr Informationsgehalt ist daher gering. - Aufgrund des Quadrierens gewinnen die Merkmalswerte mit zunehmender Abweichung vom Mittelwert einen überproportionalen Einfluß auf das Streuungsmaß. So hat die einfache Abweichung 10 gegenüber der einfachen Abweichung 2 den fünfundzwanzigfachen Einfluß (100 zu 4), obwohl die Abweichung nur fünfmal so groß ist. Ob diese Art von Gewichtung stets sinnvoll ist, ist fragwürdig. Das Quadrieren der Abweichungen kann zudem eine verstärkte Verzerrung der Varianz durch Ausreißer zur Folge haben, wie im obigen Beispiel unter c) zu erkennen ist.

e) Eignung

Varianz und Standardabweichung sind für die beschreibende Statistik wegen ihrer mangelnden Nachvollziehbarkeit und nicht möglichen Interpretation nur bedingt geeignet. Als rechentechnische Größen besitzen sie in der schließenden Statistik eine herausragende Bedeutung, was für die verbreitete Anwendung in der beschreibenden Statistik allein ursächlich ist. Die Verwendung der mittleren absoluten Abweichung oder von Quantilsabständen wäre hier sinnvoller.

f) klassifizierte Häufigkeitsverteilung

Für klassifizierte Häufigkeitsverteilungen können Varianz und Standardabweichung nur näherungsweise berechnet werden. Dazu sind in den unter a) für die Varianz aufgeführten Formeln die Merkmalswerte x_i durch die Klassenmitten x'_j zu ersetzen. Dabei wird unterstellt, daß in jeder Klasse alle Merkmalswerte auf die Klassenmitte fallen.

Berechnungsformeln für die Varianz:

$$\sigma^2 = \frac{1}{n} \cdot \sum_{j=1}^{v} (x'_j - \bar{x})^2 \cdot h_j \qquad \text{(Formel 3.2.4.-4a)}$$

$$\sigma^2 = \sum_{j=1}^{v} (x'_j - \bar{x})^2 \cdot f_j \qquad \text{(Formel 3.2.4.-4b)}$$

Oder rechentechnisch einfacher:

$$\sigma^2 = \frac{1}{n} \cdot \sum_{j=1}^{v} x'^2_j \cdot h_j - \bar{x}^2 \qquad \text{(Formel 3.2.4.-5a)}$$

$$\sigma^2 = \sum_{j=1}^{v} x_j'^2 \cdot f_j - \bar{x}^2 \qquad \text{(Formel 3.2.4.-5b)}$$

Die Berechnung wird am Beispiel Forderungen aufgezeigt.

Forderung (DM)		h_j	x_j'	$(x_j' - \bar{x})^2$	$(x_j' - \bar{x})^2 \cdot h_j$
von ...	bis unter ...				
50	100	15	75	60.476,65	907.149,76
100	200	50	150	29.213,65	1.460.682,50
200	300	80	250	5.029,65	402.372,00
300	400	40	350	845,65	33.825,86
400	600	40	500	32.069,65	1.282.786,00
600	1000	20	800	229.517,65	4.590.352,90
		245			8.677.169,02

Abb. 3.2.4.-2: Arbeitstabelle zur Bestimmung der Varianz

Schritt 1: $\bar{x}$ = 320,92 DM (siehe Abschnitt 3.1.3., S. 81)

Schritt 2: Bestimmung der Klassenmitten x_j' (Spalte 3),

Berechnung der quadrierten Abweichungen $(x_j' - \bar{x})^2 \cdot h_j$

und deren anschließende Addition (Spalten 4 und 5)

Schritt 3: $\sigma^2 = \frac{1}{245} \cdot 8.677.169,02 = 35.417,02 \text{ DM}^2$

Schritt 4: $\sigma = \sqrt{35.417,02} = 188,19 \text{ DM}$

Eine Interpretation der beiden Ergebnisse ist nicht möglich.

Exkurs: Standardabweichung und Normalverteilung

Die hohe Bedeutung der Varianz bzw. Standardabweichung für die schließende Statistik soll an einem kurzen Beispiel zur Normalverteilung, die in der Praxis häufig anzutreffen ist, aufgezeigt werden.

Parameter der Normalverteilung sind das arithmetische Mittel und die Standardabweichung. Auf einer Anlage wird Zucker in Tüten abgefüllt. Der Mindestinhalt einer Tüte beträgt 1.000 g. Die Maschine ist auf 1.002 g eingestellt und arbeitet mit einer Standardabweichung von 1,5 g. Der Inhalt der Tüten ist normalverteilt. In Abb. 3.2.4.-3 ist die entsprechende Normalverteilung wiedergegeben.

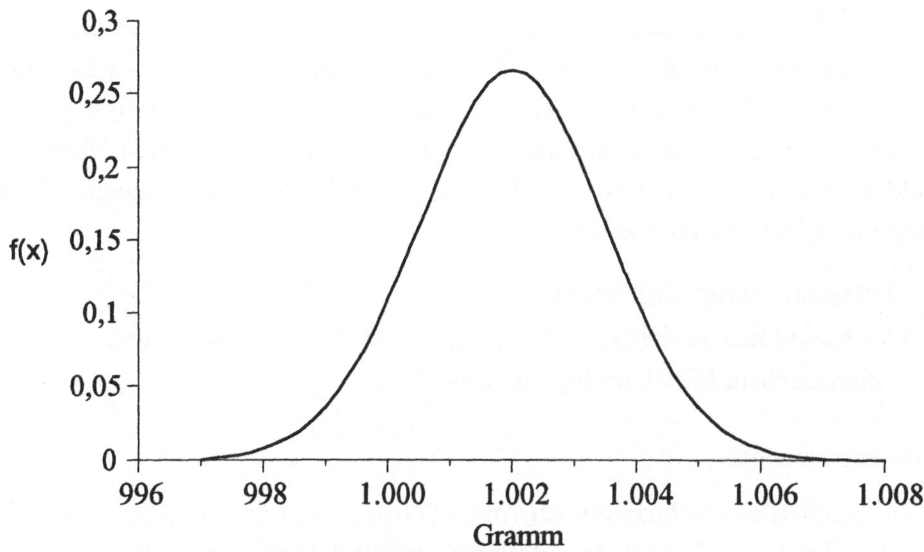

Abb. 3.2.4.-3: Normalverteilung

Das arithmetische Mittel (Einstellgewicht gleich 1002 g) gibt das Maximum und die Mitte der symmetrischen Verteilung an. Die Standardabweichung gibt die Entfernung (1,5 g) der beiden Wendepunkte (1.000,5 und 1.003,5) vom arithmetischen Mittel an. Die Normalverteilung fällt - von der Mitte aus gesehen - bis zu ihren Wendepunkten progressiv und anschließend degressiv ab.

Ohne die Standardabweichung ist es z.B. nicht möglich, die Wahrscheinlichkeit dafür zu berechnen, daß bei einer beliebigen Tüte der Mindestinhalt von 1.000 g unterschritten wird (9,12%) oder daß der Inhalt einer Tüte zwischen 1.001 und 1.003 g liegt (49,5%).

3.2.5. Der Variationskoeffizient

Die bisher behandelten Streuungsmaße haben die Streuung gemessen, ohne die Lage (Niveau) der Häufigkeitsverteilung zu berücksichtigen. So wird eine Abweichung von DM 5 bei einem Preisniveau von DM 50 genauso hoch angesehen wie bei einem Preisniveau von DM 10.000. Die absolute Abweichung ist in beiden Fällen mit DM 5 identisch. Betrachtet man jedoch die Abweichung im Verhältnis zum Preis, dann ist die Abweichung im zweiten Fall deutlich geringer. Diese relative Betrachtungsweise liegt dem Variationskoeffizienten VK zugrunde.

a) Definition

Der Variationskoeffizient mißt nicht die absolute, sondern die relative Streuung, d.h. er setzt die Streuung in Relation zur Lage der Häufigkeitsverteilung. Dazu wird ein Koeffizient aus einem absoluten Streuungsmaß und einem Mittelwert gebildet. Durchgesetzt hat sich in der Praxis die Relation aus Standardabweichung und arithmetischem Mittel.

> **Definition: Variationskoeffizient**
> Der Variationskoeffizient ist der Quotient aus Standardabweichung und arithmetischem Mittel, multipliziert mit 100.

b) Voraussetzungen

Da die Standardabweichung als ein Anteil (Prozentsatz) des arithmetischen Mittels ausgedrückt wird, muß das Merkmal verhältnisskaliert sein. Für ein intervallskaliertes Merkmal ergäbe der Anteil keinen Sinn. So kann z.B. die Standardabweichung zehn Minuten nicht an der durchschnittlichen Uhrzeit 12.00 Uhr oder 14.30 Uhr relativiert werden.

c) Formel und Berechnungsbeispiel

Die Berechnungsformel für den Variationskoeffizienten VK ergibt sich aus den Ausführungen unter a).

$$VK = \frac{\sigma}{\bar{x}} \cdot 100 \qquad\qquad \text{(Formel 3.2.5.-1)}$$

Ist das arithmetische Mittel negativ, so ist sein Absolutbetrag einzusetzen.

Beispiel: Forderungen
Die beiden Parameter wurden bereits in Abschnitt 3.1.3. bzw. 3.2.4. berechnet:

$$\bar{x} = 320,92 \text{ DM}; \quad \sigma = 188,19 \text{ DM}$$

Der Variationskoeffizient beträgt damit:

$$VK = \frac{188,19}{320,92} \cdot 100 = 58,64\%$$

Der Variationskoeffizient besagt, daß die Standardabweichung 58,64% des arithmetischen Mittels beträgt. Eine inhaltliche Erklärung ist wegen der verwendeten Standardabweichung nicht möglich.

Wird anstelle der Standardabweichung die mittlere absolute Abweichung am arithmetischen Mittel relativiert, dann ist eine Interpretation möglich.

$$\frac{\delta}{\bar{x}} \cdot 100 = \frac{146,19}{320,92} \cdot 100 = 45,55\%$$

Die durchschnittliche Abweichung der Forderungen vom arithmetischen Mittel beträgt 45,55% des arithmetischen Mittels.

d) Beurteilung

Der Variationskoeffizient in der unter a) definierten Form ist wegen der Einbeziehung der Standardabweichung kein anschauliches und ein nicht interpretierbares Streuungsmaß.

Der Variationskoeffizient ist wegen des Relativierens der Standardabweichung am arithmetischen Mittel eine dimensionslose Größe und damit unabhängig vom Niveau der Merkmalswerte. Dadurch erhält der Variationskoeffizient seine praktische Bedeutung, wie unter e) aufgezeigt wird. Dennoch wären Koeffizienten aus mittlerer absoluter Abweichung und arithmetischem Mittel oder aus zentralem Quartilsabstand und Median wegen der dann möglichen Interpretierbarkeit sinnvoller.

e) Eignung

Der Variationskoeffizient ist als relative Größe zum Vergleich der Streuung von Häufigkeitsverteilungen mit unterschiedlichem Mittelwert geeignet. Der Einsatz von absoluten Streuungsmaßen wäre hier nicht sinnvoll. - Beispiel: Eine Preisuntersuchung für die Güter A und B hat zu folgenden Ergebnissen geführt:

$$\bar{x}_A = \quad 7\,\text{DM}; \qquad \sigma_A = \quad 2,80\,\text{DM}$$
$$\bar{x}_B = 750\,\text{DM}; \qquad \sigma_B = 20,40\,\text{DM}$$

Die Variationskoeffizienten betragen damit:

$$VK_A = \frac{2,80}{7} \cdot 100 = 40\%; \qquad VK_B = \frac{20,40}{750} \cdot 100 = 2,72\%$$

Die Streuung der Preise für Gut B ist also relativ geringer als die für Gut A. Wäre diesen Ergebnissen die mittlere absolute Abweichung zugrunde gelegen, hätte informativer festgestellt werden können, daß bei Gut A die mittlere Abweichung vom arithmetischen Mittel - relativ gesehen - 14,7mal so groß ist wie bei Gut B.

Der Variationskoeffizient ist als dimensionslose Größe zum Vergleich der Streuung von Häufigkeitsverteilungen mit unterschiedlicher Dimension geeignet. Der Einsatz absoluter Streuungsmaße ist hier nicht zulässig. - Beispiel: Der Weitspringer W und der Langstreckenläufer L erzielten im letzten Jahr folgende Leistungen:

$$\bar{x}_W = 7,20 \text{ m}; \qquad \sigma_W = 0,24 \text{ m}$$

$$\bar{x}_L = 29,4 \text{ min}; \qquad \sigma_L = 0,89 \text{ min}$$

Die Variationskoeffizienten betragen damit:

$$VK_W = \frac{0,24}{7,20} \cdot 100 = 3,33\%; \qquad VK_L = \frac{0,89}{29,4} \cdot 100 = 3,03\%$$

Der Langstreckenläufer und der Weitspringer erbringen - relativ gesehen - nahezu gleichmäßige Leistungen. Ein Vergleich der absoluten Streuung ist wegen der unterschiedlichen Dimension der Merkmale nicht möglich.

3.3. Schiefe und Wölbung

Neben der Lage und Streuung sind die Schiefe und die Wölbung weitere wesentliche Eigenschaften einer Häufigkeitsverteilung. Schiefe- und Wölbungsmaße werden sehr selten berechnet, da durch eine bloße Betrachtung der graphischen oder tabellarischen Darstellung der Verteilung die beiden Eigenschaften i.d.R. besser zu erkennen sind als durch die entsprechenden Maßzahlen.

Häufigkeitsverteilungen können symmetrisch oder asymmetrisch, d.h. schief verlaufen. Im Falle der Asymmetrie oder Schiefe ist zwischen rechtsschiefen (linkssteilen) und linksschiefen (rechtssteilen) Häufigkeitsverteilungen zu unterscheiden. Linksschiefe Verteilungen weisen bis zum Modus ein langsames (schiefes) Ansteigen und nach dem Modus ein schnelles (steiles) Abfallen der Häufigkeiten auf; bei rechtsschiefen Verteilungen ist dies umgekehrt. In Abb. 3.3.-1 sind symmetrische und schiefe Verläufe mit Hilfe von Histogrammen dargestellt.

Mit Schiefemaßen wird festgestellt, ob Verteilungen symmetrisch, linksschief oder rechtsschief verlaufen. Die Meßkonzepte sind so konzipiert, daß sie die Schiefe von einer festzulegenden Mitte (Modus, Median, arithmetisches Mittel) aus beurteilen.

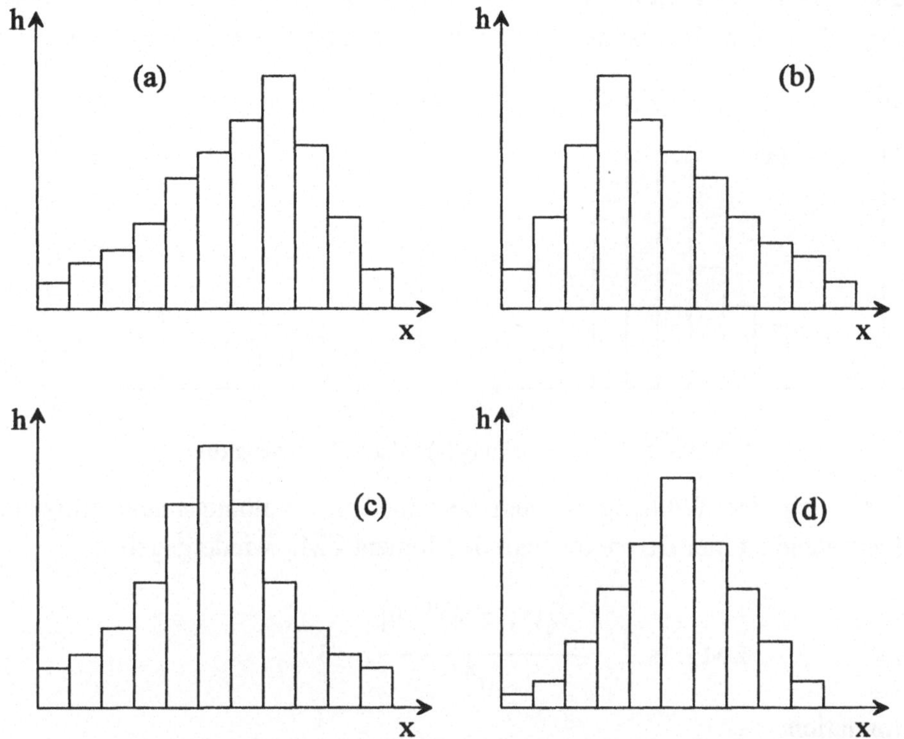

Abb. 3.3.-1: Linksschiefe Verteilung (a); rechtsschiefe Verteilung (b); symmetrische Verteilung (c); linksschiefe, nahezu symmetrische Verteilung (d)

Liegen z.B. links vom Modus mehr Merkmalsträger als rechts vom Modus, dann ist die Verteilung linksschief (linkslastig). Oder ist die Entfernung vom Median zum 1. Dezentil weiter als zum 9. Dezentil, dann ist die Verteilung linksschief. Ein Maß, das die Schiefe vom arithmetischen Mittel aus beurteilt, ist das dritte zentrale Moment ZM_3:

$$ZM_3 = \frac{1}{n} \cdot \sum_{i=1}^{v} (x_i - \bar{x})^3 \cdot h_i$$

Auswertung:

$ZM_3 > 0 \;\rightarrow$ rechtsschiefe Verteilung

$ZM_3 = 0 \;\rightarrow$ symmetrische Verteilung

$ZM_3 < 0 \;\rightarrow$ linksschiefe Verteilung

Die Wölbung (Exzeß, Kurtosis) beschreibt die Steilheit, die Aufwölbung einer Häufigkeitsverteilung. Eine Verteilung kann z.B. steil oder flach aufgewölbt sein. In Abb. 3.3.-2 sind diese beiden Arten von Wölbung graphisch dargestellt.

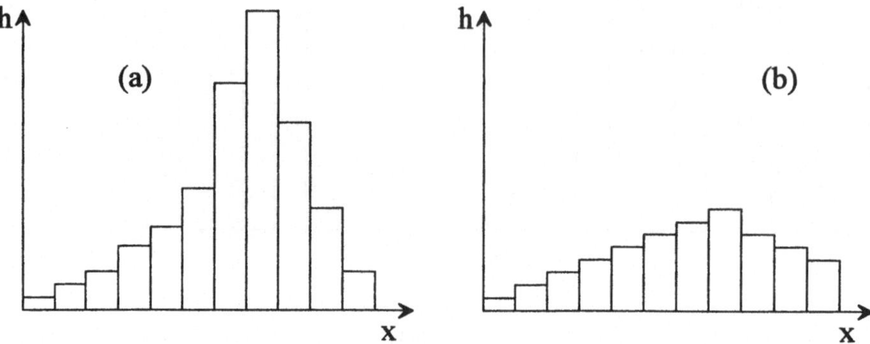

Abb. 3.3.-2: Steile Verteilung (a); flache Verteilung (b)

Zur Messung der Wölbung wurden verschiedene Wölbungsmaße entwickelt. Stellvertretend ist hier das vierte zentrale Moment ZM_4 wiedergegeben.

$$ZM_4 \; = \; \frac{1}{n} \cdot \frac{\sum\limits_{i=1}^{v} (x_i - \bar{x})^4 \cdot h_i}{\sigma^4} \; - \; 3$$

Interpretation:

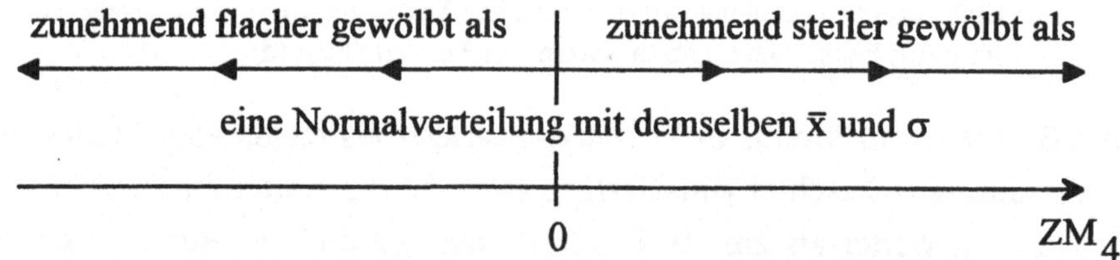

Abb. 3.3.-3: Interpretation des vierten zentralen Moments ZM_4

3.4. Konzentrationsmessung

Die Verteilung der Summe aller Merkmalswerte auf die Merkmalsträger bildet eine weitere wesentliche Eigenschaft einer Häufigkeitsverteilung. Die Merkmalswertsumme kann z.B. gleichmäßig auf die Merkmalsträger verteilt sein oder sich auf nur wenige Merkmalsträger konzentrieren. Bei der Konzentrationsmessung geht es um die Frage, wie die Merkmalswertsumme auf die Merkmalsträger verteilt ist. Dies ist von großem Interesse etwa bei der Verteilung des Einkommens

(Merkmalswertsumme) auf die Haushalte (Merkmalsträger) oder bei der Verteilung der Marktanteile auf die Unternehmen.

Die Messung der Konzentration kann dabei relativ oder absolut erfolgen. Voraussetzung für die Messung ist, daß die Addition der Merkmalswerte inhaltlich sinnvoll (Einkommen, Umsatz etc.) und nicht sinnlos (Temperatur, Alter etc.) ist.

3.4.1. Relative Konzentration

Bei der relativen Konzentrationsmessung wird festgestellt, welcher Anteil der Merkmalswertsumme auf welchen Anteil der Merkmalsträger entfällt. Die Fragestellung der relativen Konzentrationsmessung lautet also:

>Wieviel Prozent der Merkmalswertsumme entfallen auf
>wieviel Prozent der Merkmalsträger?

Es werden also zwei relative kumulierte Häufigkeiten gegenübergestellt. Um die Häufigkeiten unterscheiden zu können, erhalten die Häufigkeiten der Merkmalswertsumme, die eine Art zweite Gesamtheit darstellt, den hochgestellten Index *.

3.4.1.1. Ermittlung der relativen Konzentration

Die Ermittlung der relativen Konzentration wird am Beispiel einer klassifizierten Häufigkeitsverteilung aufgezeigt. Die Ausführungen können leicht auf nichtklassifizierte Verteilungen übertragen werden, indem die Klassenmitten x_j' durch die Merkmalswerte x_i ersetzt werden.

Beispiel: Wert von 5.000 Lagerpositionen

Lagerwert (TDM) von ... bis unter ...		h_j (Zahl der Positionen)
1	5	2.000
5	15	1.200
15	25	800
25	50	700
50	100	200
100	395	100

Abb. 3.4.1.1.-1: Häufigkeitsverteilung für den Lagerwert

Die Merkmalswertsumme ist die Summe des Wertes aller Lagerpositionen, d.h. der gesamte Lagerwert. Die Fragestellung der Konzentrationsmessung lautet also:

Wieviel Prozent des gesamten Lagerwertes entfallen auf
wieviel Prozent der Lagerpositionen?

Die Messung der relativen Konzentration erfolgt in vier Schritten:

Schritt 1: Rangordnung der Merkmalswerte

Die Merkmalswerte bzw. -träger sind in die natürliche Rangordnung (von klein nach groß) zu bringen. Diese ist mit der Häufigkeitsverteilung in Abb. 3.4.1.1.-1 bereits vorgegeben.

Schritt 2: Ermittlung des gesamten Lagerwertes

Der gesamte Lagerwert ergibt sich aus den Lagerwerten der sechs Klassen. Der Lagerwert der ersten Klasse beträgt näherungsweise

$$h_1^* = x_1' \cdot h_1 = 3 \cdot 2.000 = 6.000 \text{ TDM}$$

Der Wert der 2.000 Lagerpositionen in der ersten Klasse beträgt ca. 6.000 TDM. Der gesamte Lagerwert (Merkmalswertsumme) beträgt

$$\sum_{j=1}^{6} h_j^* = \sum_{j=1}^{6} x_j' \cdot h_j = 100.000 \text{ TDM}$$

Die Berechnungsgrundlagen hierzu sind in den Spalten 5 und 6 der Arbeitstabelle 3.4.1.1.-2 wiedergegeben.

Lagerwert (TDM) von .. bis unter ..	h_j	f_j	F_j	x_j'	h_j^* $(x_j' \cdot h_j)$	f_j^*	F_j^*
1 — 5	2.000	0,40	0,40	3	6.000	0,06	0,06
5 — 15	1.200	0,24	0,64	10	12.000	0,12	0,18
15 — 25	800	0,16	0,80	20	16.000	0,16	0,34
25 — 50	700	0,14	0,94	37,5	26.250	0,26	0,60
50 — 100	200	0,04	0,98	75	15.000	0,15	0,75
100 — 395	100	0,02	1,00	247,5	24.750	0,25	1,00
	5.000				100.000		

Abb. 3.4.1.1.-2: Arbeitstabelle zur Ermittlung der relativen Konzentration

Schritt 3: Berechnung der relativen kumulierten Häufigkeiten

Für die Lagerpositionen (1. Gesamtheit) und für den gesamten Lagerwert (2. Gesamtheit) sind die relativen kumulierten Häufigkeiten F_j bzw. F_j^* zu berechnen.

Die Ergebnisse sind in den Spalten 4 bzw. 8 in Abb. 3.4.1.1.-2. wiedergegeben.

Schritt 4: Treffen von Konzentrationsaussagen

Durch die Gegenüberstellung der beiden relativen kumulierten Häufigkeiten aus einer Klasse können Konzentrationsaussagen getroffen werden. Für die Klasse 3 z.B. werden die beiden relativen kumulierten Häufigkeiten zunächst einzeln interpretiert und dann zur Konzentrationsaussage verknüpft.

$F_3 = 0,80$ 80% der Lagerpositionen haben einen Wert unter TDM 25.

$F_3^* = 0,34$ 34% des gesamten Lagerwerts entfällt auf Lagerpositionen mit einem Wert unter TDM 25.

$F_3 \leftrightarrow F_3^*$ 80% der (wertniedrigsten) Lagerpositionen machen nur 34% des gesamten Lagerwertes aus.

Oder als Komplement: 20% der (werthöchsten) Lagerpositionen entfallen auf 66% des gesamten Lagerwertes.

Die Konzentrationsmessung zeigt u.a., daß bei der Suche nach Kostensenkungsmöglichkeiten bei den Lagerpositionen der letzten Klasse begonnen werden sollte, denn hier werden mit nur 2% (werthöchsten) Lagerpositionen 25% des gesamten Lagerwertes erfaßt.

Allgemeine Schrittfolge zur Berechnung der relativen Konzentrationsmessung:

Schritt 1:   Bildung einer Rangordnung
Ordnung der Merkmalswerte bzw. -träger von klein nach groß.

Schritt 2:   Berechnung der Merkmalswertsumme

$$\sum_{i=1}^{v} h_i^* = \sum_{i=1}^{v} x_i \cdot h_i \qquad \text{oder} \qquad \sum_{j=1}^{v} h_j^* = x_j' \cdot h_j$$

Schritt 3:   Berechnung der relativen kumulierten Häufigkeiten F und F^* für die erste Gesamtheit bzw. die Merkmalswertsumme

Schritt 4:   Treffen von Konzentrationsaussagen
Gegenüberstellung bzw. Verknüpfung der relativen kumulierten Häufigkeiten F_i und F_i^* oder F_j und F_j^*

Bei einer Klassifizierung der Merkmalswerte gehen zahlreiche mögliche Gegenüberstellungen bzw. Konzentrationsaussagen verloren. Mit Hilfe der linearen Interpolation können die Aussagen näherungsweise getroffen werden. Es wird dabei die Gleichheit der Merkmalsträger in der entsprechenden Klasse unterstellt, was im Widerspruch zur Annahme der Gleichverteilung in Schritt 2 steht.

Beispiel: Welcher Anteil des Lagerwertes entfällt auf die 85% wertniedrigsten Lagerpositionen?

Die Häufigkeit F = 0,85 ist in der Tabelle nicht angegeben. Sie liegt zwischen

$$F_3 = 0,80 \quad \text{und} \quad F_4 = 0,94.$$

Der gesuchte Lagerwert F^* muß zwischen den entsprechenden Werten

$$F_3^* = 0,34 \quad \text{und} \quad F_4^* = 0,60$$

liegen. Mit der linearen Interpolation ergibt sich - analog zu Formel 2.4.3.-1 -

$$F^* = 0,34 + \frac{0,85 - 0,80}{0,94 - 0,80} \cdot (0,60 - 0,34)$$

$$F^* = 0,34 + 0,09 = 0,43$$

Auf 85% der Lagerpositionen entfallen zirka 43% des gesamten Lagerwertes.

3.4.1.2. Lorenzkurve

Die relative Konzentration kann mit Hilfe der Lorenzkurve (Lorenz, Max; 1876 bis 1959) oder Konzentrationskurve graphisch veranschaulicht werden. Das Ausmaß der Konzentration läßt sich dadurch auf einen Blick erkennen.

Konstruktion der Lorenzkurve:

Schritt 1:   Erstellung des Koordinatensystems
        - Abszisse: F_i oder F_j für die 1. Gesamtheit
        - Ordinate: F_i^* oder F_j^* für die Merkmalswertsumme, wobei
        die Ordinate über F = 1 abgetragen wird

Schritt 2:   Eintragung der Koordinatenpunkte
        (0/0), (F_i/F_i^*) oder (F_j/F_j^*) (i bzw. j = 1, ..., v)

Schritt 3:   Lineare Verbindung
        - der benachbarten Koordinatenpunkte
        - der Punkte (0/0) und (1/1)

Die Lorenzkurve für das obige Beispiel ist in Abb. 3.4.1.2.-1. wiedergegeben.

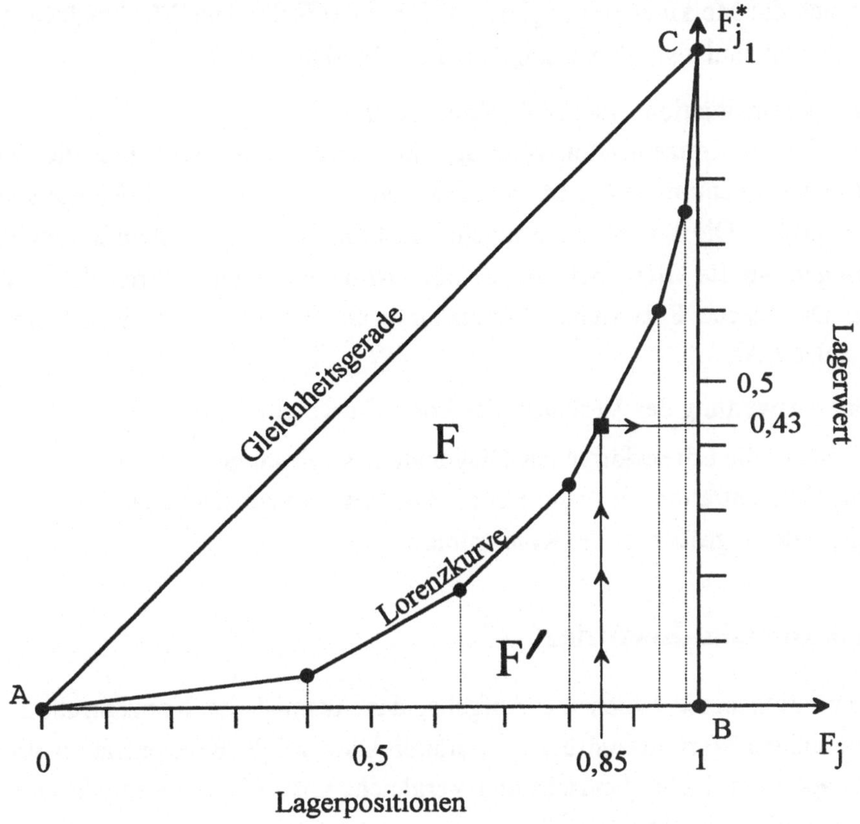

Abb. 3.4.1.2.-1: Lorenzkurve für das Beispiel Lagerwert

Anhand der Lorenzkurve kann das Ausmaß der Konzentration sowohl punktuell als auch ganzheitlich ersehen werden. Das Ablesen eines Koordinatenpunktes auf der Lorenzkurve ermöglicht eine punktuelle Aussage zur Konzentration wie z.B., daß auf 85% der Lagerpositionen 43% des gesamten Lagerwertes entfallen. Die ganzheitliche Betrachtung der Lorenzkurve ermöglicht eine Aussage über die Gesamtkonzentration. Für die Auswertung der Lorenzkurve gilt:

1) Extremsituation: Keine Konzentration

Besitzen alle Merkmalsträger denselben Merkmalswert, dann liegt keine Konzentration vor. Auf 10% der Merkmalsträger entfallen 10% der Merkmalswertsumme, auf 75% entfallen 75% etc. Im Falle der Gleichwertigkeit bzw. Gleichheit aller Merkmalsträger ist die Lorenzkurve also identisch mit der Diagonale $\overline{AC}$, die hier deshalb als Gleichheitsgerade bezeichnet wird. Die Fläche F zwischen der Lorenzkurve und der Diagonale ist dann gleich Null. - Die sehr oft zu findende

Bezeichnung Gleichverteilungsgerade ist falsch. Bei einer Gleichverteilung verteilen sich die Merkmalsträger gleichmäßig auf verschiedene Merkmalswerte; die Häufigkeiten sind also gleich, nicht aber die Merkmalsträger.

2) Extremsituation: Maximale Konzentration

Bei maximaler Konzentration vereinigt ein einziger Merkmalsträger die gesamte Merkmalswertsumme auf sich, während auf die anderen n-1 Merkmalsträger nichts entfällt. Die Lorenzkurve macht - insbesondere bei großem n - einen großen Bogen um die Gleichheitsgerade bzw. ist nahezu identisch mit dem Achsenkreuz. Die Fläche F zwischen Lorenzkurve und Diagonale erreicht nahezu die Fläche des $\triangle ABC$.

Für die Auswertung des Verlaufes der Lorenzkurve gilt daher:

> Je näher die Lorenzkurve zur Diagonale liegt, desto geringer ist
> die Konzentration. Je entfernter die Lorenzkurve zur Diagonale
> liegt, desto größer ist die Konzentration.

3.4.1.3. Der Gini-Koeffizient

Konzentrationsmaße haben die Aufgabe, das Ausmaß der Konzentration durch einen einzigen Wert auszudrücken. Dadurch können z.B. Konzentrationsprozesse im Zeitablauf einfacher beurteilt und Vergleiche mit anderen Gesamtheiten leichter durchgeführt werden.

Das bekannteste Konzentrationsmaß ist der Gini-Koeffizient GK, der im folgenden beschrieben wird. Basis für die Konstruktion des Gini-Koeffizienten ist die oben aufgezeigte Erkenntnis:

> Je größer die Fläche F, desto größer die Konzentration;
> je kleiner die Fläche F, desto kleiner die Konzentration.

Die maßgebende Fläche F wird in Relation zur Fläche $\triangle ABC$ gesetzt.

$$GK = \frac{\text{Fläche F}}{\text{Fläche } \triangle ABC} \qquad \text{(Ausdruck 1)}$$

Die Division durch die Dreiecksfläche bewirkt eine Normierung des Gini-Koeffizienten auf den Wertebereich

$$0 \leq GK < 1.$$

Mit $F = \triangle ABC - F'$ ergibt sich für Ausdruck 1:

$$GK = \frac{\text{Fläche } \triangle ABC - \text{Fläche } F'}{\text{Fläche } \triangle ABC} \qquad \text{(Ausdruck 2)}$$

Mit Fläche $\triangle ABC = 0,5$ ergibt sich für Ausdruck 2:

$$GK = \frac{0,5 - \text{Fläche } F'}{0,5} = 1 - 2 \cdot \text{Fläche } F' \qquad \text{(Ausdruck 3)}$$

Wie Abb. 3.4.1.2.-1 zeigt, setzt sich die Fläche F' aus mehreren Teilflächen zusammen, die jeweils die Form eines Trapezes besitzen. Die Fläche des Trapezes j ist in Abb. 3.4.1.3.-1 wiedergegeben; seine Fläche wird wie folgt berechnet:

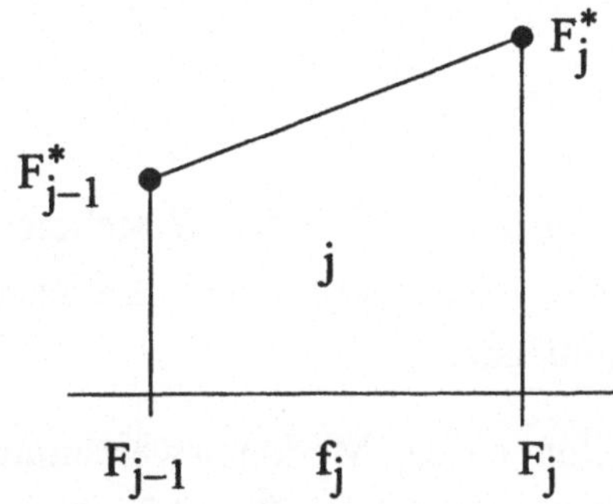

Abb. 3.4.1.3.-1: Trapez j aus der Fläche F'

Trapezfläche $= 0,5 \cdot$ Grundlinie $\cdot$ Summe der Seitenlängen

Damit gilt für das Trapez j

$$\text{Trapezfläche} = 0,5 \cdot f_j \cdot (F_{j-1}^* + F_j^*)$$

Für die Fläche F' sind alle Trapezflächen zu addieren

$$F' = 0,5 \cdot \sum_{j=1}^{v} f_j \cdot (F_{j-1}^* + F_j^*) \qquad \text{(Ausdruck 4)}$$

Durch Einsetzen des Ausdruckes 4 in Ausdruck 3 erhält man den Gini-Koeffizienten GK.

$$GK = 1 - \sum_{j=1}^{v} f_j \cdot (F_{j-1}^* + F_j^*) \qquad \text{(Formel 3.4.1.3.-1)}$$

$$\text{mit } F_0^* = 0$$

Interpretation des Gini-Koeffizienten GK:

Je näher der Gini-Koeffizient gegen Null geht, desto geringer ist
die relative Konzentration; je näher der Gini-Koeffizient gegen 1
geht, desto größer ist die relative Konzentration.

Im Beispiel:

$$GK = 1 - [0,40 \cdot (0,00 + 0,06) + 0,24 \cdot (0,06 + 0,18) +$$
$$0,16 \cdot (0,18 + 0,34) + 0,14 \cdot (0,34 + 0,60) +$$
$$0,04 \cdot (0,60 + 0,75) + 0,02 \cdot (0,75 + 1,00)]$$

$$GK = 1 - 0{,}3854$$

$$GK = 0{,}6146$$

Der Gini-Koeffizient liegt etwas über der Mitte des Wertebereichs. Es liegt we-
der eine schwache noch eine starke Konzentration vor. In diesem Fall ist von einer mittleren Konzentration zu sprechen.

Deutlich unterschiedliche Verteilungen der Merkmalswertsumme auf die Merkmalsträger können zu demselben oder fast demselben Gini-Koeffizienten führen.
Hierin liegt ein Nachteil des Gini-Koeffizienten. In den in Abb. 3.4.1.3.-2 gegen-
übergestellten Lorenzkurven ist die Merkmalswertsumme unterschiedlich verteilt.
So entfallen etwa auf 50% der Merkmalsträger im Fall a) 10% und im Fall b) zirka 28% der Merkmalswertsumme. Dennoch besitzen beide Verteilungen mit 0,30
denselben Gini-Koeffizienten. Deswegen empfiehlt sich die begleitende Betrachtung der Lorenzkurve.

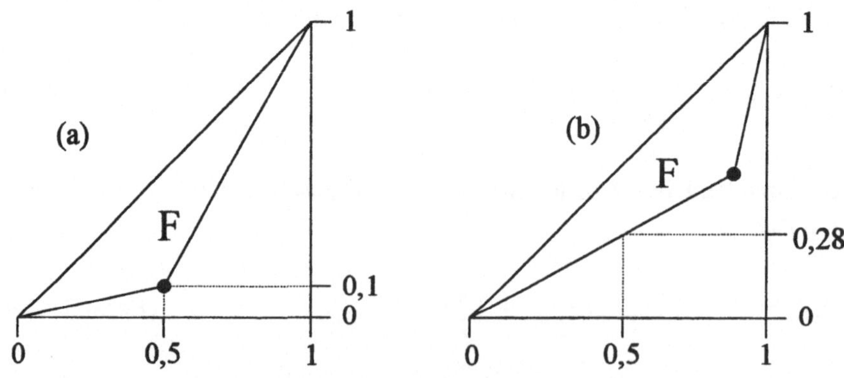

Abb. 3.4.1.3.-2: Unterschiedliche Merkmalswertsummenverteilungen
mit identischem Gini-Koeffizienten GK = 0,30

3.4.2. Absolute Konzentration

Bei der absoluten Konzentrationsmessung wird festgestellt, welcher Anteil (Anzahl) der Merkmalswertsumme auf welche Anzahl der Merkmalsträger entfällt. Der relativen (absoluten) kumulierten Häufigkeit der Merkmalswertsumme wird also die absolute kumulierte Häufigkeit der Merkmalsträger gegenübergestellt. Die Fragestellung der absoluten Konzentrationmessung lautet damit:

Wieviel Prozent der Merkmalswertsumme entfallen auf
welche Anzahl der Merkmalsträger?

Die Ermittlung der absoluten Konzentration erfolgt analog der der relativen Konzentration; es ist lediglich die relative gegen die absolute kumulierte Häufigkeit der Merkmalsträger auszutauschen. Die absolute Konzentration für das Beispiel Lagerwert kann aus Abb. 3.4.2.-1 abgelesen werden, die eine leichte Abwandlung der Abb. 3.4.1.1.-2 (S. 108) darstellt.

Lagerwert (TDM) von .. bis unter ..		h_j	H_j	x_j'	h_j^* $(x_j' \cdot h_j)$	f_j^*	F_j^*
1	5	2.000	2.000	3	6.000	0,06	0,06
5	15	1.200	3.200	10	12.000	0,12	0,18
15	25	800	4.000	20	16.000	0,16	0,34
25	50	700	4.700	37,5	26.250	0,26	0,60
50	100	200	4.900	75	15.000	0,15	0,75
100	395	100	5.000	247,5	24.750	0,25	1,00
		5.000			100.000		

Abb. 3.4.2.-1: Arbeitstabelle zur Ermittlung der absoluten Konzentration

Eine Gegenüberstellung von korrespondierenden kumulierten Häufigkeiten wie

$$H_3 = 4.000 \quad \text{und} \quad F_3^* = 0,34$$

besagt, daß auf die 4.000 wertniedrigsten Lagerpositionen zirka 34% des gesamten Lagerwertes entfallen.

In der praktischen Anwendung wird häufig untersucht, welcher Anteil der Merkmalswertsumme auf die 5 oder 10 größten bzw. werthöchsten Merkmalsträger entfällt. Dieser Anteil wird als Konzentrationsrate bezeichnet.

3.5. Übungsaufgaben und Kontrollfragen

Hinweis: In Abhängigkeit von der erfaßten Anzahl der Dezimalstellen kann es zu kleineren Abweichungen von den angegebenen Lösungen kommen.

01) Beschreiben Sie die Aufgaben, die die Parameter von Häufigkeitsverteilungen zu erfüllen haben!

02) Welche Auffassungen von Mitte liegen Modus, Median und arithmetischem Mittel zugrunde? Beschreiben Sie die Vor- und Nachteile dieser Mittelwerte!

03) Erklären Sie den Unterschied zwischen arithmetischem und geometrischem Mittel!

04) Wodurch unterscheidet sich das geometrische Mittel von den anderen Mittelwerten?

05) Beschreiben Sie die beiden zum praktischen Einsatz kommenden Konzepte zur Ermittlung der Streuung!

06) Erklären Sie die Gemeinsamkeit und den Unterschied von Spannweite und zentralem Quartilsabstand!

07) Wodurch unterscheidet sich der Variationskoeffizient von den anderen Streuungsparametern?

08) Welche Eigenschaften von Häufigkeitsverteilungen werden durch Schiefe und Wölbung beschrieben?

09) Was ist der Gegenstand der Konzentrationsmessung?

10) Wodurch unterscheiden sich relative und absolute Konzentration?

11) Bei der Asseveratio AG wurden im September 1996 400 Lebensversicherungsverträge abgeschlossen. Nachstehend ist die klassifizierte Häufigkeitsverteilung für die Versicherungssummen angegeben.

Vers.summe (TDM) von ... bis unter ...		Anzahl der Verträge
4	10	20
10	20	160
20	30	80
30	40	40
40	80	88
80	120	12

a) Berechnen Sie die durchschnittliche Versicherungssumme! (31,05 TDM)

b) Berechnen und interpretieren Sie den Modus, den Median und das 1. Quartil!
   (16,13 TDM; 22,5 TDM; 15,0 TDM)

c) Warum ist der Median hier deutlich kleiner als das arithmetische Mittel?

d) Berechnen und interpretieren Sie die Spannweite, den zentralen Quartilsabstand, den zentralen 80%-Dezentilsabstand und die mittlere absolute Abweichung! (116,0 TDM; 25,0 TDM; 56,0 TDM; 17,7 TDM)

e) Berechnen Sie die Varianz, die Standardabweichung und den Variationskoeffizienten! ($467,8 \text{ TDM}^2$; 21,6 TDM; 69,7%)

f) Erstellen Sie die Arbeitstabelle zur Ermittlung der relativen Konzentration! Interpretieren Sie die kumulierten Häufigkeiten der vierten Klasse einzeln, und treffen Sie anschließend die Konzentrationsaussage! (75%, 47%)

g) Erstellen Sie die Lorenzkurve! Berechnen und interpretieren Sie den Gini-Koeffizienten! (0,35)

h) Wieviel Prozent der Versicherungssumme entfallen auf die 25% wertniedrigsten Verträge, wieviel auf die 10% werthöchsten? (10,5%; 23,7%)

i) Auf wieviel Prozent der wertniedrigsten Verträge entfallen 50% der gesamten Versicherungssumme? (76,5%)

j) Erweitern Sie die Arbeitstabelle aus f) für die Ermittlung der absoluten Konzentration! Bestimmen Sie die Konzentrationsrate für n = 12! (10,0%)

12) Die 20 Beschäftigten der Maier KG erhielten im letzten Dezember folgende Sonderzuwendungen (in DM): 1.000, 580, 520, 350, 620, 800, 120, 600, 550, 420, 1.150, 470, 200, 560, 480, 600, 1.000, 800, 250, 650.

a) Bestimmen Sie den Modus! Halten Sie die Bestimmung für sinnvoll? Begründen Sie Ihre Ansicht!

b) Berechnen und interpretieren Sie das arithmetische Mittel und den Median!
   (586 TDM; 570 TDM)

c) Berechnen und interpretieren Sie die mittlere absolute Abweichung! Verwenden Sie zuerst das arithmetische Mittel und dann den Median als Mittelwert! Warum führt die Verwendung des Medians zu einem kleineren Wert?
   (194,6 TDM; 194,0 TDM)

d) Wieviel Prozent der gesamten Sonderzuwendungen entfallen auf die unteren 25% der Beschäftigten? (11,4%)

e) Bestimmen Sie die Konzentrationsrate für n = 4! (33,7%)

f) Erstellen Sie die klassifizierte Häufigkeitsverteilung! Verwenden Sie dabei als Klassengrenzen die Werte 100, 300, 500, 700 und 1.200!

g) Berechnen und interpretieren Sie für die klassifizierte Häufigkeitsverteilung das arithmetische Mittel und den Median! (587,5 TDM; 575,0 TDM)

h) Berechnen und interpretieren Sie für die klassifizierte Häufigkeitsverteilung die mittlere absolute Abweichung! Verwenden Sie dabei das arithmetische Mittel als Mittelwert! (191,3 TDM)

13) Eine moderne Abfüllanlage füllt 50.000 Flaschen pro Stunde ab, eine ältere Anlage nur 30.000 Flaschen pro Stunde. Wieviele Flaschen werden durchschnittlich pro Stunde abgefüllt, wenn auf der modernen Anlage 300.000 Flaschen und auf der älteren 150.000 Flaschen abgefüllt werden? (40.909)

14) Eine Sparkasse offeriert ihren Kunden einen Schatzbrief. Das Kapital ist für fünf Jahre unkündbar angelegt. Der Zinssatz steigt jährlich von 4,5% über 5%, 6% und 6,5% auf 7%. Die jährlich anfallenden Zinsen werden angesammelt, dem Anlagebetrag zugerechnet und mitverzinst. Bestimmen Sie - auf 3 Dezimalstellen genau - die durchschnittliche Verzinsung! (5,796 %)

15) Bei einer Sparkassenzweigstelle werden 250 Wertpapierdepots geführt. Der Wert der Depots zum 31.12.1995 ist der folgenden Häufigkeitstabelle zu entnehmen.

| Depotwert (TDM) | | Anzahl der |
von ...	bis unter...	Depots
0	10	70
10	20	60
20	30	50
30	50	30
50	100	20
100	200	20

a) Bestimmen Sie den Wert aller Depots! (8.200.000 DM)

b) Berechnen und interpretieren Sie das arithmetische Mittel, den Modus, den Median, das 1. und 3. Quartil! (32.800; 8.750; 19.167; 8.929; 35.000 DM)

c) Berechnen und interpretieren Sie die mittlere absolute Abweichung und den zentralen Quartilsabstand! (27.232 bzw. 26.071 DM)

d) Berechnen Sie die Standardabweichung! (39.397 DM)

e) Wieviel Prozent des gesamten Depotswertes entfallen auf 70% der Depots, wieviel auf die 10% werthöchsten Depots? (28,96%; 41,16%)

f) Wieviel Prozent der wertniedrigsten Depots entfallen auf 50% des gesamten Depotwertes? (86,13%)

4. Verhältniszahlen

Das zahlenmäßige Ergebnis einer statistischen Untersuchung gewinnt häufig an zusätzlicher oder überhaupt erst an Aussagekraft, wenn es in das Verhältnis zu einer anderen Zahl gesetzt wird, die in einem sinnvollen bzw. sachlogischen Zusammenhang mit dem Ergebnis steht. So gewinnt z.B. bei der Qualitätskontrolle das Ergebnis 192 Ausschußstücke deutlich an Aussagekraft, wenn es in das Verhältnis zur hergestellten Stückzahl 21.500 gesetzt wird.

> Definition: Verhältniszahl
> Eine Verhältniszahl ist der Quotient aus zwei Zahlen, die in einem
> sinnvollen bzw. sachlogischen Zusammenhang stehen.

Neben dem Gewinn an Aussagekraft ermöglicht die Verhältniszahl ein besseres Erschließen, ein leichteres Beurteilen und ein einfacheres Einprägen eines Sachverhaltes. So läßt sich etwa die Situation der FDP bei der Bundestagswahl 1994 anhand der Verhältniszahl "Zweitstimmenanteil 6,9%" leichter beurteilen und einfacher einprägen als anhand der Zweitstimmenanzahl von 3.258.407.

Wegen dieser großen Vorteile werden Verhältniszahlen in der Praxis sehr häufig berechnet.

Die Verhältniszahlen werden in Gliederungszahlen, Beziehungszahlen und in Meßzahlen unterteilt.

4.1. Gliederungszahlen

Wird eine Gesamtmasse in ihre Teilmassen aufgegliedert und dann eine Teilmasse ins Verhältnis zur Gesamtmasse gesetzt, ergibt sich eine Gliederungszahl.

> Definition: Gliederungszahl
> Eine Gliederungszahl ist der Quotient aus einer Teilmasse und
> der übergeordneten Gesamtmasse.

Gliederungszahlen geben also wie relative Häufigkeiten einen Anteil bzw. eine Quote an. Dies spiegelt sich sehr häufig in den speziellen Bezeichnungen der

Gliederungszahlen wie Ausschußquote, Arbeitslosenquote, Frauenquote, Durchfallquote etc. wider.

$$\text{Gliederungszahl} = \frac{\text{Teilmasse}}{\text{Gesamtmasse}} \cdot 100$$

Beispiel: Kapitalstruktur der Eifelhöhen-Klinik AG am 31.12.1995

	Mio DM	%
Eigenkapital	43,3	70,9
Rückstellungen	3,9	6,3
Verbindlichkeiten	13,9	22,8
Gesamtkapital	61,1	100,0

Abb. 4.1.-1: Kapitalstruktur der Eifelhöhen-Klinik am 31.12.1995

In Abb. 4.1.-1 ist das Gesamtkapital (Gesamtmasse) in das Eigenkapital, die Rückstellungen und Verbindlichkeiten (Teilmassen) aufgegliedert. Wird z.B. das Eigenkapital in das Verhältnis zum Gesamtkapital gesetzt, so ergibt sich die Eigenkapitalquote von 70,9%. Die beiden anderen möglichen Gliederungszahlen sind in Spalte 3 der Abb. 4.1.-1 angegeben.

$$\text{Eigenkapitalquote} = \frac{\text{Eigenkapital}}{\text{Gesamtkapital}} \cdot 100 = \frac{43,3}{61,1} \cdot 100 = 70,9\%$$

Gliederungszahlen erleichtern als relative Größen den Vergleich mit anderen Gesamtmassen. Sie geben - wie das obige Beispiel deutlich zeigt - einen klaren Einblick in die innere Struktur einer Gesamtmasse.

4.2. Beziehungszahlen

Werden zwei verschiedenartige, wesensfremde, aber sachlich sinnvoll zusammenhängende Größen in das Verhältnis (in Beziehung) gesetzt, so liegt eine Beziehungszahl vor.

Definition: Beziehungzahl
Eine Beziehungszahl ist ein Quotient aus zwei verschiedenartigen, wesensfremden Größen, die in einem sachlogischen Zusammenhang stehen.

Beispiele:

$$\text{Verschuldungsgrad} = \frac{\text{Fremdkapital}}{\text{Eigenkapital}} \cdot 100$$

$$\text{Eigenkapitalrendite} = \frac{\text{Gewinn}}{\text{Eigenkapital}} \cdot 100$$

$$\text{Einwohnerdichte} = \frac{\text{Zahl der Einwohner}}{\text{Fläche (qkm)}}$$

$$\text{Zigarettenkonsum pro Kopf} = \frac{\text{Zigarettenkonsum (Stück)}}{\text{Zahl der Einwohner}}$$

Die Bildung von Beziehungszahlen führt zu neuen Erkenntnissen bzw. Informationen. Diese erleichtern bzw. ermöglichen einen zeitlichen, räumlichen oder sektoralen Vergleich von Gesamtheiten.

Beziehungszahlen stellen oft einer Merkmalswertsumme (Zigarettenkonsum) die zugehörige Anzahl der Merkmalsträger (Zahl der Einwohner) gegenüber, so daß in diesen Fällen die Beziehungszahlen dem arithmetischen Mittel entsprechen.

Bei der Bildung von Beziehungszahlen ist darauf zu achten, daß zwischen den beiden in die Rechnung eingehenden Größen ein enger sachlogischer Zusammenhang besteht. Dies ist entscheidend für die Aussagefähigkeit einer Beziehungszahl. Man denke hierbei insbesondere an die Pro-Kopf-Messungen, bei denen in der Regel aus Vereinfachungsgründen alle Personen einbezogen werden, anstatt bestimmte Personen (im obigen letzten Beispiel: Nichtraucher) auszugrenzen.

4.3. Meßzahlen

Werden zwei sachlich gleiche, aber räumlich oder zeitlich unterschiedliche Größen ins Verhältnis gesetzt, so liegt eine Meßzahl vor. Die eine Größe wird gleichsam an der anderen Größe gemessen.

Definition: Meßzahl
Eine Meßzahl ist der Quotient aus zwei sachlich gleichen,
aber räumlich oder zeitlich unterschiedlichen Größen.

Eine Meßzahl beschreibt, das Wievielfache bzw. wieviel Prozent die Größe im Zähler von der Größe im Nenner beträgt.

Beispiele:

$$\frac{\text{Preis } 10/1996}{\text{Preis } 09/1996} = \frac{648.000}{600.000} = 1,08 \ \text{bzw.} \ 108\%$$

Der Preis 10/1996 beträgt das 1,08-fache bzw. 108% des Preises 09/1996. Oder: Der Preis 10/1996 liegt um 8% über dem Preis 09/1996.

$$\frac{\text{Arbeitslosenquote Land A}}{\text{Arbeitslosenquote Land B}} = \frac{7,2}{13,7} = 0,52 \ \text{bzw.} \ 52\%$$

Die Arbeitslosenquote im Land A beträgt 52% der Quote im Land B. Oder: Die Arbeitslosenquote im Land A ist um 48% geringer als im Land B.

Meßzahlen dienen allein Vergleichszwecken. Besondere Bedeutung kommt dabei den Meßzahlen bei Zeitreihen zu, d.h. bei der Beschreibung der zeitlichen Entwicklung von Preisen, Mengen, Umsätzen etc. Bei der Bildung von Meßzahlen wird ein Zeitreihenwert als Basiswert verwendet, an dem alle anderen Zeitreihenwerte, über die zu berichten ist, gemessen werden.

$$\text{Meßzahl} = \frac{\text{Zeitreihenwert Berichtszeit}}{\text{Zeitreihenwert Basiszeit}} \cdot 100$$

Beispiel:

In Abb. 4.3.-1 ist für den Zeitraum von 1992 bis 1995 die Preisentwicklung in DM für den Weinbrand W und den Cognac C angegeben.

Jahr	Weinbrand W		Cognac C	
	Preis (DM)	Meßzahl	Preis (DM)	Meßzahl
92	12,40	100,0	38,90	100,0
93	14,37	115,9	45,16	116,1
94	15,02	121,1	50,18	120,9
95	14,35	115,7	45,05	115,8

Abb. 4.3.-1: Absolute und relative Preisentwicklung

Basisperiode ist in dem Beispiel das Jahr 92 (92 = 100). An den Preisen des Basisjahres 92 werden die Preise der Berichtsjahre 93, 94 und 95 gemessen. Für den Weinbrand berechnen sich die Preis-Meßzahlen für die Berichtsjahre wie folgt:

$$\frac{14,37}{12,40} \cdot 100 = 115,9; \quad \frac{15,02}{12,40} \cdot 100 = 121,1; \quad \frac{14,35}{12,40} \cdot 100 = 115,7.$$

Die Preis-Meßzahl 121,1 für das Jahr 94 gibt an, daß der Preis des Weinbrands im Jahre 94 um 21,1% über dem des Jahres 92 gelegen ist.

Zur Berechnung der relativen Veränderung einer Größe von einer Berichtszeit zu einer anderen Berichtszeit anhand von Meßzahlen gibt es zwei Möglichkeiten:

1) Differenz der Meßzahlen

Die Differenz aus zwei Meßzahlen gibt die relative Preisveränderung in Prozentpunkten an. So beträgt z.B. die Preisveränderung des Weinbrands im Jahr 94 gegenüber dem Jahr 93

121,1 - 115,9 = 5,2 %-Punkte.

Die Prozentpunkte werden in Prozente umgerechnet, indem die Prozentpunkte durch die Bezugs-Meßzahl dividiert und mit 100 multipliziert werden.

$$\frac{5,2}{115,9} \cdot 100 = 4,5\%$$

Der Weinbrand W war im Berichtsjahr 94 um 4,5% teurer als im Berichtsjahr 93.

Hinweis: Fälschlicherweise wird sehr häufig bereits die Differenz aus zwei Meßzahlen als Prozentzahl bzw. als das Endergebnis angesehen.

2) Quotient aus Meßzahlen

Der Quotient aus zwei Meßzahlen, multipliziert mit 100, gibt die relative Veränderung einer Größe direkt als Prozentzahl an. Im Beispiel:

$$\frac{121,1}{115,9} \cdot 100 = 104,5\% \quad \rightarrow \quad +4,5\%$$

Bei der Wahl der Basisperiode ist eine Periode auszuwählen, die frei von Sondereinflüssen wie Naturkatastrophen, längeren Streiks etc. ist. Anderenfalls würden die Zeitreihenwerte an einem irregulären Basiswert gemessen mit der Folge, daß die Meßzahlen ein verzerrtes Bild der Wirklichkeit wiedergeben.

Die Meßzahlenreihen liefern eine geeignete Basis zur Beurteilung der Preisentwicklung und insbesondere zur einfachen Durchführung des Vergleichs mehrerer Zeitreihen. So ist im obigen Beispiel anhand der Meßzahlen leicht zu erkennen, daß die relative Preisentwicklung beim Weinbrand W nahezu identisch verläuft mit der des Cognacs C.

Durch eine geschickte Auswahl des Basisjahres kann der Adressat der Statistik zu bestimmten Schlußfolgerungen verleitet werden. Dies gilt insbesondere beim

Vergleich der Veränderungstendenz mehrerer Zeitreihen untereinander. Das folgende Beispiel soll dies demonstrieren. In Abb. 4.3.-2 sind der Nettoverdienst und die Ausgaben eines Industriearbeiters für die Jahre 01 bis 07 angegeben.

Jahr	Nettoverdienst			Ausgaben		
	TDM	Meßzahl		TDM	Meßzahl	
		Basis 01	Basis 03		Basis 01	Basis 03
01	36	100,0	105,9	33	100,0	94,2
02	35	97,2	102,9	34	103,0	97,1
03	34	94,4	100,0	35	106,1	100,0
04	37	102,8	108,8	36	109,1	102,9
05	38	105,6	111,8	37	112,1	105,7
06	40	111,1	117,6	39	118,2	111,4
07	42	116,7	123,5	40	121,2	114,3

Abb. 4.3.-2: Absolute und relative Entwicklung von Nettoverdienst und Ausgaben

Die Meßzahlenreihen für den Nettoverdienst und die Ausgaben wurden einmal zur Basis 01 (01 = 100) und einmal zur Basis 03 (03 = 100) berechnet.

Der Vergleich der beiden Meßzahlenreihen zur Basis 01 (Spalten 3 und 6) zeigt, daß die Meßzahlen für den Nettoverdienst in den Berichtsjahren ständig unter denen für die Ausgaben liegen bzw. hinterherhinken. Der Nettoverdienst ist im Berichtsjahr 07 gegenüber dem Basisjahr 01 um 16,7% gestiegen, während die Ausgaben um 21,2% gestiegen sind. Die Schlußfolgerung daraus könnte lauten, daß für den Nettoverdienst ein Nachholbedarf besteht.

Verwendet man das Jahr 03 als Basisjahr, stellt sich die umgekehrte Situation ein. Die Meßzahlen für den Nettoverdienst (Spalte 4) liegen in den Berichtsjahren ständig über denen für die Ausgaben (Spalte 7). Der Nettoverdienst ist im Berichtsjahr 07 gegenüber dem Basisjahr 03 um 23,5% gestiegen, während die Ausgaben nur um 14,3% gestiegen sind. Die Schlußfolgerung daraus könnte jetzt lauten, daß für den Nettoverdienst kein Nachholbedarf besteht.

Werden die absoluten Werte nicht genannt, dann kann der Leser von Meßzahlenreihen also über eine gezielte Festlegung der Basiszeit zu den gewünschten

Schlußfolgerungen verleitet werden. Eine entsprechende graphische Darstellung kann zusätzlich zu dieser Art von Manipulation beitragen. Beim Vergleich von Veränderungstendenzen kann es daher nützlich sein, die den Meßzahlen zugrunde liegenden absoluten Werte zum Vergleich zusätzlich heranzuziehen.

Das Beispiel macht deutlich, daß der Wahl der Basiszeit beim Vergleich von Entwicklungstendenzen eine hohe Bedeutung zukommen kann. Die Wahl der Basiszeit bedarf dann einer stichhaltigen Begründung, die im außerstatistischen Bereich liegt.

4.4. Übungsaufgaben und Kontrollfragen

01) Definieren Sie den Begriff Verhältniszahl!

02) Worin liegt die Bedeutung der Verhältniszahlen? Veranschaulichen Sie Ihre Aussage an einem selbstgewählten Beispiel!

03) Es werden drei Arten von Verhältniszahlen unterschieden. Beschreiben Sie die jeweiligen Eigenschaften der drei Arten, heben Sie dabei jeweils die arteigenen Vorteile hervor!

04) Nachstehend sind die betrieblichen Aufwendungen (in TDM) eines Unternehmens für die beiden Jahre 01 und 05 aufgelistet:

Aufwendungen	Jahr 01	Jahr 05
Material	742	1.184
Löhne und Gehälter	529	1.052
Abschreibungen	170	412
sonstige betr. Aufwendungen	212	504
Gesamtaufwand	1.653	3.152

a) Beschreiben und vergleichen Sie mit Hilfe von Verhältniszahlen die Aufwandsstruktur in den Jahren 01 und 05!

b) Die Zahl der Beschäftigten ist von sieben im Jahr 01 auf dreizehn im Jahr 05 gestiegen. Beurteilen Sie auf dieser Basis die Veränderung der Lohn- und Gehaltsaufwendungen!

05) Vergleichen und beschreiben Sie den Mengenabsatz des Weinbrands W und des Cognacs C in den Jahren 01 bis 04 mit Hilfe von Meßzahlen! Der Mengenabsatz ist nachstehend beschrieben:

Jahr	Weinbrand W	Cognac C
	Menge (in hl)	Menge (in hl)
01	1.320	72
02	1.240	74
03	1.324	78
04	1.480	81

06) In einem Unternehmen ist der Anteil der Reklamationen gegenüber dem letzten Jahr von 3% auf 4% gestiegen. Nehmen Sie Stellung zu der Aussage, der Anteil der Reklamationen sei um 1% gestiegen!

07) Die Geschäftsleitung teilt den Arbeitnehmern mit, daß die Preise für das Kantinenessen erhöht werden müssen, da in den sieben Jahren des Kantinenbestehens die Ausgaben um 20,2% und die Einnahmen nur um 11,6% gestiegen sind. - Die Ausgaben und Einnahmen sind nachstehend angegeben.

Jahr	Ausgaben (TDM)	Einnahmen (TDM)
01	104	112
02	108	108
03	109	105
04	112	110
05	116	117
06	120	119
07	125	125

a) Überprüfen Sie die Richtigkeit der Aussage der Geschäftsleitung! Erstellen Sie dazu die beiden Meßzahlenreihen!

b) Was könnte der Betriebsrat unter Verwendung derselben statistischen Methode der Geschäftsleitung entgegnen? Argumentieren Sie nicht mit den DM-Beträgen, sondern verwenden Sie Meßzahlen!

5. Indexzahlen

Meßzahlen haben u.a. die Aufgabe, die relative Veränderung bzw. Entwicklung einer Größe zu beschreiben. Ist die Entwicklung komplexer Größen wie etwa der Lebenshaltungskosten oder der Einkommen in der Bundesrepublik zu beschreiben, dann müßte eine Vielzahl von Meßzahlen erstellt werden, die für eine Gesamtschau zu unübersichtlich wären. In solchen Situationen sind die vielen Meßzahlen zu einer einzigen Zahl, der sogenannten Indexzahl zusammenzuführen bzw. zu bündeln. Eine Indexzahl beschreibt also die durchschnittliche relative Veränderung mehrerer Größen bzw. Merkmale durch eine einzige Zahl; sie ist also ein Durchschnitt aus mehreren Meßzahlen.

> Definition: Indexzahl
> Eine Indexzahl beschreibt die durchschnittliche relative Veränderung
> mehrerer Merkmale.

Wie bei den Meßzahlen dienen die meisten Indexzahlen der Beschreibung zeitlicher Entwicklungen. Dabei werden Preisindizes, Mengenindizes und Umsatzindex unterschieden.

Für die Darstellung der Indizes werden u.a. folgende Symbole verwendet:

$$p_0^j = \text{Preis des Gutes j in der Basiszeit 0}$$

$$p_i^j = \text{Preis des Gutes j in der Berichtszeit i}$$

$$q_0^j = \text{Menge des Gutes j in der Basiszeit 0}$$

$$q_i^j = \text{Menge des Gutes j in der Berichtszeit i}$$

Der hochgestellte Index j wird später vernachlässigt, um die Berechnungsformeln übersichtlicher und anschaulicher zu gestalten.

5.1. Preisindizes

Preisindizes beschreiben die durchschnittliche relative Preisentwicklung mehrerer Güter und/oder Dienstleistungen. Bekannte Preisindizes sind z.B. der Preisindex für die Lebenshaltung und der Deutsche Aktienindex (DAX).

Definition: Preisindex
Der Preisindex beschreibt, um wieviel Prozent sich die Preise mehrerer
Güter und/oder Dienstleistungen in der Berichtszeit gegenüber der Basiszeit
durchschnittlich verändert haben.

Für den Preisindex wird das Symbol P_{0i} verwendet.

P_{0i} = Preisindex für die Berichtszeit i gegenüber der Basiszeit 0

5.1.1. Anforderungen

Zur Beschreibung der durchschnittlichen relativen Preisentwicklung genügt es
nicht, die relevanten Meßzahlen einfach zu addieren und zu mitteln. Die Indizes
müssen vielmehr bestimmten Anforderungen genügen.

a) Auswahlentscheid

Der Preisindex soll die interessierende Gesamtentwicklung möglichst umfassend
darstellen. Es ist nicht immer erforderlich und aus praktischen Erwägungen heraus auch nicht immer sinnvoll, die Entwicklung sämtlicher Güter in den Index
einzubringen. Ist z.B. die Entwicklung der Lebenshaltungskosten zu beschreiben,
dann wäre es viel zu aufwendig, die Preisentwicklung sämtlicher Güter zu erfassen. Bei Vorliegen einer sehr großen Anzahl von Gütern ist es sinnvoll, sich auf
eine Auswahl an Gütern zu beschränken. Die Auswahl kann sich etwa auf eine
relativ kleine Anzahl der Güter beschränken, die aufgrund ihrer Dominanz über
die anderen Güter die Gesamtentwicklung entscheidend prägen. Ein Beispiel
hierzu ist der Deutsche Aktienindex. Die Auswahl kann sich auch auf die Güter
erstrecken, die stellvertretend den gesamten Verbrauch repräsentieren. Ein Beispiel hierzu ist der Preisindex für die Lebenshaltung.

b) Gewichtungsschema, Wägungsschema

Die in den Index eingehenden Meßzahlen müssen je nach Bedeutung des Gutes
gewichtet werden. Sind z.B. für einen Studenten der Mietpreis um 30% und der
Preis für Bleistifte um 2% gestiegen, wäre es - unter Vernachlässigung aller anderen Güter - verfälschend, von einer durchschnittlichen Preissteigerung von
16% zu sprechen. Die Mietpreiserhöhung trifft den Studenten wesentlich härter,

da die Miete einen Schwerpunkt seiner Ausgaben darstellt. Preiserhöhungen bei Bleistiften dagegen belasten das Budget nicht spürbar bzw. nur unbedeutend.

Für die Güter bzw. die Meßzahlen ist also ein die Bedeutung der Güter widerspiegelndes Gewichtungsschema (Wägungsschema) festzulegen.

c) Konstanz des Gewichtungsschemas

Die Bedeutung der Güter schwankt gewöhnlich im Zeitablauf. Diese wechselnde Bedeutung der Güter darf nicht zu einer wechselnden Gewichtung der Güter in der Basiszeit und in der Berichtszeit führen, da sonst die reine Preisentwicklung nicht festgestellt werden kann; letztere würde von den Veränderungen der in die Gewichtung einfließenden Größen wie Menge oder Umsatz überlagert werden.

Das Gewichtungschema für die Meßzahlen muß also in der Basiszeit 0 und der Berichtszeit i identisch sein.

Zur Bestimmung der in Deutschland gängigen Preisindizes wird die Preismeßzahl des Gutes j mit dem die Bedeutung des Gutes widerspiegelnden Faktor w_j gewichtet.

$$\frac{p_i^j}{p_0^j} \cdot w_j \qquad\qquad (j = 1, ..., n)$$

Die gewichteten Preismeßzahlen werden addiert und durch die Summe der Gewichtungsfaktoren dividiert.

$$P_{0i} = \frac{\sum\limits_{j=1}^{n} \frac{p_i^j}{p_0^j} \cdot w_j}{\sum\limits_{j=1}^{n} w_j} \cdot 100 \qquad\qquad \text{(Formel 5.1.1.-1)}$$

Die Formel 5.1.1.-1 ist die Ausgangsformel für die beiden in Deutschland gängigen Preisindizes von Laspeyres und Paasche. Die beiden Preisindizes gehen bei der Beantwortung der Frage, wie die Gewichtungsfaktoren festzulegen sind, unterschiedliche Wege.

5.1.2. Preisindex nach Laspeyres

Der Preisindex nach Laspeyres (1834 - 1913) ist der Preisindex, der in der Praxis fast durchgehend zur Anwendung kommt.

a) Gewichtungsfaktor

Laspeyres leitet die Bedeutung und damit die Gewichtung eines Gutes aus dem Umsatz dieses Gutes in der Basiszeit ab. Je höher der Umsatz in der Basiszeit ist, desto gravierender wiegt die relative Preisveränderung.

$$w_j = p_0^j \cdot q_0^j \qquad \text{(Formel 5.1.2.-1)}$$

b) Berechnungsformel

Durch Einsetzen des Gewichtungsfaktors von Laspeyres (Formel 5.1.2-1) in Formel 5.1.1.-1 ergibt sich der Preisindex nach Laspeyres $_LP_{0i}$. Zur Vereinfachung wird jetzt der hochgestellte Index j weggelassen.

$$_LP_{0i} = \frac{\sum\limits_{j=1}^{n} \frac{p_i}{p_0} \cdot p_0 \cdot q_0}{\sum\limits_{j=1}^{n} p_0 \cdot q_0} \cdot 100$$

Durch Kürzen im Zähler vereinfacht sich der Ausdruck zu:

$$_LP_{0i} = \frac{\sum\limits_{j=1}^{n} p_i \cdot q_0}{\sum\limits_{j=1}^{n} p_0 \cdot q_0} \cdot 100 \qquad \text{(Formel 5.1.2.-2)}$$

Formel 5.1.2.-2 zeigt, daß Laspeyres letztendlich die Mengen der Basiszeit q_0 im Zähler mit den Preisen der Berichtszeit p_i und im Nenner mit den Preisen der Basiszeit p_0 bewertet und zum Vergleich gegenübergestellt.

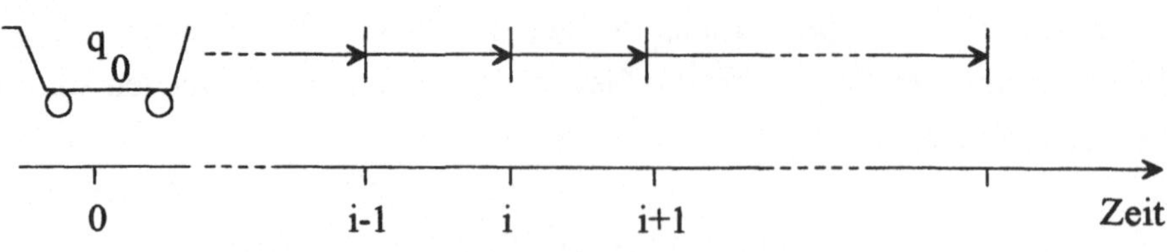

Abb. 5.1.2.-1: Kostenvergleich nach Laspeyres

Anders ausgedrückt: Die Kosten des Basiszeit-Warenkorbes in der Berichtszeit (Zähler) werden an den Kosten des Basiszeit-Warenkorbes in der Basiszeit (Nenner) zum Auffinden der relativen Preisentwicklung gemessen. Der Basiszeit-Warenkorb wird also vorwärts durch die Berichtszeiten geschoben und jeweils mit deren Preisen bewertet. In Abb. 5.1.2.-1 ist dies skizzenhaft veranschaulicht.

c) Berechnungsbeispiel

Herr Meier hat festgestellt, daß die drei Güter Miete, Brot und Bier sein Verbrauchsverhalten gut repräsentieren. In Abb. 5.1.2.-2 sind die Preise und Mengen für die Zeiträume 01, 02 und 03 angegeben.

	p_{01}	q_{01}	p_{02}	q_{02}	p_{03}	q_{03}
Miete	8,50 DM/qm	18 qm	9,00	17	10,00	15
Brot	2,50 DM/kg	10 kg	2,80	9	3,00	11
Bier	1,40 DM/l	30 l	1,35	40	1,50	25

Abb. 5.1.2.-2: Preis- und Mengenentwicklung von drei Gütern

Der Preisindex nach Laspeyres ist für die Berichtszeiten 02 und 03 zur Basis 01 (01 = 100) zu berechnen.

$$L^P{}_{01,02} = \frac{\sum p_{02} \cdot q_{01}}{\sum p_{01} \cdot q_{01}} \cdot 100 = \frac{9,0 \cdot 18 + 2,8 \cdot 10 + 1,35 \cdot 30}{8,5 \cdot 18 + 2,5 \cdot 10 + 1,40 \cdot 30} \cdot 100$$

$$= \frac{230,5}{220,0} \cdot 100 = 104,8\%$$

$$L^P{}_{01,03} = \frac{\sum p_{03} \cdot q_{01}}{\sum p_{01} \cdot q_{01}} \cdot 100 = \frac{10,0 \cdot 18 + 3,0 \cdot 10 + 1,5 \cdot 30}{8,5 \cdot 18 + 2,5 \cdot 10 + 1,4 \cdot 30} \cdot 100$$

$$= \frac{255}{220} \cdot 100 = 115,9\%$$

Interpretationen:

Die Preise in der Berichtszeit 02 sind gegenüber der Basiszeit 01 um durchschnittlich 4,8% gestiegen.

Die Preise in der Berichtszeit 03 sind gegenüber der Basiszeit 01 um durchschnittlich 15,9% gestiegen.

Analog zu den Meßzahlen gibt es zwei Möglichkeiten, die relative Preisveränderung zwischen zwei Berichtszeiten anhand von Indexzahlen zu berechnen.

1) Differenz der Indexzahlen

Die Differenz aus zwei Indexzahlen gibt die relative Preisveränderung in Prozentpunkten an.

$$L^P_{01,03} - L^P_{01,02} = 115{,}9 - 104{,}8 = 11{,}1 \text{ \%-Punkte}$$

Die Prozentpunkte sind in Prozente umzurechnen. Dazu werden die Prozentpunkte durch die Bezugs-Indexzahl dividiert.

$$\frac{11{,}1}{104{,}8} \cdot 100 = 10{,}6\%$$

Die Preise in der Berichtszeit 03 sind gegenüber der Berichtszeit 02 um durchschnittlich 10,6% gestiegen.

2) Quotient aus Indexzahlen

Der Quotient aus zwei Indexzahlen, multipliziert mit 100, gibt die relative Preisveränderung direkt als Prozentzahl an.

$$\frac{L^P_{01,03}}{L^P_{01,02}} \cdot 100 = \frac{115{,}9}{104{,}8} \cdot 100 = 110{,}6\% \quad \rightarrow \quad +10{,}6\%$$

d) Beurteilung

Die Gewichtung bei Laspeyres erfolgt mit den Mengen aus der Basiszeit. Dies bringt den Vorteil mit sich, daß die Gewichtung nicht mit jeder neuen Berichtszeit erneuert werden muß, was mit sehr großen Kosten verbunden sein könnte.

Die konstante Gewichtung erlaubt den Vergleich von Indexzahlen aus unterschiedlichen Berichtszeiten mit identischer Basis. Für den unter c) durchgeführten Vergleich soll dies gezeigt werden.

$$\frac{L^P_{01,03}}{L^P_{01,02}} \cdot 100 = \frac{\dfrac{\sum p_{03} \cdot q_{01}}{\sum p_{01} \cdot q_{01}} \cdot 100}{\dfrac{\sum p_{02} \cdot q_{01}}{\sum p_{01} \cdot q_{01}} \cdot 100} \cdot 100 = \frac{\sum p_{03} \cdot q_{01}}{\sum p_{02} \cdot q_{01}}$$

Damit ist gezeigt, daß der Preisvergleich nicht von Mengenveränderungen überlagert wird; die Gewichtung erfolgt stets mit den Mengen der Basiszeit.

Diese beiden Vorteile wiegen so schwer, daß sie ausschlaggebend sind für die fast durchgehende Verwendung des Index von Laspeyres in der amtlichen und auch zum Großteil in der nichtamtlichen Statistik.

Die Gewichtung erfolgt stets mit der Mengenstruktur der Basiszeit. Bei der Berechnung der Indexzahl für eine Berichtszeit wird also unterstellt, daß sich die Verbrauchsgewohnheiten seit der Basiszeit nicht verändert haben. Der Preisindex nach Laspeyres gilt daher unter der Prämisse, daß in den Berichtszeiten die Mengenstruktur der Basiszeit noch gilt. Da sich die Verbrauchsgewohnheiten mit fortschreitender Zeit jedoch verändern, verliert die Gewichtung bzw. der Warenkorb i.d.R. zunehmend an Aktualität.

Haben sich die Verbrauchsgewohnheiten in der Berichtszeit gegenüber der Basiszeit zu stark verändert, müssen die Güterauswahl und die Gewichtung erneuert bzw. aktualisiert werden. Damit wird eine neue Basiszeit festgelegt. Beim Preisindex für die Lebenshaltung z.B. ist dies im Jahr 1991 nach zuvor 1985 geschehen. Mit dieser Erneuerung endet die bisherige Indexzahlenreihe und eine neue Indexzahlenreihe beginnt. Die Preisveränderung aus einem Zeitraum zur neuen Basis gegenüber einem Zeitraum zur alten Basis kann anhand der Indexzahlen nicht mehr direkt abgelesen werden. Eine indirekte Ermittlung ist über die Verknüpfung von Indexzahlen möglich; dies wird in Abschnitt 5.5. aufgezeigt.

5.1.3. Preisindex nach Paasche

a) Gewichtungsfaktor

Paasche (1851 - 1925) leitet die Bedeutung und damit die Gewichtung eines Gutes aus dem fiktiven Umsatz dieses Gutes ab, nämlich dem Produkt aus Preis der Basiszeit und Menge der Berichtszeit. Je höher dieser fiktive Umsatz ist, desto gravierender wiegt die relative Preisveränderung.

$$w_j = p_0^j \cdot q_i^j \qquad\qquad \text{(Formel 5.1.3.-1)}$$

b) Berechnungsformel

Durch Einsetzen des Gewichtungsfaktors von Paasche (Formel 5.1.3-1) in Formel 5.1.1.-1 ergibt sich der Preisindex nach Paasche $_pP_{0i}$. Zur Vereinfachung wird der hochgestellte Index j wieder weggelassen.

$$P^P{}_{0i} = \frac{\sum\limits_{j=1}^{n} \frac{p_i}{p_0} \cdot p_0 \cdot q_i}{\sum\limits_{j=1}^{n} p_0 \cdot q_i} \cdot 100$$

Durch Kürzen im Zähler vereinfacht sich der Ausdruck zu:

$$P^P{}_{0i} = \frac{\sum\limits_{j=1}^{n} p_i \cdot q_i}{\sum\limits_{j=1}^{n} p_0 \cdot q_i} \cdot 100 \qquad\qquad \text{(Formel 5.1.3.-2)}$$

Formel 5.1.3.-2 zeigt, daß Paasche letztendlich die Mengen der Berichtszeit q_i im Zähler mit den Preisen der Berichtszeit p_i und im Nenner mit den Preisen der Basiszeit p_0 bewertet und zum Vergleich gegenübergestellt.

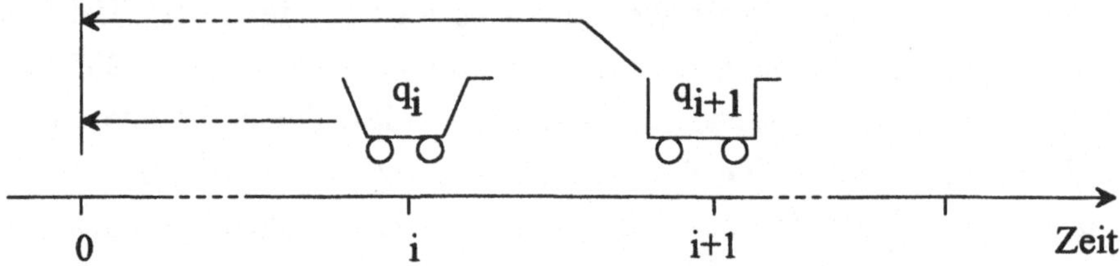

Abb. 5.1.3.-1: Kostenvergleiche nach Paasche

Anders ausgedrückt: Die Kosten des Berichtszeit-Warenkorbes in der Berichtszeit (Zähler) werden an den Kosten des Berichtszeit-Warenkorbes in der Basiszeit (Nenner) zum Auffinden der relativen Preisentwicklung gemessen. Für jede Berichtszeit wird ein eigener Berichtszeit-Warenkorb erstellt, in die Basiszeit zurückgeschoben und mit den Basiszeit-Preisen bewertet. In Abb. 5.1.3.-1 ist dies skizzenhaft veranschaulicht.

c) Berechnungsbeispiel

Es wird das Beispiel aus Abschnitt 5.1.2.c) aufgegriffen. Die Daten für die drei Güter Miete, Brot und Bier sind nachstehend noch einmal angegeben.

	p_{01}	q_{01}	p_{02}	q_{02}	p_{03}	q_{03}
Miete	8,50 DM/qm	18 qm	9,00	17	10,00	15
Brot	2,50 DM/kg	10 kg	2,80	9	3,00	11
Bier	1,40 DM/l	30 l	1,35	40	1,50	25

Der Preisindex nach Paasche ist für die Berichtszeiten 02 und 03 zur Basis 01 (01 = 100) zu berechnen .

$$P^P_{01,02} = \frac{\sum p_{02} \cdot q_{02}}{\sum p_{01} \cdot q_{02}} \cdot 100 = \frac{9,0 \cdot 17 + 2,8 \cdot 9 + 1,35 \cdot 40}{8,5 \cdot 17 + 2,5 \cdot 9 + 1,40 \cdot 40} \cdot 100$$

$$= \frac{232,2}{223,0} \cdot 100 = 104,1\%$$

$$P^P_{01,03} = \frac{\sum p_{03} \cdot q_{03}}{\sum p_{01} \cdot q_{03}} \cdot 100 = \frac{10,0 \cdot 15 + 3,0 \cdot 11 + 1,5 \cdot 25}{8,5 \cdot 15 + 2,5 \cdot 11 + 1,4 \cdot 25} \cdot 100$$

$$= \frac{220,5}{190} \cdot 100 = 116,1\%$$

Die Preise in der Berichtszeit 02 sind gegenüber der Basiszeit 01 um durchschnittlich 4,1% gestiegen.

Die Preise in der Berichtszeit 03 sind gegenüber der Basiszeit 01 um durchschnittlich 16,1% gestiegen.

Berechnung der durchschnittlichen relativen Preisveränderung von der Berichtszeit 02 nach 03 anhand des Quotienten der vorliegenden Indexzahlen.

$$\frac{P^P_{01,03}}{P^P_{01,02}} \cdot 100 = \frac{116,1}{104,1} \cdot 100 = 111,5\% \quad \rightarrow \quad +11,5\%$$

Die Preise in der Berichtszeit 03 sind gegenüber der Berichtszeit 02 um durchschnittlich 11,5% gestiegen.

d) Beurteilung

Die Gewichtung bei Paasche erfolgt stets mit den Mengen der Berichtszeit. Die Gewichtung ist daher stets aktuell, weil sie die Veränderungen der Verbrauchsgewohnheiten sofort erfaßt.

Da die Gewichtung bei Paasche stets aktuell ist, erübrigt sich im Unterschied zu Laspeyres die Festlegung einer neuen Basiszeit, so daß eine durchgehende Indexzahlenreihe erstellt werden kann. Allerdings kann die Zahlenreihe nicht unbegrenzt fortgeführt werden, da den Gütern aus der Berichtszeit mit zunehmendem zeitlichen Abstand in der Regel keine entsprechenden Güter in der Basiszeit gegenüberstehen.

Die Ermittlung der aktuellen Verbrauchsgewohnheiten bzw. des aktuellen Gewichtungsschemas kann mit hohen Kosten und Zeitaufwand verbunden sein.

Ein Vergleich von Indexzahlen aus verschiedenen Berichtszeiten ist wegen der unterschiedlichen Gewichtung von Berichtszeit zu Berichtszeit nicht zulässig. Mengenveränderungen gehen in die Rechnung ein und verhindern eine Beschreibung der reinen Preisentwicklung. Die unter c) ermittelte Preissteigerung vom Berichtsjahr 02 nach 03 von durchschnittlich 11,5% ist nicht exakt. Der Quotient

$$\frac{P^P_{01,03}}{P^P_{01,02}} \cdot 100 = \frac{\dfrac{\sum p_{03} \cdot q_{03}}{\sum p_{01} \cdot q_{03}} \cdot 100}{\dfrac{\sum p_{02} \cdot q_{02}}{\sum p_{01} \cdot q_{02}} \cdot 100} \cdot 100$$

zeigt deutlich, daß bei dem Preisvergleich die Forderung nach der Konstanz des Gewichtungsschemas nicht erfüllt ist. Der Einsatz der unterschiedlichen Mengengerüste q_{03} und q_{02} verhindert die Beschreibung der reinen Preisveränderung.

5.2. Mengenindizes

Mengenindizes (Volumenindizes) beschreiben die durchschnittliche relative Mengenentwicklung mehrerer Güter und/oder Dienstleistungen. Bekannte Mengenindizes sind z.B. der Index der tariflichen Wochenarbeitszeit und der Index der Einfuhr von Investitionsgütern.

Definition: Mengenindex
Der Mengenindex beschreibt, um wieviel Prozent sich die Mengen mehrerer Güter und/oder Dienstleistungen in der Berichtszeit gegenüber der Basiszeit durchschnittlich verändert haben.

Für den Mengenindex wird das Symbol Q_{0i} verwendet.

Q_{0i} = Mengenindex für die Berichtszeit i gegenüber der Basiszeit 0

In Deutschland kommen auch hier wie bei den Preisindizes fast ausschließlich die Indizes von Laspeyres und Paasche zur Anwendung.

Die Ausführungen zu den Preisindizes unter Abschnitt 5.1. gelten durchgehend analog für die Mengenindizes. Es sind lediglich die Begriffe Preis und Menge gegenseitig auszuwechseln; das gilt auch für die zugehörigen Symbole p und q, aber ohne die tiefgestellten Indizes. Die folgenden Ausführungen beschränken sich daher auf eine kurze Angabe der Formeln und die Berechnung einiger Beispiele.

Ausgangsformel für die Mengenindizes nach Laspeyres und Paasche:

$$Q_{0i} = \frac{\sum\limits_{j=1}^{n} \dfrac{q_i^j}{q_0^j} \cdot w_j}{\sum\limits_{j=1}^{n} w_j} \cdot 100 \qquad\qquad \text{(Formel 5.2.-1)}$$

Mengenindex nach Laspeyres:

$$w_j = q_0 \cdot p_0$$

$${}_L Q_{0i} = \frac{\sum\limits_{j=1}^{n} q_i \cdot p_0}{\sum\limits_{j=1}^{n} q_0 \cdot p_0} \cdot 100 \qquad\qquad \text{(Formel 5.2.-2)}$$

Mengenindex nach Paasche:

$$w_j = q_0 \cdot p_i$$

$${}_P Q_{0i} = \frac{\sum\limits_{j=1}^{n} q_i \cdot p_i}{\sum\limits_{j=1}^{n} q_0 \cdot p_i} \cdot 100 \qquad\qquad \text{(Formel 5.2.-3)}$$

Laspeyres gewichtet die Mengen mit den Preisen aus der Basiszeit, während Paasche wieder aktuell mit den Preisen aus der Berichtszeit gewichtet.

Für das Beispiel aus Abschnitt 5.1.2.c) sind die Mengenindizes nach Laspeyres und Paasche für die Berichtszeiten 02 und 03 zur Basis 01 (01 = 100) zu berechnen.

	p_{01}	q_{01}	p_{02}	q_{02}	p_{03}	q_{03}
Miete	8,50 DM/qm	18 qm	9,00	17	10,00	15
Brot	2,50 DM/kg	10 kg	2,80	9	3,00	11
Bier	1,40 DM/l	30 l	1,35	40	1,50	25

Mengenindex nach Laspeyres:

$$_L Q_{01,02} = \frac{\sum q_{02} \cdot p_{01}}{\sum q_{01} \cdot p_{01}} \cdot 100 = \frac{17 \cdot 8,5 + 9,0 \cdot 2,5 + 40 \cdot 1,4}{18 \cdot 8,5 + 10,0 \cdot 2,5 + 30 \cdot 1,4} \cdot 100$$

$$= \frac{223}{220} \cdot 100 = 101,4$$

Der Mengenverbrauch in der Berichtszeit 02 ist gegenüber der Basiszeit 01 um durchschnittlich 1,4% gestiegen.

$$_L Q_{01,03} = \frac{\sum q_{03} \cdot p_{01}}{\sum q_{01} \cdot p_{01}} \cdot 100 = \frac{15 \cdot 8,5 + 11 \cdot 2,5 + 25 \cdot 1,40}{18 \cdot 8,5 + 10 \cdot 2,5 + 30 \cdot 1,40} \cdot 100$$

$$= \frac{190}{220} \cdot 100 = 86,4$$

Der Mengenverbrauch in der Berichtszeit 03 ist gegenüber der Basiszeit 01 um durchschnittlich 13,6% gesunken.

Mengenindex nach Paasche:

$$_P Q_{01,02} = \frac{\sum q_{02} \cdot p_{02}}{\sum q_{01} \cdot p_{02}} \cdot 100 = \frac{17 \cdot 9 + 9,0 \cdot 2,8 + 40 \cdot 1,35}{18 \cdot 9 + 10,0 \cdot 2,8 + 30 \cdot 1,35} \cdot 100$$

$$= \frac{232,2}{230,5} \cdot 100 = 100,7$$

Der Mengenverbrauch in der Berichtszeit 02 ist gegenüber der Basiszeit 01 um durchschnittlich 0,7% gestiegen.

$$_P Q_{01,03} = \frac{\sum q_{03} \cdot p_{03}}{\sum q_{01} \cdot p_{03}} \cdot 100 = \frac{15 \cdot 10,0 + 11 \cdot 3,0 + 25 \cdot 1,5}{18 \cdot 10,0 + 10 \cdot 3,0 + 30 \cdot 1,5} \cdot 100$$

$$= \frac{220,5}{255} \cdot 100 = 86,5$$

Der Mengenverbrauch in der Berichtszeit 03 ist gegenüber der Basiszeit 01 um durchschnittlich 13,5% gesunken.

5.3. Umsatzindex

Der Umsatzindex (Wertindex, Gesamtwertindex) beschreibt die durchschnittliche relative Umsatzentwicklung mehrerer Güter und/oder Dienstleistungen. Ein bekannter Umsatzindex ist z.B. der Index der tariflichen Wochenlöhne.

Definition: Umsatzindex

Der Umsatzindex beschreibt, um wieviel Prozent sich die Umsätze
mehrerer Güter und/oder Dienstleistungen in der Berichtszeit gegenüber
der Basiszeit durchschnittlich verändert haben.

Für den Umsatzindex wird das Symbol U_{0i} verwendet.

U_{0i} = Umsatzindex für die Berichtszeit i gegenüber der Basiszeit 0

Im Unterschied zum Preisindex oder Mengenindex interessieren jetzt die Veränderungen von Preis und Menge gleichzeitig. - Der Umsatzindex wird aus den gewichteten Umsatz-Meßzahlen ermittelt. Als Gewichtungsfaktor wird dabei ein-
heitlich der Umsatz aus der Basiszeit verwendet.

$$U_{0i} = \frac{\sum\limits_{j=1}^{n} \frac{p_i \cdot q_i}{p_0 \cdot q_0} \cdot p_0 \cdot q_0}{\sum\limits_{j=1}^{n} p_0 \cdot q_0} \cdot 100$$

Durch Kürzen im Zähler vereinfacht sich der Ausdruck zu

$$U_{0i} = \frac{\sum\limits_{j=1}^{n} p_i \cdot q_i}{\sum\limits_{j=1}^{n} p_0 \cdot q_0} \cdot 100 \qquad \text{(Formel 5.3.-1)}$$

Formel 5.3.-1 zeigt, daß letztendlich der Gesamtumsatz der Berichtszeit (Zähler)
am Gesamtumsatz der Basiszeit (Nenner) gemessen wird.

Für das Beispiel aus Abschnitt 5.1.2.c) sind die Umsatzindizes für die Berichtszeiten 02 und 03 zur Basis 01 zu berechnen.

	p_{01}	q_{01}	p_{02}	q_{02}	p_{03}	q_{03}
Miete	8,50 DM/qm	18 qm	9,00	17	10,00	15
Brot	2,50 DM/kg	10 kg	2,80	9	3,00	11
Bier	1,40 DM/l	30 l	1,35	40	1,50	25

$$U_{01,02} = \frac{\sum p_{02} \cdot q_{02}}{\sum p_{01} \cdot q_{01}} \cdot 100 = \frac{9,0 \cdot 17 + 2,8 \cdot 9 + 1,35 \cdot 40}{8,5 \cdot 18 + 2,5 \cdot 10 + 1,4 \cdot 30} \cdot 100$$

$$= \frac{232,2}{220,0} \cdot 100 = 105,5$$

Die Lebenshaltungskosten in der Berichtszeit 02 sind gegenüber der Basiszeit 01 um durchschnittlich 5,5% gestiegen.

$$U_{01,03} = \frac{10 \cdot 15 + 3,0 \cdot 11 + 1,5 \cdot 25}{8,5 \cdot 18 + 2,5 \cdot 10 + 1,4 \cdot 30} \cdot 100$$

$$= \frac{220,5}{220} \cdot 100 = 100,2$$

Die Lebenshaltungskosten in der Berichtszeit 03 sind gegenüber der Basiszeit 01 um durchschnittlich 0,2% gestiegen.

5.4. Umbasierung

Ein Unternehmen ist seit 1990 in der Sparte Antriebstechnik (AT) und seit 1992 in der Sparte Umwelttechnik (UT) tätig. Die Preisentwicklung der Produkte beider Sparten ist in Abb. 5.4.-1 anhand von Indexzahlen angegeben.

Jahr	1990	1991	1992	1993	1994	1995
AT	100,0	103,4	108,8	112,3	117,4	123,9
UT	---	---	100,0	103,0	106,5	112,1

Abb. 5.4.-1: Preisindexzahlen für die Sparten Antriebstechnik (AT) und Umwelttechnik (UT)

Ein unmittelbarer Vergleich der Preisentwicklung beider Sparten anhand der Indexzahlen ist nicht möglich, da beide Reihen verschiedene Basisjahre (Antriebstechnik: 1990 = 100; Umwelttechnik: 1992 = 100) besitzen. Für einen unmittelbaren Vergleich müssen beide Reihen ein gemeinsames Basisjahr besitzen. Dieses wird mit Hilfe der Umbasierung erreicht, durch die eine Indexzahlenreihe auf eine neue Basis umgerechnet wird.

Definition: Umbasierung
Umbasierung ist die Umstellung bzw. Umrechnung einer Indexzahlenreihe von einer alten auf eine neue Basis.

Im vorliegenden Beispiel ist es naheliegend, die Indexzahlenreihe für die Antriebstechnik auf das Jahr 1992, das Basisjahr der Umwelttechnik, umzubasieren.

Die umbasierte Indexzahlenreihe muß die relative Preisentwicklung genauso wiedergeben wie die alte, ursprüngliche Indexzahlenreihe. Bei der auf das Jahr 1992 umbasierten Indexzahlenreihe z.B. muß die relative Preisveränderung zwischen dem neuen Basisjahr 1992 und der Berichtszeit 1993 genauso groß sein wie bei der ursprünglichen Indexzahlenreihe zur Basis 1990. Die Gleichheit wird über die Verhältnisrechnung hergestellt.

$$108,8 = P_{90,92} \quad \xrightarrow{\;(+3,2\%)\;} \quad 112,3 = P_{90,93}$$

Basis 1990

$$\boxed{1992} \qquad\qquad\qquad\qquad \boxed{1993}$$

Basis 1992

$$100,0 = P_{92,92} \qquad\qquad +3,2\% \qquad\qquad ? = P_{92,93}$$

$$P_{92,93} : P_{92,92} = P_{90,93} : P_{90,92}$$

$$P_{92,93} : 100 = P_{90,93} : P_{90,92}$$

$$P_{92,93} = \frac{P_{90,93}}{P_{90,92}} \cdot 100 = \frac{112,3}{108,8} \cdot 100 = 103,2$$

Allgemein ergibt sich damit der Preisindex für die Berichtszeit i zur Basis 1992:

$$P_{92,i} = \frac{P_{90,i}}{P_{90,92}} \cdot 100 \qquad\qquad\qquad \text{(Formel 5.4.-1)}$$

Für die Berichtsjahre 1994 und 1995 lauten die Preisindizes:

$$P_{92,94} = \frac{P_{90,94}}{P_{90,92}} \cdot 100 = \frac{117,4}{108,8} \cdot 100 = 107,9$$

$$P_{92,95} = \frac{P_{90,95}}{P_{90,92}} \cdot 100 = \frac{123,9}{108,8} \cdot 100 = 113,9$$

Die Indexzahlen zur Basis 90 werden also durch die alte Indexzahl 108,8 aus dem neuen Basisjahr dividiert und mit 100 multipliziert.

Die Gegenüberstellung der beiden Indexzahlenreihen zur gemeinsamen Basis 1992 in Abb. 5.4.-2 ermöglicht den unmittelbaren Vergleich der Preisentwicklung. Die Preise der Sparte Antriebstechnik sind - relativ gesehen - durchschnittlich etwas stärker angestiegen als die Preise der Sparte Umwelttechnik.

Jahr	1990	1991	1992	1993	1994	1995
AT	91,9	95,0	100,0	103,2	107,9	113,9
UT	---	---	100,0	103,0	106,5	112,1

Abb. 5.4.-2: Preisindexzahlen mit dem gemeinsamen Basisjahr 1992

Da die Umbasierung ein rein rechentechnischer Vorgang ist, gilt für die umbasierten Indexzahlen der Antriebstechnik weiterhin das Mengengerüst aus dem Jahr 1990, während das Mengengerüst für die Umwelttechnik aus dem Jahr 1992 stammt. Insofern ist der Vergleich nicht ganz korrekt.

Die Formel zur Umbasierung der Indexzahl für die Berichtszeit i ergibt sich aus der Verallgemeinerung des Beispiels bzw. der Formel 5.4.-1 :

$$I_{nB,i} = \frac{I_{aB,i}}{I_{aB,nB}} \cdot 100 \qquad\qquad \text{(Formel 5.4.-2)}$$

mit I = Indexzahl, nB = neue Basiszeit, aB = alte Basiszeit.

Die Umbasierung kommt zur Anwendung, wenn - wie im Beispiel - Vergleiche zwischen Indexzahlenreihen mit verschiedenen Basiszeiten durchzuführen sind, oder wenn relative Veränderungen von einer Bezugszeit aus zu beschreiben sind, die nicht mit der Basiszeit übereinstimmt.

5.5. Verknüpfung

Qualitätsverbesserungen, technischer Fortschritt, Preisveränderungen etc. führen zu Veränderungen bei den Verbrauchsgewohnheiten. Dies erfordert in bestimmten Zeitabständen eine Aktualisierung des Gewichtungsschemas. Diese Aktualisierung hat einen Bruch der Indexzahlenreihe zur Folge.

	1985 ... 1989	1990	1991	1992	1993	1994	1995
$P_{85,i}$	100,0 104,2	107,0	110,7				
$P_{91,i}$			100,0	104,0	107,7	110,6	112,5

Abb. 5.5.-1: Preisindex für die Lebenshaltung aller privaten Haushalte (früheres Bundesgebiet)

In Abb. 5.5.-1 ist dies anhand des Preisindex für die Lebenshaltung dargestellt. Im Jahr 1991 wurde ein neuer Warenkorb erstellt, was zum Bruch der Indexzahlenreihe geführt hat.

Für bestimmte Zwecke - wie an den Preisindex geknüpfte Betriebsrenten oder Mieten - sind lange, durchgehende Indexzahlenreihen erforderlich. Diese können mit Hilfe der Verknüpfung (Verkettung) von unterbrochenen Indexzahlenreihen hergestellt werden.

> Definition: Verknüpfung (Verkettung)
> Verknüpfung ist die Zusammenfügung zweier Indexzahlenreihen mit unterschiedlichen Basiszeiten zu einer einzigen Indexzahlenreihe.

Voraussetzung für die Verknüpfung ist, daß die beiden Indexzahlenreihen sich in mindestens einem Zeitabschnitt überlappen. Bei der Verknüpfung kann die abgebrochene Indexzahlenreihe (alte Basis) fortgeführt oder die neu begonnene Indexzahlenreihe (neue Basis) zurückgerechnet werden.

a) Fortführung der alten Indexzahlenreihe

Die alte Indexzahlenreihe wird fortgeführt, indem die aus der neuen Indexzahlenreihe bekannte Preisentwicklung auf sie übertragen wird. Im Beispiel muß also die relative Preisveränderung zwischen der Schnittstelle 1991 und der Berichtszeit 1992 bei der fortgeführten alten Indexzahlenreihe genauso groß sein wie bei der neuen Indexzahlenreihe. Die Gleichheit wird wie bei der Umbasierung über die Verhältnisrechnung hergestellt.

$$110{,}7 = P_{85,91} \qquad +4{,}0\% \qquad ? = P_{85,92}$$

alte Reihe 1985 ────┼──

$\boxed{1991}$ $\boxed{1992}$

neue Reihe 1991 ├──┤

$$100{,}0 = P_{91,91} \qquad \boxed{+4{,}0\%} \rightarrow \qquad 104{,}0 = P_{91,92}$$

$$P_{85,92} : P_{85,91} = P_{91,92} : P_{91,91}$$

$$P_{85,92} : P_{85,91} = P_{91,92} : 100$$

$$P_{85,92} = P_{91,92} \cdot \frac{P_{85,91}}{100} = 104{,}0 \cdot \frac{110{,}7}{100} = 115{,}1$$

Allgemein ergibt sich damit der Preisindex für die Berichtszeit i zur Basis 1985:

$$P_{85,i} = P_{91,i} \cdot \frac{P_{85,91}}{100} = P_{91,i} \cdot \frac{110,7}{100} \qquad \text{(Formel 5.5.-1)}$$

Für die Berichtsjahre 1993 und 1994 lauten die Indizes:

$$P_{85,93} = P_{91,93} \cdot \frac{P_{85,91}}{100} = 107,7 \cdot \frac{110,7}{100} = 119,2$$

$$P_{85,94} = P_{91,94} \cdot \frac{P_{85,91}}{100} = 110,6 \cdot \frac{110,7}{100} = 122,4$$

Zur Fortführung der alten Indexzahlenreihe werden auf die Indexzahlen der neuen Reihe also stets 10,7% aufgeschlagen.

Die Verallgemeinerung des Beispiels bzw. der Formel 5.5.-1 führt zur Formel für die Indexzahl aus der Berichtszeit i im Rahmen der Fortführung:

$$I_{aB,i} = I_{nB,i} \cdot \frac{I_{aB,nB}}{100} \qquad \text{(Formel 5.5.-2)}$$

mit I = Indexzahl, aB = alte Basiszeit, nB = neue Basiszeit.

b) Rückrechnung der neuen Indexzahlenreihe

Die Rückrechnung der neuen Indexzahlenreihe erfolgt analog zur Fortführung der alten Reihe. Die neue Indexzahlenreihe wird zurückgerechnet, indem die aus der alten Indexzahlenreihe bekannte Preisentwicklung auf sie übertragen wird. Es kommt wieder die Verhältnisrechnung zur Anwendung.

$104,2 = P_{85,89}$ ← −5,9% $110,7 = P_{85,91}$

alte Reihe 1985

1989   1991

neue Reihe 1991

$? = P_{91,89}$ −5,9% $100,0 = P_{91,91}$

$$P_{91,89} : P_{91,91} = P_{85,89} : P_{85,91}$$

$$P_{91,89} : 100 = P_{85,89} : P_{85,91}$$

$$P_{91,89} = P_{85,89} \cdot \frac{100}{P_{85,91}} = 104,2 \cdot \frac{100}{110,7} = 94,1$$

Allgemein ergibt sich also der Preisindex für die Berichtszeit i zur Basis 1991:

$$P_{91,i} = P_{85,i} \cdot \frac{100}{P_{85,91}} = P_{85,i} \cdot \frac{100}{110,7} \qquad \text{(Formel 5.5.-3)}$$

Für die Berichtsjahre 1985 und 1990 lauten die Indizes:

$$P_{91,85} = P_{85,85} \cdot \frac{100}{P_{85,91}} = 100,0 \cdot \frac{100}{110,7} = 90,3$$

$$P_{91,90} = P_{85,90} \cdot \frac{100}{P_{85,91}} = 107,0 \cdot \frac{100}{110,7} = 96,7$$

Zur Rückrechnung der neuen Indexzahlenreihe werden also die Indexzahlen der alten Reihe stets durch 110,7 dividiert und mit 100 multipliziert.

Die Verallgemeinerung des Beispiels bzw. der Formel 5.5.-3 führt zur Formel für die Indexzahl aus der Berichtszeit i im Rahmen der Rückrechnung:

$$I_{nB,i} = I_{aB,i} \cdot \frac{100}{I_{aB,nB}} \qquad \text{(Formel 5.5.-4)}$$

In Abb. 5.5.-2 sind die fortgeführte und die zurückgerechnete Indexzahlenreihe für das Beispiel dargestellt.

	1985 ...	1989	1990	1991	1992	1993	1994	1995
$P_{85,i}$	100,0	104,2	107,0	110,7	115,1	119,2	122,4	124,5
$P_{95,i}$	90,3	94,1	96,7	100,0	104,0	107,7	110,6	112,5

Abb. 5.5.-2: Verknüpfte Indexzahlenreihen (Preisindex für die Lebenshaltung)

Jede der verknüpften Indexzahlenreihen ermöglicht auf einfache Weise die Bestimmung der relativen Preisveränderung aus einem Jahr zwischen 1992 und 1995 gegenüber einem Jahr zwischen 1985 und 1990.
So liegen zum Beispiel die Preise für die Lebenshaltung 1995 um durchschnittlich 19,5% über denen aus 1989.

$$\frac{P_{85,95}}{P_{85,89}} \cdot 100 = \frac{124,5}{104,2} \cdot 100 = 119,5 \quad \rightarrow \; +19,5\%$$

Dieses Ergebnis ist jedoch nur exakt, wenn der Warenkorb aus dem Jahr 1985 auch noch in den Jahren 1989, 1991 und 1995 gegolten hat. Die Prämisse der unveränderten Verbrauchsgewohnheiten erstreckt sich also noch zusätzlich auf eine Zeitspanne aus der neuen Indexzahlenreihe.

Problematisch bei der Verknüpfung ist die Übertragung der relativen Veränderung der einen Reihe auf die andere Reihe, da die Gewichtungsschemata unterschiedlich sind. So werden bei einer empirischen, nicht rechentechnischen Fortführung bzw. Rückrechnung einer Indexzahlenreihe in der Regel andere Werte als bei der Verknüpfung auftreten. Das Statistische Bundesamt z.B. hat den Preisindex für 1990 zur Basis 1991 nachträglich empirisch ermittelt. Der Index für das Jahr 1990 beträgt 96,5 gegenüber dem Wert 96,7 aus der rechentechnischen Verknüpfung.

5.6. Preisbereinigung

Die nominelle Veränderung einer Wertgröße (z.B. Umsatz, Auftragseingang, Materialverbrauch) ist auf die Veränderung der Preis- und/oder Mengenkomponente dieses Wertes zurückzuführen. Sehr oft besteht ein Interesse an der realen Veränderung einer Wertgröße, d.h. an der durch die Mengenkomponente bewirkten Veränderung, oder an der realen Wertgröße (z.B. realer Umsatz, reales Einkommen) selbst. Es ist also der Wert zu bestimmen, der sich bei Konstanz des Preises eingestellt hätte. Dazu ist aus dem nominellen Wert der Anteil herauszurechnen, der auf die Preisveränderung zurückzuführen ist. Es ist eine Preisbereinigung vorzunehmen, bei Preissteigerungen eine Deflationierung, bei Preissenkungen eine Inflationierung.

Definition: Preisbereinigung
Preisbereinigung ist die Eliminierung der inflationären oder deflationären Komponente aus einem nominellen Wert.

Die Bereinigung eines nominellen Wertes von der Preisveränderung erfolgt mit Hilfe eines entsprechenden Preisindex. Zur Ermittlung des realen Wertes ist der nominelle Wert durch den Preisindex zu dividieren.

$$\text{Realer Wert} = \frac{\text{nomineller Wert}}{\text{Preisindex}} \cdot 100 \qquad \text{(Formel 5.6.-1)}$$

Liegt der nominelle Wert in Form eines Umsatzindex vor, dann ergibt die Division des Umsatzindex durch den Preisindex den realen Umsatzindex, der einem Mengenindex entspricht.

$$\frac{\text{Umsatzindex}}{\text{Preisindex}} \cdot 100 = \text{Mengenindex} \qquad \text{(Formel 5.6.-2)}$$

Beispiel: In Abb. 5.6.-1 ist für den Zeitraum 1991 bis 1995 die Umsatzentwicklung (in TDM) eines Produzenten von Booten und Jachten sowie der Index für Erzeugerpreise für Boote und Jachten (Basis 1991) angegeben.

	1991	1992	1993	1994	1995
Umsatz (TDM)	4.800	5.520	5.760	5.800	5.950
$_L P_{91,i}$	100,0	105,8	108,0	106,2	108,0

Abb. 5.6.-1: Umsatzentwicklung und Preisindex für Boote und Jachten

Der Umsatz ist von 1991 bis 1995 nominell um 1.150 TDM bzw. 24,0% gestiegen. Von Interesse ist, welcher Umsatz sich 1995 ergeben und um wieviel Prozent sich der Umsatz im Betrachtungszeitraum verändert hätte, wenn die Preise seit 1991 nicht gestiegen wären. Der reale Umsatz 1995 zu Preisen von 1991 und die reale prozentuale Umsatzsteigerung von 1991 bis 1995 sind zu bestimmen.

Berechnung des realen Umsatzes 1995 zu Preisen von 1991 mit Formel 5.6.-1:

$$\text{Realer Umsatz 1995} = \frac{\text{nomineller Umsatz 1995}}{_L P_{91,95}} \cdot 100$$

$$= \frac{5.950}{108,0} \cdot 100 = 5.509,3 \text{ TDM}$$

Bei Konstanz der Preise seit 1991 hätte der Umsatz in 1995 nur TDM 5.509,3 betragen. Von der nominellen Umsatzsteigerung in Höhe von TDM 1.150 sind TDM 709,3 (5.509,3 - 4.800) bzw. 14,8% durch die mengenmäßige Mehrleistung und TDM 440,7 (1.150 - 709,3) durch die Preissteigerung bedingt.

Die folgende Überprüfung zeigt, daß die Berechnung nicht ganz einwandfrei ist, da die Gewichtungen im Zähler und Nenner nicht identisch sind.

$$\frac{\text{nomineller Umsatz 1995}}{_L P_{91,95}} \cdot 100 = \frac{\sum p_{95} \cdot q_{95}}{\frac{\sum p_{95} \cdot q_{91}}{\sum p_{91} \cdot q_{91}} \cdot 100} \cdot 100 \neq \sum p_{91} \cdot q_{95}$$

Eine Verwendung des allerdings in der Regel nicht bekannten Preisindex von Paasche mit dem Mengengerüst 1995 hätte zu einer exakten Rechnung geführt.

Bei der Berechnung eines realen Wertes ist darauf zu achten, daß Basiszeit und Berichtszeit des Preisindex dem Betrachtungszeitraum entsprechen. Bei der Bestimmung des realen Umsatzes 1995 zu Preisen von 1992 etwa hätte der über eine Umbasierung zu bestimmende Preisindex $P_{92,95}$ verwendet werden müssen.

Ist die reale prozentuale Umsatzentwicklung anhand von Indexzahlen zu ermitteln, so ist zunächst der Umsatzindex für 1995 zur Basis 1991 zu berechnen.

$$U_{91,95} = \frac{\text{Umsatz } 1995}{\text{Umsatz } 1991} \cdot 100 = \frac{5.950}{4.800} \cdot 100 = 124,0$$

Unter Anwendung der Formel 5.6.-2 ergibt sich:

$$\frac{U_{91,95}}{P_{91,95}} \cdot 100 = \frac{124,0}{108,0} \cdot 100 = 114,8 \quad \rightarrow \quad +14,8\%$$

Der Umsatz ist - wie oben schon auf andere Weise berechnet - von 1991 bis 1995 real, also durch die mengenmäßige Mehrleistung um 14,8% gestiegen.
Die Rechnung ist nicht ganz zielkonform, da als Gewichtungsschema für die Mengen die Preisstruktur aus 1995 anstatt aus 1991 verwendet wird, wie nachstehend aufgezeigt wird.

$$\frac{U_{91,95}}{P_{91,95}} \cdot 100 = \frac{\frac{\sum p_{95} \cdot q_{95}}{\sum p_{91} \cdot q_{91}} \cdot 100}{\frac{\sum p_{95} \cdot q_{91}}{\sum p_{91} \cdot q_{91}} \cdot 100} \cdot 100 = \frac{\sum q_{95} \cdot p_{95}}{\sum q_{91} \cdot p_{95}} \cdot 100$$

Bei der Berechnung des realen Umsatzindex bzw. Mengenindex ist darauf zu achten, daß Basis- und Berichtszeit sowohl des Preisindex als auch des nominellen Umsatzindex dem vorgegebenen Betrachtungszeitraum entsprechen.

5.7. Preisindizes für die Lebenshaltung

Preisindizes für die Lebenshaltung (Verbraucherpreisindizes) sollen beschreiben, in welchem Maße sich die Lebenshaltung der Haushalte aufgrund von Preisveränderungen verteuert oder verbilligt hat.

Wie alle Indizes der amtlichen Preisstatistik werden auch die Preisindizes für die Lebenshaltung nach der Formel von Laspeyres berechnet. Es wird also quasi angenommen, daß sich die Verbrauchsgewohnheiten über einen mehrjährigen Zeitraum nicht verändern.

Zur Erstellung des Wägungsschemas bzw. des Warenkorbes werden regelmäßig Haushaltsbefragungen durchgeführt. In dem derzeitig gültigen Warenkorb aus dem Basisjahr 1991 repräsentieren zirka 750 Waren und Dienstleistungen den Gesamtverbrauch. Die Preise dafür werden zu jeder Monatsmitte in 190 Berichtsgemeinden im gesamten Bundesgebiet erhoben.

Bei der Erneuerung des Warenkorbes für 1991 wurden 32 Güter (z.B. Spaghetti, Dia-Rahmen, helles Mischbrot, Mofa) ausgesondert und 25 Güter (z.B. Kiwi, Disketten, Körnerbrot, Integralhelm) neu aufgenommen. Auch die Gewichtungen wurden geändert. In Abb. 5.7.-1 sind für den Preisindex für die Lebenshaltung aller privaten Haushalte (früheres Bundesgebiet) einige Beispiele für die Gewichtung aus den Warenkörben der Basisjahre 1985 und 1991 aufgelistet.

Ware, Dienstleistung	Gewicht 1985 (%)	Gewicht 1991 (%)
Nahrungsmittel, Getränke, Tabak	23,0	22,5
darunter: Brot, Backwaren	1,7	1,8
Schuhe	1,2	1,1
Wohnungsmiete	17,8	19,2
Kraftfahrzeuge und Fahrräder	5,6	7,1

Abb. 5.7.-1: Gewichtungsbeispiele zum Preisindex für die Lebenshaltung aller privaten Haushalte (früheres Bundesgebiet)

Das Gewicht eines Gutes gibt an, welchen Anteil die Ausgaben für dieses Gut an den Ausgaben für alle Güter durchschnittlich haben. Die Wohnungsmiete z.B. hatte 1991 einen Anteil von durchschnittlich 19,2% an den gesamten Ausgaben.

Seit 1980 werden die Warenkörbe EU-einheitlich alle fünf Jahre erneuert. Wegen der Wiedervereinigung wurde in Deutschland erst 1991 statt 1990 der Warenkorb erneuert. Bis zur Einführung des neuen Warenkorbes vergehen drei bis vier Jahre.

Derzeit werden vom Statistischen Bundesamt insgesamt elf Preisindizes für die Lebenshaltung erstellt. Für das frühere Bundesgebiet und die neuen Länder werden jeweils vier Indizes berechnet. Davon umfaßt jeweils ein Index alle Haushalte, der sogenannte Preisindex für die Lebenshaltung für alle privaten Haushalte. Die anderen drei Indizes betreffen jeweils spezielle Haushaltstypen. Für das gesamte Bundesgebiet werden drei Preisindizes berechnet, wovon einer wieder alle Haushalte umfaßt. - Seit 1997 wird ein harmonisierter Verbraucherpreisindex geführt, um vergleichbare Inflationsraten in der Europäischen Union messen zu können.

Die Preisindizes für die Lebenshaltung sind von vielfacher und großer Bedeutung für die Wirtschaft. So sind sie als Gradmesser der Inflation von entscheidender Bedeutung für die Wirtschafts- und Währungspolitik, bei Tarifverhandlungen dienen sie als Orientierungsgröße, für Wertsicherungsklauseln werden sie bei Rechtsgeschäften mit laufenden Zahlungen (Betriebsrenten, Leibrenten, Miete, Pacht etc.) verwendet.

5.8. Kaufkraftparität

Mit Preisindizes können nicht nur intertemporale, sondern auch interregionale Preisniveauunterschiede ermittelt und beschrieben werden. Die Ermittlung erfolgt mit Hilfe des Preisindex nach Laspeyres, wobei die Basiszeit gegen die Basisregion und die Berichtszeit gegen die Berichtsregion ausgetauscht werden. Die Kaufkraft der Berichtsregion wird an der Kaufkraft der Basisregion gemessen. Regionen können Landkreise, Städte, Bundesländer oder Staaten sein. Typische Anwendungsbeispiele sind die Berechnung der Kaufkraft einer D-Mark für Urlaubsreisen in das Ausland und der Lebenshaltungskosten im Städtevergleich.

Die Berechnungsformel für den Kaufkraftvergleich der Basisregion A mit der Berichtsregion B lautet entsprechend der Formel 5.1.2.-2 von Laspeyres:

$$P_{A,B} = \frac{\Sigma\, p_B \cdot q_A}{\Sigma\, p_A \cdot q_A} \qquad\qquad \text{(Formel 5.8.-1)}$$

Beispiel: Frau Anglophil wurde zum letzten Quartalsbeginn von Regensburg nach London versetzt. Ihre Verbrauchsgewohnheiten lassen sich durch die - zur Vereinfachung nur - vier Güter A bis D repräsentativ darstellen. In nachstehender Tabelle sind die zugehörigen Mengen (Gewichte) sowie die Preise in Regensburg (in DM) und in London (in £) angegeben.

Gut	Menge	Preis	
		Regensburg	London
A	5	9,00	3,00
B	4	15,00	5,00
C	3	20,00	10,00
D	10	8,50	2,00

Für Frau Anglophil ist es von Interesse, ob sich ihre Lebenshaltung in London im Vergleich zu Regensburg verteuert oder verbilligt, wenn für sie der Wechselkurs (Valutaparität) $1 \pounds \mathrel{\hat{=}} 2,30$ DM beträgt.

Unter Anwendung der Formel 5.8.-1 ergibt sich:

$$P_{Regensburg, London} = \frac{\sum p_{London} \cdot q_{Regensburg}}{\sum p_{Regensburg} \cdot q_{Regensburg}}$$

$$= \frac{3 \cdot 5 + 5 \cdot 4 + 10 \cdot 3 + 2 \cdot 10}{9 \cdot 5 + 15 \cdot 4 + 20 \cdot 3 + 8,5 \cdot 10} = \frac{85}{250}$$

$$= 0,34 \; \frac{\pounds}{DM}$$

Die Kaufkraftparität beträgt: $1\,DM \mathrel{\hat{=}} 0,34 \pounds$ bzw. $1 \pounds \mathrel{\hat{=}} 2,94\,DM$.

Ausgaben für Güter in Regensburg in Höhe von DM 1 (2,94 DM) entsprechen in London Ausgaben in Höhe von durchschnittlich 0,34 £ (1 £). Oder anders ausgedrückt: Eine DM in Regensburg ist kaufgleich 0,34 £ in London.

Bei internationalen Vergleichen muß zur Feststellung, ob die Lebenshaltung teurer oder billiger ist, der Wechselkurs mit in die Rechnung einbezogen werden.

So kostet der Regensburger Warenkorb in London in DM ausgedrückt:

$$\sum p_{London} \cdot q_{Regensburg} \cdot 2,30 = 85 \cdot 2,30 = 195,50\,DM$$

Der Regensburger Warenkorb ist also in Regensburg mit DM 250 um 27,8% teurer als in London mit umgerechnet DM 195,50. Die Kaufkraft einer DM beträgt in London also 1,278 DM.

Anders erklärt: Frau Anglophil bezahlt beim Geldwechsel 2,30 DM für 1 £. Für 1 £ erhält sie in London Güter im Gegenwert von DM 2,94. Für DM 2,30 erhält sie einen Gegenwert von DM 2,94, sie erhält also 27,8% mehr.

Die Übertragung des Warenkorbes aus der Basisregion in die Berichtsregion ist nicht immer unproblematisch. Mit zunehmender Entfernung der Regionen wächst die Wahrscheinlichkeit, daß die heimischen Güter nicht erhältlich sind, die vergleichbaren Güter eine andere Qualität besitzen oder daß sich die Verbrauchsgewohnheiten denen der Berichtsregion anpassen. Letzteres Problem läßt sich durch ein entsprechendes Gestalten des Warenkorbes lösen.

5.9. Übungsaufgaben und Kontrollfragen

01) Beschreiben Sie die Aufgabe einer Indexzahl!

02) Wodurch unterscheiden sich Indexzahlen von Meßzahlen?

03) Erläutern Sie die Konzeptionen, die den Preisindizes nach Laspeyres und Paasche zugrunde liegen! Welche Vor- und Nachteile ergeben sich daraus?

04) Für die Güter A, B und C ist die Preis- und Mengenentwicklung für drei Jahre in nachstehender Tabelle angegeben:

Gut	Jahr 01		Jahr 02		Jahr 03	
	Preis	Menge	Preis	Menge	Preis	Menge
A	7,00	12	8,00	11	8,50	13
B	17,50	4	16,00	6	18,00	5
C	12,00	7	12,50	9	13,00	10

a) Berechnen und interpretieren Sie die Preis- und Mengenindizes nach Laspeyres zur Basis 01! (100,0, 104,0, 111,3; 100,0, 121,8, 125,4)

b) Berechnen und interpretieren Sie die Preis- und Mengenindizes nach Paasche zur Basis 01! (100,0, 102,2, 110,7; 100,0, 119,8, 124,7)

c) Berechnen Sie die Umsatzindizes zur Basis 01! (100,0, 124,6, 138,9)

d) Berechnen Sie anhand der unter a) berechneten Preisindizes die relative Preisveränderung von 02 nach 03! Unter welcher Prämisse ist Ihr Ergebnis richtig? (+ 7,0%)

e) Führen Sie für die Preisindexzahlenreihe aus a) eine Umbasierung auf das Jahr 02 durch! (96,2, 100,0, 107,0)

05) Der Index der tariflichen Wochenlöhne für Arbeiter in der gewerblichen Wirtschaft (Basisjahr 1985) betrug 1990 117,0 und 1994 139,5; der entsprechende Index für die Stundenlöhne betrug 1990 121,4 und 1994 148,2.

a) Um wieviel Prozent stiegen die Wochenlöhne von 1990 bis 1994? (19,2%)

b) Um wieviel Prozent stiegen die Stundenlöhne von 1990 bis 1994? (22,1%)

c) Berechnen Sie anhand der vorliegenden Indexzahlen die entsprechenden Indizes für die wöchentliche Arbeitszeit! (96,4, 94,1)

d) Um wieviel Prozent veränderte sich die wöchentliche Arbeitszeit von 1990 bis 1994? (-2,4%)

06) Die Entwicklung des Preisindex für die Lebenshaltung der Staaten A und B ist für die Jahre 01 bis 07 in nachstehender Tabelle angegeben:

Staat \ Jahr	01	02	03	04	05	06	07
A	140	149	158	168	177	187	196
B	80	86	93	100	114	117	124

a) In welchem der beiden Staaten hat sich die Lebenshaltung von 01 nach 07 stärker verteuert und um wieviel Prozent? (A +40%, B +55%; +37,5%)

b) In welchem der beiden Staaten hat sich die Lebenshaltung von 05 nach 07 stärker verteuert und um wieviel Prozent? (A +10,7%; B +8,8%; 21,6%)

c) Warum sind die Vergleiche unter a) und b) nicht ganz korrekt?

07) In nachstehender Tabelle finden Sie für 1990 bis 1995 die Umsatzentwicklung (in Mio DM) für einen Hersteller von Landmaschinen sowie den Index für Erzeugerpreise für Landmaschinen dargestellt:

Jahr	1990	1991	1992	1993	1994	1995
Umsatz (Mio DM)	240	250	280	310	340	360
$P_{85,i}$	121,4	127,2				
$P_{91,i}$		100,0	104,0	107,2	109,3	111,7

a) Um wieviel Prozent haben sich die Erzeugerpreise für Landmaschinen von 1990 bis 1995 verändert? (+ 17,1%)

b) Wie hoch ist der reale Umsatz in 1995 zu Preisen von 1991? (322,3)

c) Wie hoch ist der reale Umsatz in 1995 zu Preisen von 1990? (307,4)

d) Welcher Teil der nominellen Umsatzsteigerung von 1990 bis 1995 ist auf Preisveränderungen, welcher auf eine mengenmäßige Mehrleistung zurückzuführen? (52,6; 67,4)

e) Um wieviel Prozent hat sich der Umsatz von 1990 bis 1995 real verändert? (+ 28,1%)

f) Warum sind die unter a) bis e) durchgeführten Berechnungen theoretisch gesehen nicht ganz exakt?

08) Anhand eines stark vereinfachten Warenkorbes von vier Gütern ist ein Kaufkraftvergleich zwischen Deutschland und Frankreich vorzunehmen. Die Preise und Mengen der Güter sind nachstehend angegeben.

	Deutschland		Frankreich	
Gut	Preis	Menge	Preis	Menge
A	5	10	15	5
B	6	15	20	20
C	5	30	20	25
D	8	20	18	25

a) Berechnen Sie die Kaufkraftparität auf der Basis des deutschen Warenkorbes! (1 DM $\hat{=}$ 3,133 FF; 1 FF $\hat{=}$ 0,319 DM)

b) Berechnen Sie die Kaufkraftparität auf der Basis des französischen Warenkorbes! (1 DM $\hat{=}$ 3,032 FF; 1 FF $\hat{=}$ 0,33 DM)

c) Stellen Sie fest, ob sich für einen Franzosen die Lebenshaltung in Deutschland bei unveränderten Verbrauchsgewohnheiten verteuert oder verbilligt, wenn die Valutaparität 1 FF $\hat{=}$ 0,29 DM beträgt! Wie hoch ist die relative Kaufkraftveränderung? (- 12,1%)

09) Warum kann die Berechnung der Kaufkraftparität problematisch sein?

10) In der folgenden Tabelle ist der Preisindex für die Lebenshaltung aller privaten Haushalte (früheres Bundesgebiet) für den Zeitraum 1976 bis 1996 auszugsweise dargestellt:

Basisjahr \ Berichtsjahr	1976	1980	1985	1991	1996
1976	100,0	116,0			
1980		100,0	121,0		
1985			100,0	110,7	
1991				100,0	114,1

Berechnen Sie den Preisanstieg von 1976 bis 1996! (77,3%)

6. Zeitreihenanalyse

Betriebswirtschaftliche Größen oder Merkmale werden oft über einen längeren Zeitraum beobachtet. Die beobachteten Werte beschreiben dann die zeitliche Entwicklung der Größe oder des Merkmals.

> Definition: Zeitreihe
> Eine Zeitreihe ist eine zeitlich geordnete Folge von Merkmalswerten.

Man denke beispielsweise an die Entwicklung des Umsatzes, des Aktienkurses oder der Beschäftigtenzahl.

6.1. Aufgaben und Ziele

Wesentliche Aufgabe der Zeitreihenanalyse ist es, die Struktur und die Gesetzmäßigkeiten einer Zeitreihe herauszufinden.

Die Kenntnis der Struktur und der Gesetzmäßigkeiten einer Zeitreihe ist notwendig, um die Entwicklung einer Zeitreihe richtig einschätzen und beurteilen zu können. Dies gilt insbesondere für die jüngste Entwicklung der Zeitreihe. So kann z.B. aus einem Rückgang der Zahl der Arbeitslosen im letzten Quartal nicht unbedingt auf die Wende einer schwierigen Arbeitsmarktlage geschlossen werden. Der Rückgang kann saisonbedingt sein und eine sich in der Tendenz weiter verschlechternde Gesamtlage kurzfristig überdecken.

Die Kenntnis der Struktur und der Gesetzmäßigkeiten einer Zeitreihe ist insbesondere notwendig für eine qualifizierte Fortschreibung der Zeitreihe (Prognose).

Zum Auffinden der Struktur und der Gesetzmäßigkeiten einer Zeitreihe müssen die Einflußgrößen bzw. Komponenten, die auf die Zeitreihenwerte einwirken, identifiziert und in ihrem Zusammenwirken erkannt werden. Die statistische Zeitreihenanalyse beschränkt sich dabei allein auf die vorliegenden Zeitreihenwerte, weitere Informationen werden zunächst nicht eingeholt und verarbeitet. Die Analyse ist also rein technisch bzw. formal-mathematisch ausgerichtet.

6.2 Komponenten der Zeitreihe

In der Betriebswirtschaft werden als Einflußgrößen auf die Zeitreihe gewöhnlich die Komponenten Trend, periodische Schwankungen und die Restkomponente unterschieden.

6.2.1. Trend

Der Trend beschreibt die langfristige Grundrichtung einer Zeitreihe. Um ihn streuen die Zeitreihenwerte im Zeitablauf. Für den Trend sind dauerhaft wirksame Einflüsse verantwortlich, die sich i.d.R. nur sehr langsam verändern. Der Trend ist daher ein glatter Kurvenverlauf. In Abb. 6.2.1.-1 ist die Umsatzentwicklung für einen Zeitraum von acht Quartalen skizziert. Die Grundrichtung der Entwicklung wird durch den linearen Trend mit den Trend-Umsätzen beschrieben.

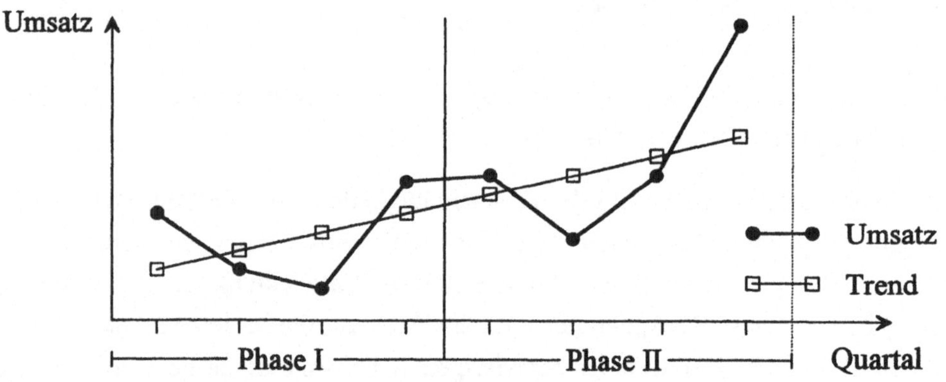

Abb. 6.2.1.-1: Umsatzentwicklung und linearer Trend

6.2.2. Periodische Schwankungen

Periodische oder zyklische Schwankungen sind regelmäßig wiederkehrende Schwankungen um den Trend. Die Schwankungen wiederholen sich regelmäßig von Phase (Periode) zu Phase. Das sich dabei ständig wiederholende Muster einer Schwankungsphase wird durch die Dauer der Phase, die Anzahl der Abschnitte der Phase und die Abweichungen vom Trend in den einzelnen Phasenabschnitten gekennzeichnet.

Eine Schwankungsphase kann eine Dauer von mehreren Jahren umfassen. Dafür ist in der Regel die Konjunktur als mittelfristig wirkende Einflußgröße verantwortlich. In jüngster Zeit fallen konjunkturelle Schwankungen jedoch zusehends unregelmäßiger aus. Die mehrjährigen Schwankungen und der Trend lassen sich bei relativ kurzen Zeitreihen nicht auseinanderhalten. Die beiden Komponenten werden daher meistens gemeinsam als sogenannte glatte Komponente erfaßt.

Witterungseinflüsse (z.B. Sommer, Winter) oder institutionelle Einflüsse (z.B. Betriebsferien, Schlußverkauf) sorgen für periodische Schwankungen mit einer Dauer von einem Jahr. Die Phasenabschnitte können dabei Halbjahre, Quartale oder Monate sein. - Im Beispiel unter 6.2.1. beträgt die Phasendauer ein Jahr mit vier Quartalen als Phasenabschnitte. Der senkrechten Linien zwischen den Rechtecken in Abb. 6.2.2.-1 drücken den Einfluß der periodischen Schwankung auf den Umsatz aus. Die schwarzen Rechtecke selbst zeigen auf, welcher Umsatz sich eingestellt hätte, wenn nur Trend und periodische Schwankung wirksam gewesen wären bzw. die Restkomponente nicht eingewirkt hätte.

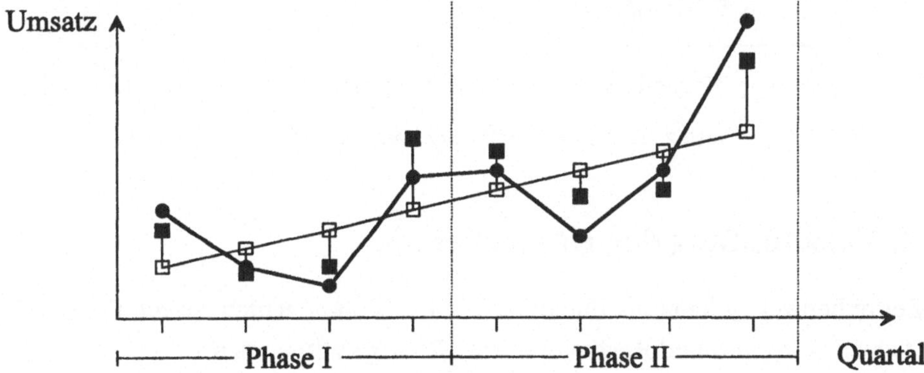

Abb. 6.2.2.-1: Umsatz, Trend und periodische Schwankungen

Erfolgt die Erhebung der Daten tagesweise oder stundenweise, können periodische Schwankungen mit einer Phasendauer von einer Woche bzw. einem Tag beobachtet werden.

6.2.3. Restkomponente

Neben den bisher beschriebenen Komponenten wirken weitere Größen auf die Zeitreihe ein. Es kann sich dabei um Größen handeln, die einmalig auf die

Zeitreihe einwirken (z.B. Streik, Zusatznachfrage aufgrund einer Werbeaktion), oder um meist unbekannte Größen, die wiederholt, aber unregelmäßig in ihrer Intensität und Richtung auf die Zeitreihe einwirken. In ihrer Wirkung sind die Größen meist von untergeordneter Bedeutung. Sie werden unter der sogenannten Restkomponente zusammengefaßt. Die senkrechten Linien zwischen den Punkten und den schwarzen Rechtecken in Abb. 6.2.3.-1 drücken den Einfluß der Restkomponente auf den Umsatz aus. Der Einfluß der Restkomponente führt zu einem Abweichen von dem Umsatz, der sich aufgrund des Trends und der periodischen Schwankung (schwarzes Rechteck) einstellen würde.

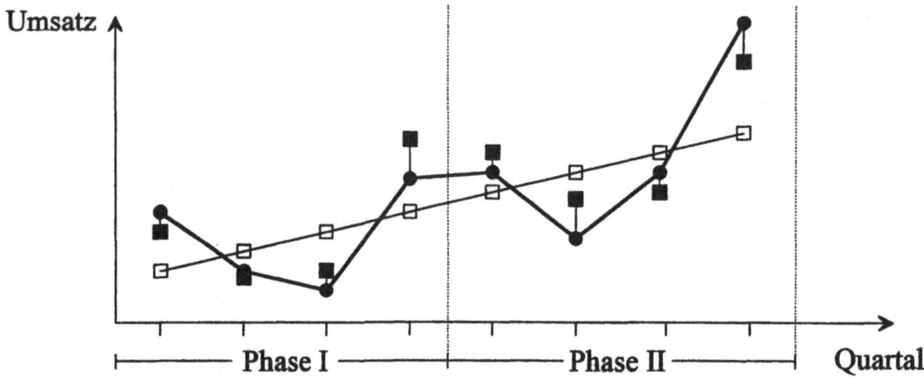

Abb. 6.2.3.-1: Umsatz, Trend, periodische Schwankung und Restkomponente

6.2.4. Verknüpfung der Komponenten

Ein Zeitreihenwert y kann als Funktion der drei Komponenten Trend T, periodische Schwankungen S und Restkomponente R aufgefaßt werden.

$$y_i = f(T_i, S_i, R_i)$$

Der funktionale Zusammenhang bzw. die Verknüpfung der Komponenten ist im Regelfall additiver oder multiplikativer Art.

Wirken die Komponenten unabhängig voneinander auf die Zeitreihe ein, so addieren sich die Einflüsse der Komponenten auf zum Zeitreihenwert. Es liegt eine additive Verknüpfung der Komponenten vor.

$$y_i = T_i + S_i + R_i \qquad (i = 1, ..., n)$$

Bei einer additiven Verknüpfung von Trend und periodischen Schwankungen ist z.B. in den I. Quartalen zum Trendwert stets ein konstanter Betrag (z.B. 200 ME, 50 TDM, - 3.000 hl) zu addieren.

Beeinflussen sich die Komponenten gegenseitig, so verstärken oder vermindern sich die Komponenten in ihrem Zusammenwirken auf den Zeitreihenwert. Es liegt eine multiplikative Verknüpfung der Komponenten vor.

$$y_i = T_i \cdot S_i \cdot R_i \qquad (i = 1, ..., n)$$

Bei einer multiplikativen Verknüpfung von Trend und periodischen Schwankungen ist z.B. in den I. Quartalen der Trendwert stets um einen bestimmten Prozentsatz (z.B. 10%, - 5%) zu verändern.

6.3. Methoden zur Trendermittlung

Um den Trend (Grundrichtung) einer Zeitreihe herauszuarbeiten, müssen die Schwankungen, die den Trend überlagern, eliminiert werden. Hierzu existieren verschiedene Methoden. Hier werden die Methode der gleitenden Durchschnitte und die Methode der kleinsten Quadrate beschrieben.

6.3.1. Methode der gleitenden Durchschnitte

Bei der Methode der gleitenden Durchschnitte werden die Schwankungen der Zeitreihe eliminiert, indem auf dem Wege der Durchschnittsbildung relativ hohe Werte und relativ niedrige Werte auf ein durchschnittliches Niveau abgesenkt bzw. angehoben werden. Auf diese Weise erfolgt die Glättung der Zeitreihe.

In einem einführenden Beispiel wird zunächst die Grundidee der Methode veranschaulicht. In den Zeiträumen X wurden die Zeitreihenwerte Y erhoben.

x_i	1	2	3	4	5	6	7
y_i	5	8	7	6	9	11	9
$\bar{y}_i$	-	6,67	7,00	7,33	8,67	9,67	-

Abb. 6.3.1.-1: Zeitreihenwerte und gleitende Durchschnitte

Für die Durchschnittsbildung kann ein z.B. drei Werte umfassender Zeitraum festgelegt werden. Die erste Durchschnittsbildung bzw. das arithmetische Mittel umfaßt dann die ersten drei der insgesamt sieben Zeitreihenwerte.

$$\boxed{5 \quad 8 \quad 7} \quad 6 \quad 9 \quad 11 \quad 9 \quad \rightarrow \quad \bar{y}_2 = \frac{5+8+7}{3} = 6{,}67$$

Der Durchschnitt 6,67 wird dem Zeitraum, der dem mittleren der drei Zeitreihenwerte entspricht, also dem mittleren Zeitraum 2 zugeordnet. Der Dreierblock gleitet um einen Zeitraum weiter für die nächste Durchschnittsbildung. Diese Prozedur wird so lange fortgeführt, bis der Dreierblock das Ende der Zeitreihe erreicht hat.

$$5 \quad \boxed{8 \quad 7 \quad 6} \quad 9 \quad 11 \quad 9 \quad \rightarrow \quad \bar{y}_3 = \frac{8+7+6}{3} = 7{,}00$$

$$5 \quad 8 \quad \boxed{7 \quad 6 \quad 9} \quad 11 \quad 9 \quad \rightarrow \quad \bar{y}_4 = \frac{7+6+9}{3} = 7{,}33$$

$$5 \quad 8 \quad 7 \quad \boxed{6 \quad 9 \quad 11} \quad 9 \quad \rightarrow \quad \bar{y}_5 = \frac{6+9+11}{3} = 8{,}67$$

$$5 \quad 8 \quad 7 \quad 6 \quad \boxed{9 \quad 11 \quad 9} \quad \rightarrow \quad \bar{y}_6 = \frac{9+11+9}{3} = 9{,}67$$

Die gleitenden Durchschnitte sind in Abb. 6.3.1.-1 den Zeitreihenwerten gegenübergestellt. Es ist deutlich zu erkennen, daß relativ hohe Werte abgesenkt und relativ niedrige Werte angehoben wurden. In Abb. 6.3.1.-2 wird dies zusätzlich graphisch veranschaulicht.

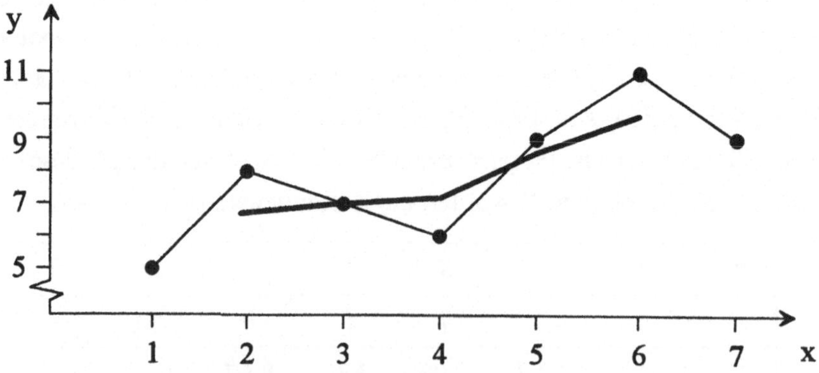

Abb. 6.3.1.-2: Zeitreihe und Trendlinie nach der Methode der gleitenden Durchschnitte

Die im einführenden Beispiel berechneten Durchschnitte werden als gleitende Durchschnitte 3. Ordnung bezeichnet, da in die Berechnung jeweils die Werte von drei Zeiträumen eingehen.

Allgemein: In die Berechnung des gleitenden Durchschnitts k-ter Ordnung gehen die Werte von k Zeiträumen ein.

Das folgende Beispiel dient der ausführlichen Beschreibung der Rechenprozedur und zeigt zugleich die Auswirkungen, die von der Festlegung der Ordnung k auf die Trendermittlung ausgehen.

Nachstehend ist die Umsatzentwicklung Y (in Mio DM) eines Unternehmens in den letzten 12 Jahren X wiedergegeben.

x_i	1	2	3	4	5	6	7	8	9	10	11	12
y_i	31	34	36	28	26	29	37	39	40	34	37	35

Es sind die gleitenden Durchschnitte 3., 4., 5. und 7. Ordnung zu berechnen. Für die Beschreibung ist es sinnvoll, in ungerade und gerade Ordnungen zu unterscheiden.

a) ungerade Ordnung

Bei gleitenden Durchschnitten ungerader Ordnung gehen die Werte einer ungeraden Anzahl von Zeiträumen in die Durchschnittsbildung ein.

1) k = 3

Die Vorgehensweise für die 3. Ordnung ist im einführenden Beispiel bereits beschrieben. Die Berechnungen für die ersten drei gleitenden Durchschnitte lauten:

$$\bar{y}_2 = \frac{31 + 34 + 36}{3} = 33,67$$

$$\bar{y}_3 = \frac{34 + 36 + 28}{3} = 32,67$$

$$\bar{y}_4 = \frac{36 + 28 + 26}{3} = 30,00$$

2) k = 5

Die Vorgehensweise für die 5. Ordnung ist analog jener für die 3. Ordnung. Der Durchschnitt wird jetzt aus fünf anstatt drei Zeitreihenwerten gebildet. Der Durchschnitt wird dem Zeitraum, der dem mittleren der fünf Zeitreihenwerte entspricht, zugeordnet. Der Fünferblock gleitet um einen Zeitraum weiter für die nächste Durchschnittsbildung. Diese Prozedur wird so lange fortgeführt, bis der Fünferblock das Ende der Zeitreihe erreicht hat.

$$\boxed{31 \quad 34 \quad 36 \quad 28 \quad 26} \quad 29 \quad 37 \quad ....$$

$$\rightarrow \bar{y}_3 = \frac{31 + 34 + 36 + 28 + 26}{5} = 31,00$$

$$31 \quad \boxed{34 \quad 36 \quad 28 \quad 26 \quad 29} \quad 37 \quad ....$$

$$\rightarrow \bar{y}_4 = \frac{34 + 36 + 28 + 26 + 29}{5} = 30,60$$

$$31 \quad 34 \quad \boxed{36 \quad 28 \quad 26 \quad 29 \quad 37} \quad ....$$

$$\rightarrow \bar{y}_5 = \frac{36 + 28 + 26 + 29 + 37}{5} = 31,20$$

3) k = 7

Die Vorgehensweise für die 7. Ordnung ist analog jener für die 3. und 5. Ordnung. Der Durchschnitt wird jetzt aus sieben Zeitreihenwerten gebildet.

$$\bar{y}_4 = \frac{31 + 34 + 36 + 28 + 26 + 29 + 37}{7} = 31,57$$

$$\bar{y}_5 = \frac{34 + 36 + 28 + 26 + 29 + 37 + 39}{7} = 32,71$$

$$\bar{y}_6 = \frac{36 + 28 + 26 + 29 + 37 + 39 + 40}{7} = 33,57$$

Der Berechnungsaufwand zur Bestimmung des nächsten gleitenden Durchschnitts wird verringert, wenn zum vorigen gleitenden Durchschnitt der k-te Teil der Differenz aus neu hinzukommendem und wegfallendem Wert addiert wird.

$$\bar{y}_7 = \bar{y}_6 + \frac{-36 \qquad\qquad\qquad +34}{7}$$

$$= 33,57 + (-0,29) = 33,28$$

Die vollständigen Ergebnisse sind in Abb. 6.3.1.-4 angegeben.

b) gerade Ordnung

In die Berechnung des gleitenden Durchschnitts gerader Ordnung gehen die Werte einer geraden Anzahl von Zeiträumen ein. Werden dazu k Zeitreihenwerte herangezogen, dann existiert kein mittlerer Zeitraum oder Zeitpunkt, dem der

Durchschnitt zugeordnet werden kann. Dieses Problem und die Problemlösung werden anhand des gleitenden Durchschnitts 4. Ordnung aufgezeigt:

Der Durchschnitt der ersten vier Zeitreihenwerte beträgt:

$$\bar{y} = \frac{31 + 34 + 36 + 28}{4} = 32,25$$

Die Zuordnung entfällt nicht auf die Mitte eines Jahres, sondern auf das Ende des zweiten bzw. auf den Anfang des dritten Jahres. Um die Zuordnung auf die Mitte eines Jahres zu ermöglichen, muß der Viererblock bzw. Vierjahres-Zeitraum um ein halbes Jahr verschoben werden. In Abb. 6.3.1.-3 wird dies verdeutlicht:

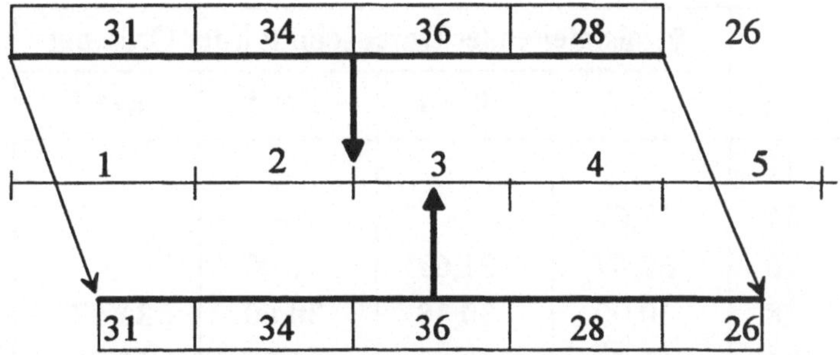

Abb. 6.3.1.-3: Verschiebung des Vierjahres-Zeitraumes zum Auffinden einer Mitte

Der verschobene Zeitraum umfaßt die Jahre 2, 3 und 4 voll und damit auch voll ihre Umsätze, die Jahre 1 und 5 werden nur zur Hälfte erfaßt und damit auch nur die Hälfte ihrer Umsätze. Die Mitte dieses Zeitraumes ist das dritte Jahr, dem der noch zu bildende Durchschnitt zuzuordnen ist. Für den gleitenden Durchschnitt 4. Ordnung (k = 4) sind also 5 Zeitreihenwerte (k + 1 = 4 + 1 = 5) für die Durchschnittsbildung heranzuziehen, wobei die beiden äußeren Werte nur zur Hälfte in die Rechnung eingehen.

$$\bar{y}_3 = \frac{0,5\cdot31 + 34 + 36 + 28 + 0,5\cdot26}{4} = 31,63$$

$$\bar{y}_4 = \frac{0,5\cdot34 + 36 + 28 + 26 + 0,5\cdot29}{4} = 30,38$$

$$\bar{y}_5 = \frac{0,5\cdot36 + 28 + 26 + 29 + 0,5\cdot37}{4} = 29,88$$

Auch hier wird der Berechnungsaufwand zur Bestimmung des nächsten gleitenden Durchschnitts verringert, wenn der k-te Teil der Differenz aus den beiden neu hinzukommenden Werteteilen und den beiden wegfallenden Werteteilen zum vorangehenden gleitenden Durchschnitt addiert wird.

$$\bar{y}_6 = \bar{y}_5 + \frac{-0,5\cdot36 - 0,5\cdot28 + 0,5\cdot37 + 0,5\cdot39}{4}$$

$$= 29,88 + 1,50 = 31,38$$

In Abb. 6.3.1.-4 sind die gleitenden Durchschnitte 4. Ordnung vollständig angegeben.

x_i	y_i	$\bar{y}_i$ als gleitender Durchschnitt k-ter Ordnung			
		k = 3	k = 4	k = 5	k = 7
1	31	-	-	-	-
2	34	33,67	-	-	-
3	36	32,67	31,63	31,00	-
4	28	30,00	30,38	30,60	31,57
5	26	27,67	29,88	31,20	32,71
6	29	30,67	31,38	31,80	33,57
7	37	35,00	34,50	34,20	33,29
8	39	38,67	36,88	35,80	34,57
9	40	37,67	37,50	37,40	35,86
10	34	37,00	37,00	37,00	-
11	37	35,33	-	-	-
12	35	-	-	-	-

Abb. 6.3.1.-4: Zeitreihe und Trendwerte nach der Methode der gleitenden
Durchschnitte für k = 3, 4, 5 und 7

Die Ergebnisse in Abb. 6.3.1.-4 zeigen, daß sich für die Trendlinie mit zunehmender Ordnung k zwei gegenläufige Entwicklungen ergeben. Einerseits wird die Trendlinie zusehends kürzer und deckt den Beobachtungszeitraum immer weniger ab. Andererseits fällt die Glättung tendenziell immer besser aus; die Schwankungen werden zusehends eliminiert, da mehr Zeitreihenwerte in die Durchschnittsbildung eingehen. Bei der Suche nach einer geeigneten Ordnung k ist ein Kompromiß zwischen diesen beiden gegenläufigen Entwicklungen zu suchen.

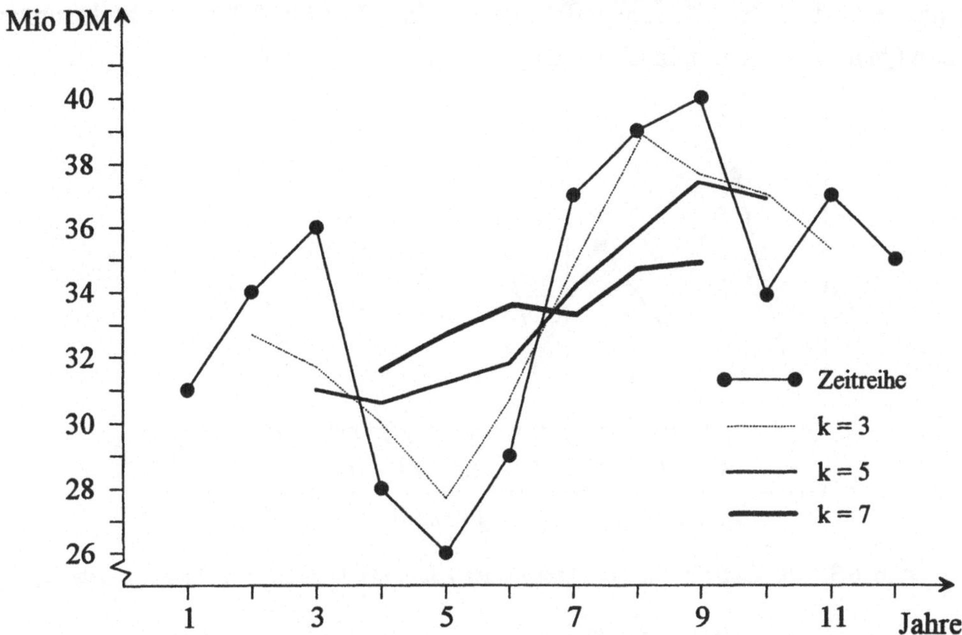

Abb. 6.3.1.-5: Zeitreihe und Trendlinien nach der Methode der gleitenden
Durchschnitte für k = 3, 5 und 7

In Abb. 6.3.1.-5 sind die gegenläufigen Tendenzen anhand der Trendlinien nach der Methode der gleitenden Durchschnitte für die 3., 5. und 7. Ordnung graphisch veranschaulicht.

Liegen periodische Schwankungen vor, so ist die Suche nach der geeigneten Ordnung auf die ganzen Vielfachen der Anzahl der Phasenabschnitte zu beschränken. Bei periodischen Schwankungen führen diese Ordnungen in der Regel zu besseren Glättungen, da jeder Phasenabschnitt gleich oft in die Durchschnittsbildung eingeht. Diese Gleichgewichtung der Abschnitte führt zur besten Nivellierung. In der nachstehenden Übersicht sind einige ausgewählte Beispiele aufgeführt:

Phasendauer	Phasenabschnitt	Alternativen für k
1 Jahr	Halbjahr	2, 4, 6, 8, 10, ...
1 Jahr	Quartal	4, 8 ,12, 16, ...
1 Jahr	Monat	12, 24, 36, 48, ...
1 Woche	Tag	7, 14, 21, 28, ...
1 Tag	Stunde	24, 48, 72, ...

Am Beispiel einer einjährigen Phasendauer mit vier Quartalen als Phasenabschnitte wird der Nivellierungseffekt kurz erklärt. In Abb. 6.3.1.-6 sind die ersten neun Quartalswerte graphisch wiedergegeben.

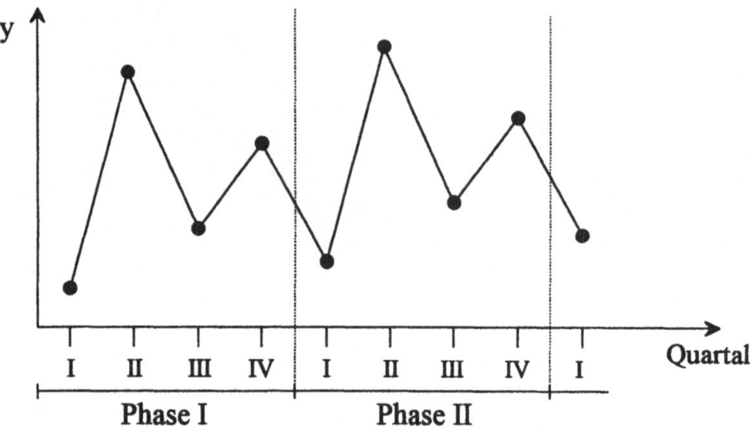

Abb. 6.3.1.-6: Zeitreihe mit der Phasendauer 1 Jahr und Quartalen als Phasenabschnitte

Die Ermittlung des gleitenden Durchschnitts 5. Ordnung z.B. würde zu einem unruhigen Trendverlauf führen, da beim Gleiten von Quartal zu Quartal ein relativ niedriger Wert oft durch einen relativ hohen Wert ausgetauscht wird und umgekehrt. So werden für die erste Durchschnittsberechnung die ersten fünf Quartalswerte erfaßt; das I. Quartal wird dabei zweimal, die Quartale II, III und IV werden nur einmal berücksichtigt. Die beiden umsatzschwachen I. Quartale ziehen den Durchschnitt und damit die Trendlinie nach unten. Bei der zweiten Durchschnittsberechnung werden die Quartalswerte 2 bis 6 erfaßt; das II. Quartal wird dabei zweimal, die Quartale III, IV und I werden nur einmal berücksichtigt. Die beiden umsatzstarken II. Quartale ziehen den Durchschnitt und damit die Trendlinie stark nach oben. Der Austausch des umsatzschwachen Quartals I durch das umsatzstarke Quartal II führt zu einem unruhigen Trendverlauf. Diese Unruhe wird vermieden, wenn ein Austausch von Werten gleicher Quartale erfolgt. Genau dies ist im Beispiel bei der 4. Ordnung der Fall. So werden für die erste Durchschnittsberechnung die Quartale I, II, III und IV berücksichtigt. Das gleiche gilt für die nächste Durchschnittsberechnung; es erfolgt also ein Austausch von gleichen Phasenabschnitten. Diese stets ausgewogene "Mischung" aus umsatzstarken und umsatzschwachen Quartalen sorgt für eine gute Nivellierung.

6.3.2. Methode der kleinsten Quadrate

Bei der Methode der kleinsten Quadrate (exakter: Quadratesumme) werden die Schwankungen eliminiert, indem - zunächst stark vereinfacht gesagt - eine Funktion ermittelt wird, die glatt bzw. frei von Schwankungen durch die Zeitreihenwerte verläuft und den Trend widerspiegelt. In Abb. 6.3.2.-1 ist dies graphisch veranschaulicht.

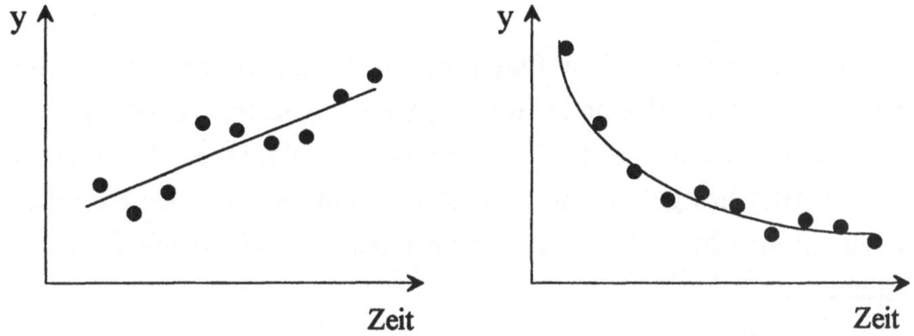

Abb. 6.3.2.-1: Wiedergabe des Trends durch "glatte" Funktionen

Die Trendermittlung mit Hilfe der kleinsten Quadrate erfolgt prinzipiell in drei Schritten:

Schritt 1: Der Statistiker muß den Trendverlauf aus der graphischen Darstellung der Zeitreihenentwicklung erkennen.

Schritt 2: Festlegung des mathematischen Funktionstyps (z.B. Exponentialfunktion, Funktion 1. Grades), der den erkannten Trend wiedergibt.

Schritt 3: Numerische Bestimmung der Parameter für den festgelegten Funktionstyp.

Die numerische Bestimmung der Parameter in Schritt 3 hat so zu erfolgen, daß die Funktion den Trend bzw. die Grundrichtung möglichst gut wiedergibt. Die Funktion muß eine Art Mittellinie für die Zeitreihenwerte bilden.

Bei einer Funktion, die diesen Anspruch erfüllt, müssen die Entfernungen der Zeitreihenwerte von den ihnen jeweils entsprechenden Trendwerten möglichst gering bzw. die Streuung der Zeitreihenwerte um die Trendlinie möglichst klein sein. Die Parameter des Funktionstyps sind folglich so festzulegen, daß die Streuung, d.h. die senkrechte Entfernung zwischen Zeitreihenwert und entsprechendem Trendwert, minimal ist.

Es stellt sich folgende Minimierungsaufgabe:

$$\text{Minimiere!} \quad \rightarrow \quad \sum_{i=1}^{n} (y_i - \hat{y}_i)$$

mit

y_i = Zeitreihenwert zum Zeitpunkt/raum i

$\hat{y}_i$ = Trendwert zum Zeitpunkt/raum i   (Leseweise: y-Dach)

Wird die Summe der einfachen Entfernungen als Kriterium für die Güte der Trendwiedergabe verwendet, so kann es für einen Funktionstyp mehrere Parameterkonstellationen geben, die die Streuung zwar minimieren, aber nicht immer sinnvoll sind. Gleiches gilt, wenn die absoluten Entfernungen als Kriterium verwendet werden. In Abb. 6.3.2.-2 ist dies für lineare Trendverläufe graphisch veranschaulicht.

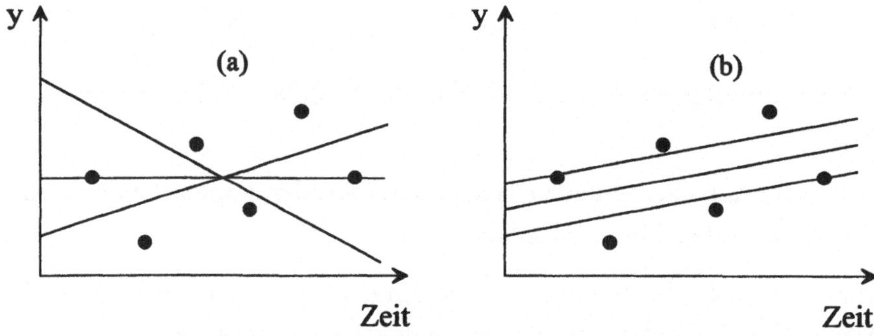

Abb. 6.3.2.-2: Trendlinien mit minimalen einfachen (a) und minimalen absoluten (b) Entfernungen zwischen Zeitreihenwert und Trendwert

Ein Kriterium, das zu einer eindeutigen und sinnvollen Lösung führt, ist das Kriterium der kleinsten Quadrate. Danach ist diejenige Trendlinie optimal, bei der die Summe der quadrierten Entfernungen von Zeitreihenwert und Trendwert minimal ist. Bei diesem Vorgehen ist zugleich die Summe der einfachen und absoluten Entfernungen minimal.

Es stellt sich also folgende Minimierungsaufgabe:

$$\text{Minimiere!} \quad \rightarrow \quad \sum_{i=1}^{n} (y_i - \hat{y}_i)^2 \qquad\qquad \text{(Ausdruck } 6.3.2.\text{-1)}$$

In Abb. 6.3.2.-3 ist diese Aufgabe graphisch veranschaulicht:

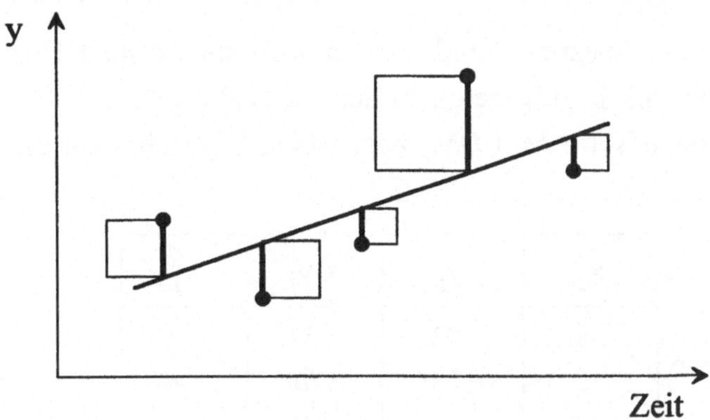

Abb. 6.3.2.-3:   Trendlinie mit quadrierten Entfernungen zwischen
Zeitreihenwert und Trendwert

Die Bestimmung der optimalen Trendfunktion wird für den linearen und nichtlinearen Trendverlauf aufgezeigt.

6.3.2.1. Linearer Trendverlauf

Der Funktionstyp für die Trendgerade

$$\hat{y} = a + bx$$

ist in den Ausdruck 6.3.2.-1 einzusetzen. Es ergibt sich:

$$\text{Minimiere!} \rightarrow \sum_{i=1}^{n} (y_i - a - bx_i)^2 \qquad\qquad (\text{Ausdruck} \quad 6.3.2.1.\text{-}1)$$

Zur Bestimmung der beiden optimalen Parameter a und b sind folgende Operationen durchzuführen:

- Partielles Ableiten des Ausdrucks 6.3.2.1.-1 nach a und nach b.

- Nullsetzen der beiden partiellen Ableitungen.

- Auflösen der beiden Gleichungen nach a und b.

Die optimale Trendgerade lautet dann:

$$\hat{y} = a + bx$$

mit

$$a = \bar{y} - b\bar{x} \qquad\qquad\qquad (\text{Formel} \quad 6.3.2.1.\text{-}1a)$$

$$b = \frac{\sum x_i y_i - n\overline{x}\overline{y}}{\sum x_i^2 - n\overline{x}^2} \qquad \text{(Formel 6.3.2.1.-1b)}$$

Die Bestimmung der linearen Trendfunktion wird am Beispiel Umsatzentwicklung aus Abschnitt 6.3.1. aufgezeigt. In der nachstehenden Tabelle sind für die Jahre X die Umsätze Y (in Mio DM) angegeben, zugleich dient die Tabelle als Arbeitstabelle.

x_i	y_i	$x_i y_i$	x_i^2
1	31	31	1
2	34	68	4
3	36	108	9
4	28	112	16
5	26	130	25
6	29	174	36
7	37	259	49
8	39	312	64
9	40	360	81
10	34	340	100
11	37	407	121
12	35	420	144
78	406	2.721	650

Zur Berechnung der Parameter a und b werden nach Formel 6.3.2.1.-1a/b folgende Werte benötigt:

$$\overline{x} = \frac{\sum x_i}{n} = \frac{78}{12} = 6,50; \qquad\qquad \overline{y} = \frac{\sum y_i}{n} = \frac{406}{12} = 33,83;$$

$$\sum x_i y_i = 2.721 \text{ (Spalte 3)}; \qquad\qquad n\overline{x}\overline{y} = 12 \cdot 6,5 \cdot 33,83 = 2.639;$$

$$\sum x_i^2 = 650 \text{ (Spalte 4)}; \qquad\qquad n\overline{x}^2 = 12 \cdot 6,5 \cdot 6,5 = 507.$$

Berechnung des Steigungsmaßes b:

$$b = \frac{\sum x_i y_i - n\overline{x}\overline{y}}{\sum x_i^2 - n\overline{x}^2} = \frac{2.721 - 2.639}{650 - 507} = \frac{82}{143} = 0,57$$

Berechnung des Schnittpunktes mit der Ordinate a:

$$a = \bar{y} - b\bar{x} = 33,83 - 0,57 \cdot 6,5 = 30,13$$

Damit lautet die Trendgerade:

$$\hat{y} = 0,57x + 30,13$$

In Abb. 6.3.2.1.-1 sind Zeitreihe und Trend graphisch wiedergegeben:

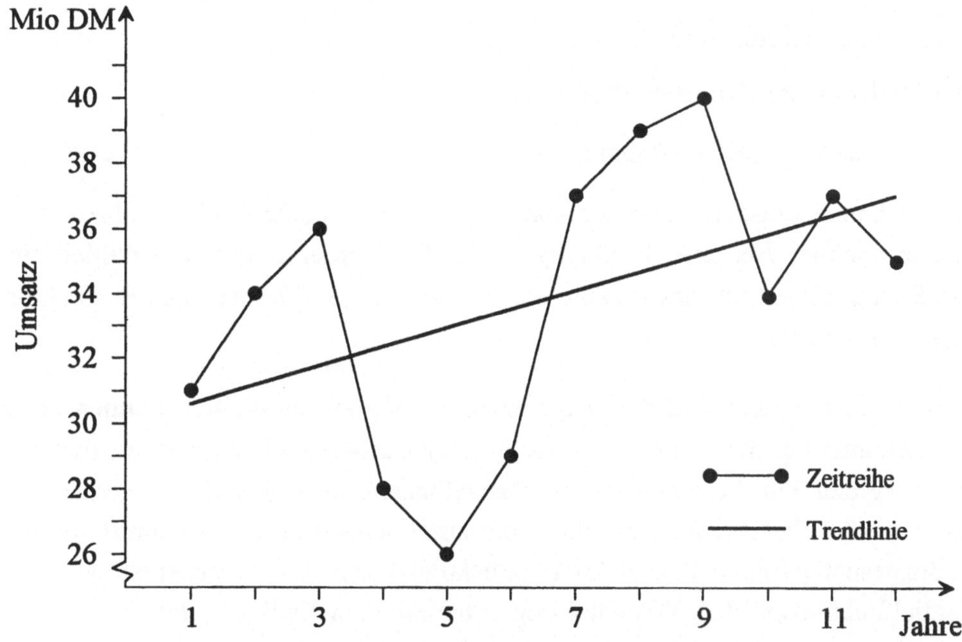

Abb. 6.3.2.1.-1: Zeitreihe und Trendlinie nach der Methode der kleinsten Quadrate

Es gibt Zeitreihen mit nichtlinearen Trendverläufen, für die kein Funktionstyp gefunden werden kann oder die nur durch einen Funktionstyp wiedergegeben werden können, der nicht "glatt" verläuft wie zum Beispiel eine Funktion vierten oder höheren Grades. Diese Zeitreihen können häufig derart in Abschnitte (Segmente) zerlegt werden, daß sich abschnittsweise lineare Trendverläufe ergeben. Für diese einzelnen Abschnitte ist dann jeweils die Methode der kleinsten Quadrate anzuwenden. Insofern kommt der Methode der kleinsten Quadrate für lineare Trendverläufe eine zusätzliche Bedeutung zu.

6.3.2.2. Nichtlineare Trendverläufe

Die Bestimmung von nichtlinearen Trendfunktionen erfolgt analog der Bestimmung von linearen Trendfunktionen. Im folgenden wird dies für die Exponentialfunktion, die Potenzfunktion und die logistische Funktion aufgezeigt. - Vor der Berechnung einer Trendfunktion ist die Zeitreihenentwicklung i.d.R. stets graphisch darzustellen, um erkennen zu können, durch welchen Funktionstyp die Entwicklung wiedergegeben werden kann.

a) Exponentialfunktion

Der Verlauf einer Exponentialfunktion

$$\hat{y} = ab^x \qquad (\text{mit } a > 0 \text{ und } b > 0)$$

ist durch eine konstante Rate der Abnahme ($0 < b < 1$) oder des Zuwachses ($b > 1$) gekennzeichnet. Bei einer Erhöhung der Größe x um eine Einheit verändert sich der Funktionswert auf das b-fache des letzten Wertes, d.h. die relative Veränderung ist konstant.

Zeitreihen, die einen (nahezu) exponentiellen Verlauf aufweisen, können durch Logarithmierung der Zeitreihenwerte y in eine (nahezu) lineare Form transformiert werden. Für diese linearisierte Darstellungsform wird die Trendgerade, wie unter 6.3.2.1. beschrieben, ermittelt und anschließend durch Delogarithmierung in die gesuchte Exponentialfunktion zurücktransformiert. - Zunächst ist die Exponentialfunktion auf dem Wege der Logarithmierung in die lineare Form

$$\ln \hat{y} = \ln a + x \cdot \ln b$$

zu transformieren.

Beispiel: Arbeitsunfälle

In einem Unternehmen konnte durch unfallverhütende Maßnahmen in den letzten sechs Jahren die Zahl der Arbeitsunfälle drastisch reduziert werden. In der nachstehenden Tabelle sind für die letzten sechs Jahre die Arbeitsunfälle zahlenmäßig angegeben.

Jahr x_i	1	2	3	4	5	6
Unfälle y_i	980	650	380	260	145	100

In Abb. 6.3.2.2.-1 sind die Unfallentwicklung und die Exponentialfunktion, die den zu ermittelnden Trend wiedergibt, dargestellt.

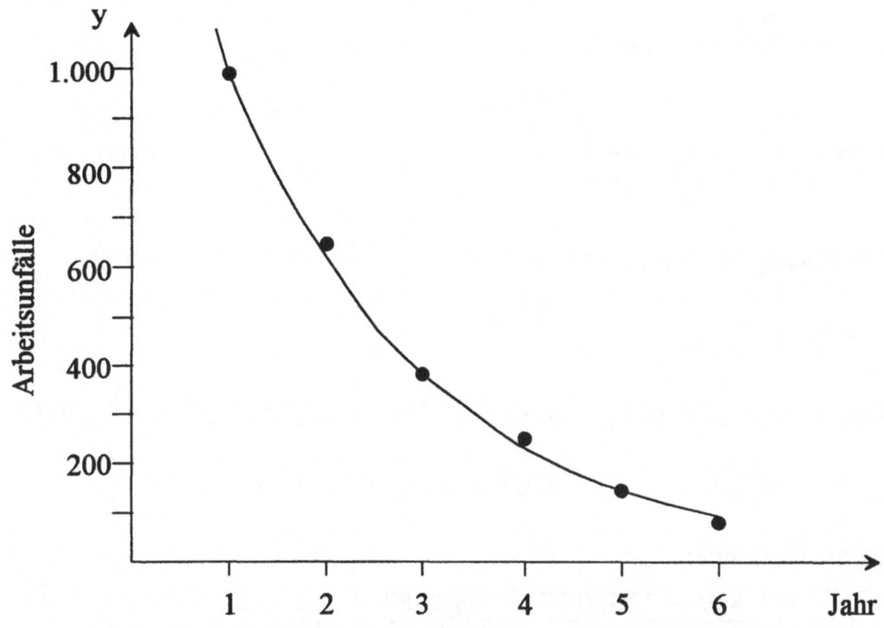

Abb. 6.3.2.2.-1: Zeitreihenwerte und Exponentialfunktion als Trendfunktion

Die Unfallzahlen nehmen exponentiell ab. Sie sinken von Jahr zu Jahr jeweils auf das zirka 0,6-fache des Vorjahreswertes.

x_i	y_i	$\ln y_i$	$x_i \cdot \ln y_i$	x_i^2
1	980	6,8876	6,8876	1
2	650	6,4770	12,9540	4
3	380	5,9402	17,8206	9
4	260	5,5607	22,2428	16
5	145	4,9767	24,8835	25
6	100	4,4999	26,9994	36
21		34,3421	111,8790	91

Der exponentielle Verlauf der Zahl der Arbeitsunfälle (Spalte 2) kann durch Logarithmierung (Spalte 3) in eine nahezu lineare Form gebracht werden; der logarithmierte Wert wird von Jahr zu Jahr jeweils um zirka 0,5 kleiner. Es ist für die

Wertepaare (x, ln y) die Trendgerade zu bestimmen. Die Formel 6.3.2.1.-1a/b zur Bestimmung der beiden Parameter a und b ist entsprechend umzuformen:

$$\ln a = \frac{\sum \ln y_i}{n} - \ln b \cdot \bar{x} \qquad \text{(Formel 6.3.2.2.-1a)}$$

$$\ln b = \frac{\sum x_i \cdot \ln y_i - n \cdot \bar{x} \cdot \dfrac{\sum \ln y_i}{n}}{x_i^2 - n\bar{x}^2} \qquad \text{(Formel 6.3.2.2.-1b)}$$

Zur Berechnung der Parameter a und b werden folgende Werte benötigt:

$$\bar{x} = \frac{21}{6} = 3,5; \qquad \frac{\sum \ln y_i}{n} = \frac{34,3421}{6} = 5,7237;$$

$$\sum x_i \cdot \ln y_i = 111,879; \qquad n \cdot \bar{x} \cdot \frac{\sum \ln y_i}{n} = 6 \cdot 3,5 \cdot 5,7237 = 120,1977;$$

$$\sum x_i^2 = 91; \qquad n \cdot \bar{x}^2 = 6 \cdot 3,5^2 = 73,5$$

Damit errechnen sich:

$$\ln b = \frac{111,879 - 120,1977}{91 - 73,5} = \frac{-8,3187}{17,5} = -0,4754$$

$$\ln a = 5,7237 - (-0,4754) \cdot 3,5 = 7,3876$$

Da die Werte a und b in logarithmierter Form vorliegen, müssen sie für die Darstellung in der exponentiellen Form delogarithmiert werden:

$$b = 0,6216; \quad a = 1.615,82$$

Damit lautet die Trendfunktion:

$$\hat{y} = 1.615,82 \cdot 0,6216^x$$

b) Potenzfunktion

Die Potenzfunktion

$$\hat{y} = ax^b \qquad \text{(mit } a > 0\text{)}$$

ist durch einen progressiven Anstieg (b>1), einen degressiven Anstieg (0<b<1) oder ein degressives Abnehmen (b<0) gekennzeichnet. Bei einer Erhöhung der unabhängigen Größe x um eine Einheit auf x+1 verändert sich der Funktionswert auf das $(\frac{x+1}{x})^b$-fache des letzten Wertes.

Die Potenzfunktion wird durch Logarithmierung in die lineare Form

$$\ln \hat{y} = \ln a + b \cdot \ln x$$

transformiert.

Beispiel: Beschäftigungsentwicklung

In einem Unternehmen ist die Zahl der Beschäftigten (Merkmal Y) in den letzten sechs Jahren (Merkmal X) stark angestiegen. Die Entwicklung ist in der nachstehenden Tabelle angegeben; zugleich dient die Tabelle als Arbeitstabelle.

x_i	y_i	$\ln x_i$	$\ln y_i$	$\ln x_i \cdot \ln y_i$	$(\ln x_i)^2$
1	205	0,0000	5,3230	0,0000	0,0000
2	230	0,6931	5,4381	3,7691	0,4804
3	245	1,0986	5,5013	6,0437	1,2069
4	252	1,3863	5,5294	7,6654	1,9218
5	270	1,6094	5,5984	9,0101	2,5902
6	285	1,7918	5,6525	10,1282	3,2105
		6,5792	33,0427	36,6165	9,4098

In Abb. 6.3.2.2.-2 sind die Beschäftigungsentwicklung und die Potenzfunktion, die den zu ermittelnden Trend wiedergibt, dargestellt. Durch Logarithmierung der Werte x (Spalte 3) und y (Spalte 4) wird die Zeitreihe in eine nahezu lineare Darstellungsform gebracht, wie der Abb. 6.3.2.2.-3 zu entnehmen ist.

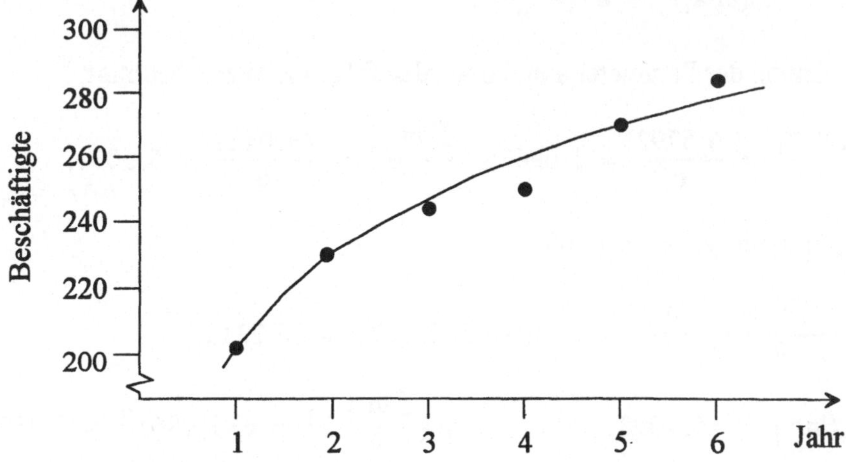

Abb. 6.3.2.2.-2: Zeitreihe und Potenzfunktion als Trendfunktion

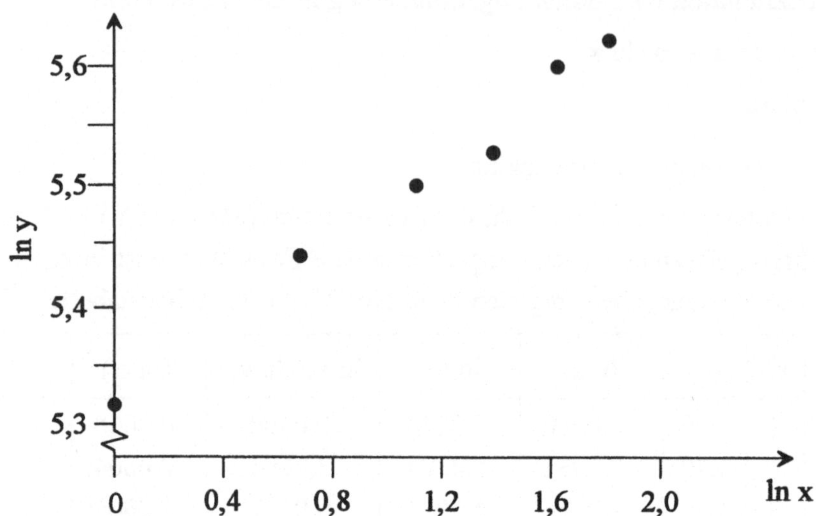

Abb. 6.3.2.2.-3: Logarithmische Darstellung der Beschäftigungsentwicklung

Es darf daher für die Wertepaare (ln x, ln y) die Trendgerade bestimmt werden. Die Formel 6.3.2.1.-1a/b zur Bestimmung der beiden Parameter a und b ist entsprechend umzuformen:

$$\ln a = \frac{\sum \ln y_i}{n} - b \cdot \frac{\sum \ln x_i}{n} \qquad \text{(Formel 6.3.2.2.-2a)}$$

$$b = \frac{\sum \ln x_i \cdot \ln y_i - n \cdot \dfrac{\sum \ln x_i}{n} \cdot \dfrac{\sum \ln y_i}{n}}{\sum (\ln x_i)^2 - n \cdot \left(\dfrac{\sum \ln x_i}{n}\right)^2} \qquad \text{(Formel 6.3.2.2.-2b)}$$

Zur Berechnung der Parameter a und b werden folgende Werte benötigt:

$$\frac{\sum \ln x_i}{n} = \frac{6,5792}{6} = 1,0965; \qquad \frac{\sum \ln y_i}{n} = \frac{33,0427}{6} = 5,5071;$$

$$\sum \ln x_i \cdot \ln y_i = 36,6165;$$

$$n \cdot \frac{\sum \ln x_i}{n} \cdot \frac{\sum \ln y_i}{n} = 6 \cdot 1,0965 \cdot 5,5071 = 36,2312;$$

$$\sum (\ln x_i)^2 = 9,4098; \qquad n \cdot \left(\frac{\sum \ln x_i}{n}\right)^2 = 6 \cdot 1,0965^2 = 7,2139.$$

Damit errechnen sich:

$$b = \frac{36,6165 - 36,2312}{9,4098 - 7,2139} = 0,1755$$

$$\ln a = 5,5071 - 0,1755 \cdot 1,0965 = 5,3147$$

Da der Wert a in logarithmierter Form vorliegt, muß er für die Darstellung in der Potenzfunktion delogarithmiert werden:

$$a = 203,30$$

Damit lautet die Trendfunktion:

$$\hat{y} = 203,3 \cdot x^{0,1755}$$

c) Logistische Funktion

Die logistische Funktion ist gekennzeichnet durch zunächst progressiv und dann degressiv zunehmende y-Werte bzw. Merkmalswerte, die sich asymptotisch einer bekannten oder einzuschätzenden Sättigungsgrenze SG nähern. In Abb. 6.3.2.2.-4 ist dies am Beispiel zur logistischen Funktion graphisch veranschaulicht.

Die logistische Funktion

$$\hat{y} = \frac{SG}{1 + e^{a+bx}} \qquad (b < 0)$$

wird durch Logarithmierung in die lineare Form

$$\ln\left(\frac{SG}{\hat{y}} - 1\right) = a + b \cdot x$$

transformiert.

Beispiel: Die Nachfrage nach Putenfleisch (Merkmal Y; in 100 kg) hat bei einem Metzger in den acht Wochen (Merkmal X) nach dem Bekanntwerden einer Rinderseuche stark zugenommen. Die Sättigungsgrenze vermutet der Metzger bei 90 ME (100 kg). Die Nachfrageentwicklung ist in der nachstehenden Tabelle angegeben, die zugleich als Arbeitstabelle dient. In der daran anschließenden Abb. 6.3.2.2.-4 sind die Nachfrage nach Putenfleisch und die logistische Funktion, die den zu ermittelnden Trend wiedergibt, graphisch dargestellt.

x_i	y_i	$\dfrac{SG}{y_i} - 1$	$\ln\left(\dfrac{SG}{y_i} - 1\right)$	$x_i \cdot \ln\left(\dfrac{SG}{y_i} - 1\right)$	x_i^2
1	16	4,6250	1,5315	1,5315	1
2	22	3,0909	1,1285	2,2570	4
3	35	1,5714	0,4520	1,3560	9
4	50	0,8000	-0,2231	-0,8924	16
5	61	0,4754	-0,7436	-3,7180	25
6	70	0,2857	-1,2527	-7,5162	36
7	77	0,1688	-1,7789	-12,4523	49
8	81	0,1111	-2,1972	-17,5776	64
36			- 3,0835	- 37,0120	204

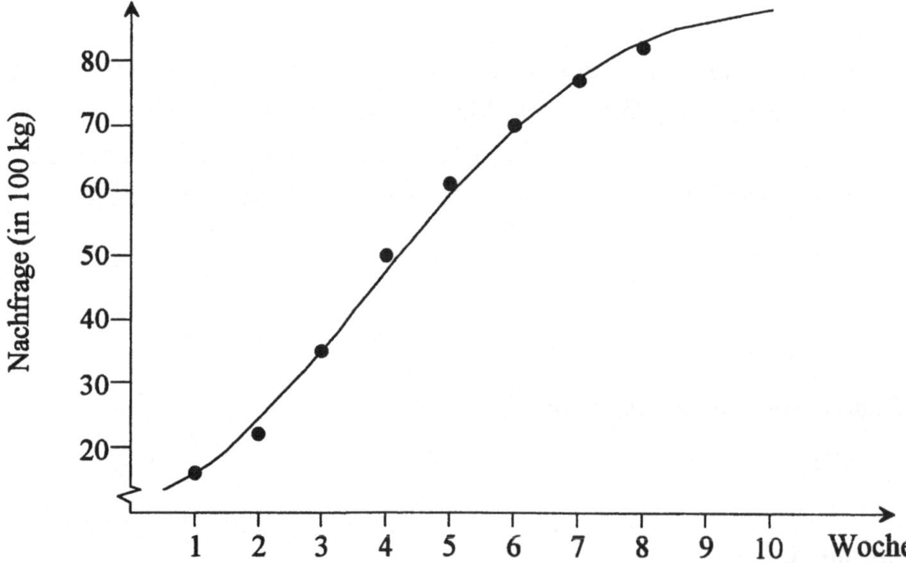

Abb. 6.3.2.2.-4: Zeitreihenwerte und logistische Funktion als Trendfunktion

Die Umformung der y-Werte in die neue abhängige Variable (Spalte 3) und deren anschließende Logarithmierung (Spalte 4) führt zu einer nahezu linearen Darstellungsform für die Wertepaare $(x, \ln\left(\dfrac{SG}{y_i} - 1\right))$. Für diese darf daher die Trendgerade bestimmt werden. Die Formel 6.3.2.1.-1a/b zur Bestimmung der beiden Parameter a und b ist entsprechend umzuformen:

$$a = \frac{\sum \ln\left(\frac{SG}{y_i} - 1\right)}{n} - b \cdot \bar{x} \qquad \text{(Formel 6.3.2.2.-3a)}$$

$$b = \frac{\sum x_i \cdot \ln\left(\frac{SG}{y_i} - 1\right) - n \cdot \bar{x} \cdot \dfrac{\sum \ln\left(\frac{SG}{y_i} - 1\right)}{n}}{\sum x_i^2 - n \cdot \bar{x}^2} \qquad \text{(Formel 6.3.2.2.-3b)}$$

Zur Berechnung der Parameter a und b werden folgende Werte benötigt:

$$\bar{x} = \frac{36}{8} = 4,5; \qquad \frac{\sum \ln\left(\frac{SG}{y_i} - 1\right)}{n} = \frac{-3,0835}{8} = -0,3854;$$

$$\sum x_i \cdot \ln\left(\frac{SG}{y_i} - 1\right) = -37,0120;$$

$$n \cdot \bar{x} \cdot \frac{\sum \ln\left(\frac{SG}{y_i} - 1\right)}{n} = 8 \cdot 4,5 \cdot (-0,3854) = -13,8420;$$

$$\sum x_i^2 = 204; \qquad n \cdot \bar{x}^2 = 8 \cdot 4,5^2 = 162.$$

Damit errechnen sich:

$$b = \frac{-37,0120 - (-13,8420)}{204 - 162} = \frac{-23,17}{42} = -0,5517$$

$$a = -0,3854 - (-0,5517) \cdot 4,5 = 2,0973$$

Die logistische Funktion als Trendfunktion lautet damit:

$$\hat{y} = \frac{90}{1 + e^{2,0973 - 0,5517x}}$$

6.3.3. Vergleich der beiden Methoden

Die Methode der gleitenden Durchschnitte und die Methode der kleinsten Quadrate werden hinsichtlich Funktionstyp, Grad der Glättung, Stabilität der Trendlinie und Fortschreibung der Trendlinie verglichen.

a) Funktionstyp

Im Unterschied zur Methode der gleitenden Durchschnitte ist bei der Methode der kleinsten Quadrate zur Erstellung der Trendlinie ein Funktionstyp zu unterstellen. Dies ist problematisch, wenn sich im Trendverlauf grundlegende Veränderungen (z.B. Trendwende, Strukturbruch) ergeben. In solchen Fällen ist der Gesamtzeitraum in Teilzeiträume zu zerlegen, für die dann getrennte Berechnungen durchzuführen sind.

b) Grad der Glättung

Die Methode der kleinsten Quadrate führt zu einer besseren Eliminierung der Schwankungen und damit zu einer besseren Glättung. Die Methode der gleitenden Durchschnitte kann auch bei einer höheren Ordnung k durchaus noch beträchtliche Schwankungen aufweisen.

c) Stabilität der Trendlinie

Wird die Trendlinie im Zeitablauf weitergeführt, erfährt die bis dahin ermittelte Trendlinie bei der Methode der gleitenden Durchschnitte keine Veränderung, da der bestehenden Trendlinie lediglich ein neues Segment angefügt wird. Bei der Methode der kleinsten Quadrate verändert sich die gesamte Trendlinie, da diese mit jedem neuen Zeitreihenwert neu berechnet werden muß.

d) Fortschreibung der Trendlinie

Bei der Methode der kleinsten Quadrate läßt sich die Trendlinie rechnerisch leicht fortschreiben, da sie in Form einer Funktion vorliegt. Bei der Methode der gleitenden Durchschnitte kann die Fortschreibung problematisch sein, wenn die Trendlinie stärkere Schwankungen aufweist. - Die Fortschreibung ist von Bedeutung für die in Abschnitt 6.5. zu behandelnde Prognoseerstellung.

6.4. Ermittlung der periodischen Schwankungen

Nach der Trendermittlung können die Schwankungen um den Trend festgestellt werden, die durch die periodischen Schwankungen und die Restkomponente verursacht werden. Zur Ermittlung der periodischen Schwankungen wurden verschiedene Verfahren konzipiert, von denen hier das Periodogrammverfahren dargestellt wird.

In einem einführenden Beispiel wird zunächst der Grundgedanke dieses Verfahrens erklärt. In der nachstehenden Tabelle sind dazu die Zeitreihenwerte und die

Trendwerte für die Quartale 1, 5, 9 und 13, also die I. Quartale aus einer Zeitreihe auszugsweise angegeben.

x_i	1	5	9	13
y_i	29,5	40,6	58,3	81,6
$\hat{y}_i$	25,0	35,0	49,0	68,8

Zum Erkennen von periodischen Schwankungen ist zu analysieren, ob der Entwicklung der Abstände zwischen Zeitreihenwert und Trendwert im Zeitablauf Gesetzmäßigkeiten zugrunde liegen. Eine graphische Darstellung kann dabei sehr hilfreich sein. Die Abstände für einen Phasenabschnitt können im Zeitablauf z.B. auf einem annähernd gleichen Niveau liegen oder in einem bestimmten Maß zunehmen. Es ist auch möglich, daß keine gesetzmäßige Entwicklung feststellbar ist.

Im vorliegenden Beispiel läßt die Folge der einfachen Abstände 4,5, 5,6, 9,3 und 12,8 keine Gesetzmäßigkeit erkennen. Bei den relativen Abständen dagegen fällt als Gesetzmäßigkeit auf, daß diese Abstände nahezu gleich sind:

$$\frac{y_1}{\hat{y}_1} = \frac{29,5}{25,0} \approx 1,18; \quad \frac{y_5}{\hat{y}_5} = \frac{40,6}{35,0} \approx 1,16; \quad \frac{y_9}{\hat{y}_9} \approx 1,19; \quad \frac{y_{13}}{\hat{y}_{13}} \approx 1,19.$$

Im Durchschnitt beträgt im I. Quartal ein Zeitreihenwert das 1,18-fache des entsprechenden Trendwertes bzw. er liegt durchschnittlich um 18% über dem Trendwert. Dieser Durchschnittswert stellt die periodische Schwankung des I. Quartals dar. Der Zeitreihenwert y ergibt sich aus der Multiplikation von Trendwert und periodischer Schwankung, wobei die Restkomponente störend wirkt. Trend und periodische Schwankung sind im Beispiel also multiplikativ verknüpft.

$$y_i = \hat{y}_i \cdot 1,18 \cdot R_i \qquad (i = 1, 5, 9, 13)$$

In den Abschnitten 6.4.1. und 6.4.2. werden die additive bzw. multiplikative Verknüpfung von Trend und periodischer Schwankung als häufig anzutreffende Form der Verknüpfung beschrieben.

6.4.1. Additive Verknüpfung

Die additive Verknüpfung von Trend und periodischer Schwankung wird anhand einer einjährigen Schwankungsphase mit den vier Quartalen als Phasenabschnitte beschrieben. Die Vorgehensweise bei anderen Phasendauern (z.B. Monat, Woche, Tag) und/oder anderen Phasenabschnitten (z.B. Halbjahr, Monat, Stunde) erfolgt analog.

Beispiel: In Abb. 6.4.1.-1 ist der Umsatz (Y; in Mio DM) eines sehr stark expandierenden Unternehmens für die Quartale (X) 1 bis 12 angegeben.

x_i	y_i	$\hat{y}_i$	$S_i^a = y_i - \hat{y}_i$
1	2,1	3,17	-1,07
2	5,3	4,28	1,02
3	6,4	5,39	1,01
4	5,5	6,50	-1,00
5	6,6	7,61	-1,01
6	9,8	8,72	1,08
7	10,9	9,83	1,07
8	9,9	10,94	-1,04
9	11,0	12,05	-1,05
10	14,1	13,16	0,94
11	15,3	14,27	1,03
12	14,4	15,38	-0,98

Abb. 6.4.1.-1: Zerlegung der Zeitreihe in Trend und Schwankungskomponente

Die Grundrichtung der Zeitreihe wird durch die Trendgerade

$$\hat{y} = 1,11x + 2,06$$

wiedergegeben, die nach der Methode der kleinsten Quadrate ermittelt wurde. Die entsprechenden Trendumsätze sind in Spalte 3 der Abb. 6.4.1.-1 angegeben.

a) Additive Schwankungskomponente

Die Differenz aus Zeitreihenwert und Trendwert eines Zeitraumes gibt den Einfluß der periodischen Schwankung und der Restkomponente in diesem Zeitraum wieder.

$$S_i^a = y_i - \hat{y}_i$$

Diese Differenz wird als additive Schwankungskomponente S_i^a bezeichnet.

In Spalte 4 der Abb. 6.4.1.-1 sind die additiven Schwankungskomponenten der zwölf Quartale angegeben.

Die additive Schwankungskomponente des zweiten Quartals z.B. beträgt

$$S_2^a = y_2 - \hat{y}_2 = 5,30 - 4,28 = 1,02 \text{ Mio DM;}$$

d.h. der tatsächliche Umsatz liegt im zweiten Quartal um 1,02 Mio DM über dem Trendumsatz. Verantwortlich dafür sind die periodische Schwankung und die Restkomponente des zweiten Quartals.

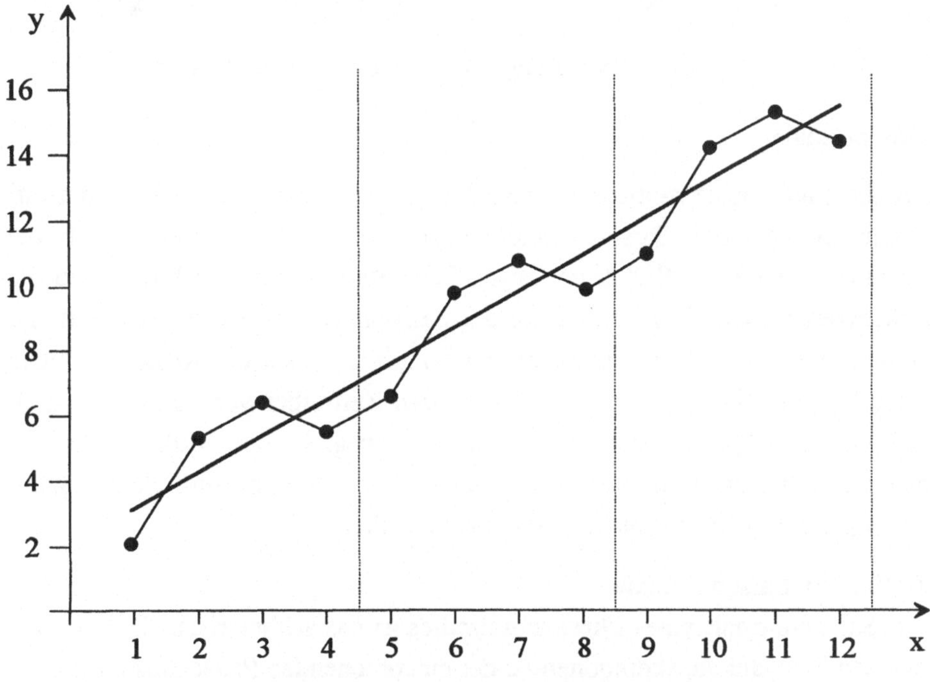

Abb. 6.4.1.-2: Zeitreihe und lineare Trendfunktion

In Abb. 6.4.1.-2 ist für die einzelnen Phasenabschnitte deutlich zu erkennen, daß sich die einfache Schwankung um den Trend, d.h. die additive Schwankungskomponente von Jahr zu Jahr mit einer ausgeprägten Regelmäßigkeit wiederholt. Der zahlenmäßige Vergleich der Schwankungskomponenten gleicher Phasenabschnitte in Abb. 6.4.1.-1 belegt dies noch deutlicher. Auch die graphische Darstellung in Abb. 6.4.1.-3 zeigt auf andere Weise, daß die additiven Schwankungskomponenten eines Phasenabschnittes stets nahezu auf demselben Niveau liegen. Es kann daher davon ausgegangen werden, daß Trend und periodische Schwankung additiv verknüpft sind.

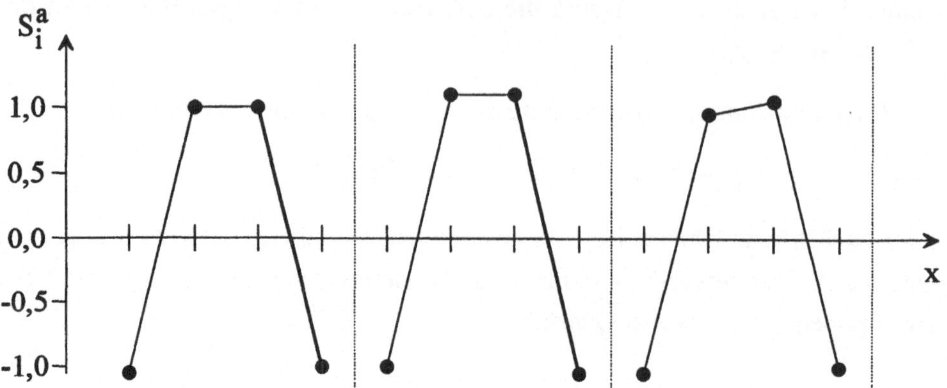

Abb. 6.4.1.-3:　Additive Schwankungskomponente in den zwölf Quartalen

b) Saisonnormale

Wegen der häufig jahreszeitlichen Betrachtung von Zeitreihen wird die periodische Schwankung oft als Saisonnormale bezeichnet. Die Saisonnormale gibt den typischen (normalen) Einfluß einer Saison bzw. eines Phasenabschnittes auf den Zeitreihenwert wieder. Zur Ermittlung der Saisonnormalen ist aus der Schwankungskomponente die Restkomponente zu eliminieren. Da die Restkomponente im Zeitablauf positiv wie auch negativ auf den Zeitreihenwert einwirkt, ist ihr Einfluß auf einen Phasenabschnitt im Durchschnitt gleichsam Null. Die Saisonnormale eines Phasenabschnittes wird daher als Durchschnitt sämtlicher Schwankungskomponenten dieses Phasenabschnittes ermittelt.

Definition: Saisonnormale
Die Saisonnormale eines Phasenabschnittes ist das arithmetische Mittel
aus den Schwankungskomponenten der entsprechenden Phasenabschnitte.

SN_i^a = additive Saisonnormale für den Phasenabschnitt i

Für die vier Quartale (Phasenabschnitte) im Beispiel gelten folgende Saisonnormalen:

$$SN_I^a = \frac{S_1^a + S_5^a + S_9^a}{3} = \frac{-1,07 - 1,01 - 1,05}{3} = -1,04;$$

$$SN_{II}^a = \frac{S_2^a + S_6^a + S_{10}^a}{3} = \frac{1,02 + 1,08 + 0,94}{3} = +1,01;$$

$$SN_{III}^a = +1,04 ; \qquad SN_{IV}^a = -1,01.$$

Die Saisonnormale für das I. Quartal gibt an, daß der Umsatz in den I. Quartalen durchschnittlich 1,04 Mio DM unter dem jeweiligen Trendumsatz liegt. Anders ausgedrückt: Der Einfluß des I. Quartals sorgt für einen negativen Umsatzbeitrag von 1,04 Mio DM.

c) Restkomponente

Als Residuum der bisherigen Berechnungen ergibt sich der Einfluß der Restkomponente R_i. Subtrahiert man vom Zeitreihenwert den Trendwert und die Saisonnormale

$$R_i = y_i - \hat{y}_i - SN_i^a$$

bzw. subtrahiert man von der Schwankungskomponente die Saisonnormale

$$R_i = S_i^a - SN_i^a,$$

so ergibt sich der Einfluß der Restkomponente.

Im Quartal 1 beträgt die Restkomponente

$$R_1 = y_1 - \hat{y}_1 - SN_I^a = 2,1 - 3,17 - (-1,04) = -0,03 \text{ Mio DM}$$

bzw.

$$R_1 = S_1^a - SN_1^a = -1,07 - (-1,04) = -0,03 \text{ Mio DM}$$

Der Umsatz im Quartal 1, der aufgrund des Trends und der periodischen Schwankung zu erwarten war, wurde durch die restlichen Einflußfaktoren (Restkomponente) des 1. Quartals um 0,03 Mio DM reduziert.

6.4.2. Multiplikative Verknüpfung

Die Ermittlung der multiplikativen Verknüpfung von Trend und periodischen Schwankungen erfolgt analog zur additiven Verknüpfung. Die multiplikative Verknüpfung von Trend und periodischer Schwankung wird ebenfalls am Beispiel einer einjährigen Schwankungsphase mit den vier Quartalen als Phasenabschnitte beschrieben.

Beispiel: In Abb. 6.4.2.-1 ist die Anzahl der Übernachtungen (Y) in einem stark aufstrebenden Ferienort für die Quartale (X) 1 bis 12 angegeben.

x_i	y_i	$\hat{y}_i$	$S_i^m = \dfrac{y_i}{\hat{y}_i}$
1	3.455	4.127,88	0,84
2	5.250	4.694,86	1,12
3	6.400	5.261,84	1,22
4	5.260	5.828,81	0,90
5	5.100	6.395,79	0,80
6	7.600	6.962,76	1,09
7	8.900	7.529,74	1,18
8	7.130	8.069,71	0,88
9	7.000	8.663,69	0,81
10	9.990	9.230,66	1,08
11	11.690	9.797,64	1,19
12	9.180	10.364,62	0,89

Abb. 6.4.2.-1: Zerlegung der Zeitreihe in Trend und Schwankungskomponente

Die Grundrichtung der Zeitreihe wird durch die Trendgerade

$$\hat{y} = 566,98x + 3.560,91$$

wiedergegeben, die nach der Methode der kleinsten Quadrate ermittelt wurde. In Spalte 3 der Abb. 6.4.2.-1 sind die Trendwerte für die Anzahl der Übernachtungen angegeben.

a) Multiplikative Schwankungskomponente

Der Quotient aus Zeitreihenwert und Trendwert eines Zeitraumes gibt den Einfluß der periodischen Schwankung und der Restkomponente in diesem Zeitraum wieder.

$$S_i^m = \frac{y_i}{\hat{y}_i}$$

Dieser Quotient wird als multiplikative Schwankungskomponente S_i^m bezeichnet.

In Spalte 4 der Abb. 6.4.2.-1 sind die multiplikativen Schwankungskomponenten der zwölf Quartale angegeben.

Die multiplikative Schwankungskomponente des zweiten Quartals z.B. beträgt

$$S_2^m = \frac{y_2}{\hat{y}_2} = \frac{5.250}{4.694,86} = 1,12;$$

d.h. die tatsächliche Anzahl der Übernachtungen liegt im zweiten Quartal um 12% über der trendmäßigen Anzahl an Übernachtungen. Verantwortlich dafür sind die periodische Schwankung und die Restkomponente des zweiten Quartals.

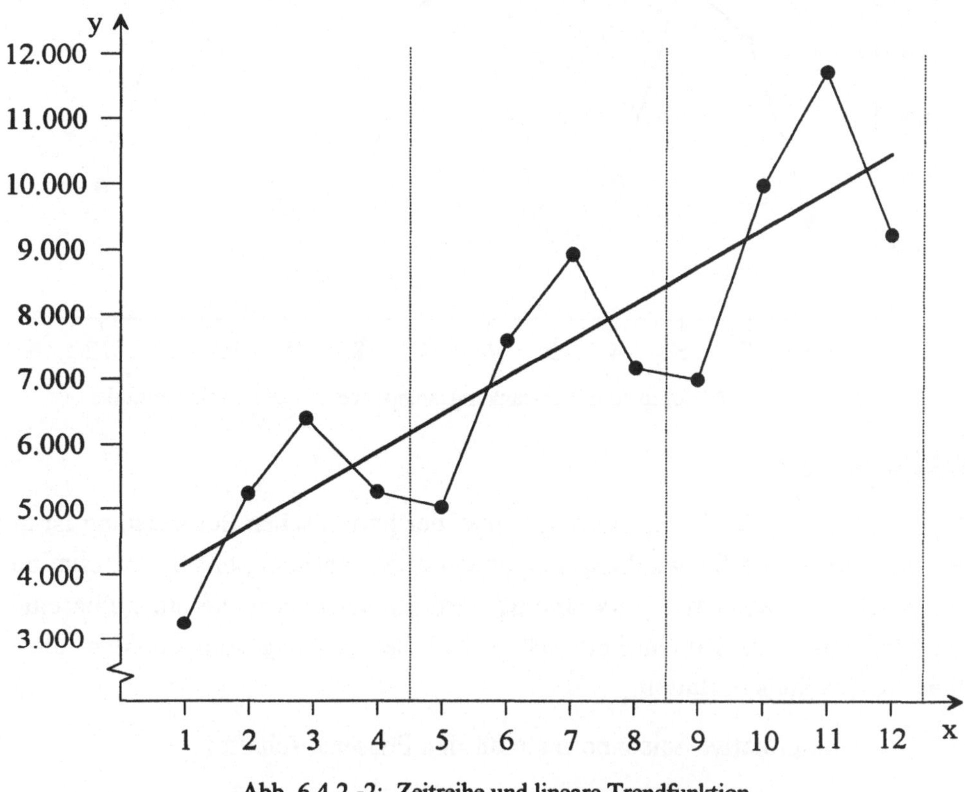

Abb. 6.4.2.-2: Zeitreihe und lineare Trendfunktion

In Abb. 6.4.2.-2 sind die Zeitreihe und der Trend graphisch veranschaulicht. Es ist zu erkennen, daß sich die Schwankungen um den Trend von Jahr zu Jahr (Phasendauer) rhythmisch wiederholen. Da die Ausschläge bzw. Amplituden gleicher Phasenabschnitte dabei im Zeitablauf mit steigenden Trendwerten immer stärker werden, kommt eine additive Verknüpfung von Trend und periodischer Schwankung nicht in Frage. Die Analyse der multiplikativen Schwankungskomponenten in Spalte 4 der Abb. 6.4.2.-1 läßt erkennen, daß die multiplikativen Schwankungskomponenten gleicher Phasenabschnitte stets nahezu auf demselben

Niveau liegen. Die graphische Wiedergabe der multiplikativen Schwankungskomponente in Abb. 6.4.2.-3 veranschaulicht dies deutlich. Es kann daher von einer multiplikativen Verknüpfung von Trend und periodischer Schwankung ausgegangen werden.

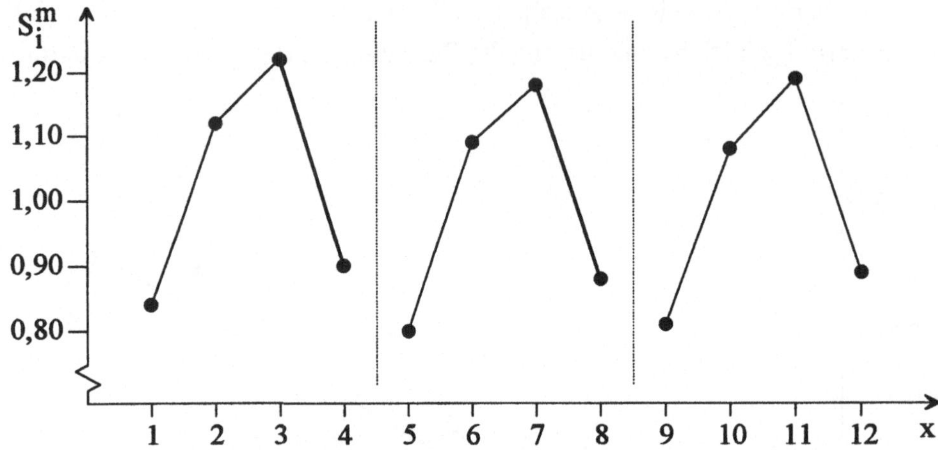

Abb. 6.4.2.-3: Multiplikative Schwankungskomponente in den zwölf Quartalen

b) Saisonnormale

Zur Bestimmung der Saisonnormalen bzw. der periodischen Schwankung ist aus der multiplikativen Schwankungskomponente die Restkomponente zu eliminieren. Analog zur additiven Verknüpfung wird die Saisonnormale eines Phasenabschnittes aus dem Durchschnitt sämtlicher Schwankungskomponenten dieses Phasenabschnittes bestimmt.

SN_i^m = multiplikative Saisonnormale für den Phasenabschnitt i

Für die vier Quartale (Phasenabschnitte) im Beispiel gelten folgende Saisonnormalen:

$$SN_I^m = \frac{S_1^m + S_5^m + S_9^m}{3} = \frac{0,84 + 0,80 + 0,81}{3} \approx 0,82;$$

$$SN_{II}^m = \frac{S_2^m + S_6^m + S_{10}^m}{3} = \frac{1,12 + 1,09 + 1,08}{3} \approx 1,10;$$

$$SN_{III}^m \approx 1,20; \quad SN_{IV}^m = 0,89.$$

Die Saisonnormale für das I. Quartal gibt an, daß die Anzahl der Übernachtungen in den I. Quartalen durchschnittlich das 0,82-fache des jeweiligen Trendwertes für die Übernachtungen beträgt bzw. durchschnittlich 18% unter dem jeweiligen Trendwert liegt. Die winterlichen Verhältnisse im I. Quartal wirken negativ auf die Anzahl der Übernachtungen ein.

c) Restkomponente

Als Residuum der bisherigen Berechnungen ergibt sich der Einfluß der Restkomponente R_i. Subtrahiert man vom Zeitreihenwert das Produkt aus Trendwert und Saisonnormaler

$$R_i = y_i - \hat{y}_i \cdot SN_i^m,$$

so ergibt sich der einfache Einfluß der restlichen Einflußfaktoren.

Im Quartal 1 beträgt die Restkomponente:

$$R_1 = y_1 - \hat{y}_1 \cdot SN_I^m = 3.455 - 4.127,88 \cdot 0,82 = 70,14.$$

Im Quartal 1 haben die restlichen Einflußfaktoren für einen Zuwachs von zirka 70 Übernachtungen gesorgt.

Der relative Einfluß der Restkomponente errechnet sich aus

$$R_i = \frac{y_i}{\hat{y}_i \cdot SN_i^m} \qquad \text{oder} \qquad R_i = \frac{S_i^m}{SN_i^m}.$$

Im Quartal 1 beträgt die Restkomponente relativ gesehen:

$$R_1 = \frac{3.455}{4.127,88 \cdot 0,82} = \frac{3.455}{3.384,86} = 1,02.$$

Die Zahl der Übernachtungen im Quartal 1, die aufgrund des Trends und der periodischen Schwankung zu erwarten war, wurde durch die restlichen Einflußfaktoren (Restkomponente) um 2% gesteigert.

6.5. Prognoseerstellung

Die Fortschreibung der Zeitreihe in die Zukunft ist eine Möglichkeit zur Erstellung von Prognosen. Die Qualität einer so erstellten Prognose wird entscheidend durch das Erkennen der Gesetzmäßigkeiten der Zeitreihe und das Einbringen der erkannten Gesetzmäßigkeiten in die Prognose beeinflußt.

Die nachstehend beschriebene Art der Prognoseerstellung stützt sich allein auf die Zeitreihenwerte und die daraus gewonnenen Gesetzmäßigkeiten. Bei der Fortschreibung der Zeitreihe wird unterstellt, daß diese Gesetzmäßigkeiten auch im Prognosezeitraum von Bestand sein werden. Es darf nicht unerwähnt bleiben, daß eine so erstellte Prognose einer Korrektur bedarf, wenn Veränderungen in der zeitlichen Entwicklung erwartet werden oder bereits eingetreten sind. Ist etwa eine Prognose für die Anzahl der fertiggestellten neuen Wohnungen in den nächsten drei Jahren zu erstellen, so ist eine beabsichtigte oder angekündigte Veränderung der Abschreibungsbedingungen für fertiggestellte neue Wohnungen in die Prognose einzubringen. Hier ist die Zusammenarbeit des Statistikers mit dem auf dem jeweiligen Sektor ausgewiesenen Fachmann erforderlich.

Sind die Komponenten einer Zeitreihe und ihre Gesetzmäßigkeiten erkannt worden, kann auf dieser Basis eine Prognose erstellt werden.

Zunächst wird der Trendwert für den Prognosezeitraum bestimmt. Bei der Methode der gleitenden Durchschnitte ist die Fortführung der Trendlinie nur schwer möglich, wenn diese zu starke Schwankungen aufweist oder zu kurz ist. Bei der Methode der kleinsten Quadrate bereitet die Fortschreibung des Trends rechnerisch keine Probleme, da dieser in Form einer Funktion vorliegt.

Ist etwa in dem in Abschnitt 6.4.1. (S. 182) genannten Beispiel der Umsatz für das Quartal 14 zu prognostizieren, wird der Trendumsatz durch das Einsetzen des entsprechenden Quartalwertes x = 14 in die Trendgerade

$$\hat{y} = 1,11x + 2,06$$

ermittelt:

$$\hat{y}_{14}^{P} = 1,11 \cdot 14 + 2,06 = 17,60 \text{ Mio DM}.$$

Im Quartal 14 beträgt der prognostizierte Trendumsatz 17,60 Mio DM.

Liegen periodische Schwankungen vor, dann ist der Saisoneinfluß des entsprechenden Phasenabschnittes (Saison) über die Saisonnormale in die Prognose einzubringen. - Im Beispiel trägt der saisonale Einfluß im II. Quartal zu einer Erhöhung des Umsatzes von 1,01 Mio DM bei.

Der Prognosewert für das Quartal 14 beträgt damit:

$$y_{14}^{p} = \hat{y}_{14}^{P} + SN_{II}^{a} = 17,60 + 1,01 = 18,61 \text{ Mio DM}.$$

Berücksichtigt man die in den II. Quartalen bisher aufgetretenen Restkomponenten mit

$$R_2 = 1,02 - 1,01 = 0,01, \qquad R_6 = 1,08 - 1,01 = 0,07,$$

$$R_{10} = 0,94 - 1,01 = -0,07,$$

läßt sich unter Verwendung der extremen Restkomponenten (-0,07 und +0,07) eine Bandbreite für den Prognosewert von 18,54 bis 18,68 Mio DM angeben.

Bei der multiplikativen Verknüpfung ist analog vorzugehen. Am Beispiel aus Abschnitt 6.4.2. (S. 186) wird dies für das Quartal 14 rechnerisch kurz dargestellt:

Berechnung des Prognose-Trendwertes für die Übernachtungen:

$$\hat{y}_{14}^{P} = 566,98 \cdot 14 + 3.560,91 = 11.498,63 \text{ Übernachtungen}$$

Berücksichtigung der Saisonnormalen:

$$y_{14}^{p} = \hat{y}_{14}^{P} \cdot SN_{II}^{m} = 11.498,63 \cdot 1,10 = 12.648,49 \text{ Übernachtungen}$$

Berücksichtigung der Restkomponenten:

$$R_2 = 1,017, \quad R_6 = 0,992, \quad R_{10} = 0,984$$

unterer Bandbreitenwert: $12.648,49 \cdot 0,984 = 12.446$ Übernachtungen

oberer Bandbreitenwert: $12.648,49 \cdot 1,017 = 12.864$ Übernachtungen.

6.6. Übungsaufgaben und Kontrollfragen

01) Erklären Sie den Begriff "Zeitreihe"!

02) Beschreiben Sie die Aufgaben und Ziele der Zeitreihenanalyse!

03) Nennen und erläutern Sie die Komponenten einer Zeitreihe!

04) Erläutern Sie die Grundidee, die bei der Methode der gleitenden Durchschnitte zur Glättung der Zeitreihe bzw. zur Trendermittlung führt!

05) Wie ist bei der Methode der gleitenden Durchschnitte die Ordnung k festzulegen, wenn periodische Schwankungen auftreten?

06) Die vierteljährlichen Umsätze (Mio DM) der letzten drei Jahre betragen 6, 8, 11, 5, 8, 11, 13, 7, 11, 15, 16 und 10.

a) Bestimmen Sie den Trend nach der Methode der gleitenden Durchschnitte 3., 4. und 5. Ordnung!

b) Warum wird bei der 4. Ordnung die beste Glättung erzielt?

07) Wie ist bei der Wahl der Ordnung k vorzugehen, wenn die Zeitreihe keine periodischen Schwankungen aufweist? Erläutern Sie den dabei auftretenden Zielkonflikt!

08) Erläutern Sie die Grundidee der Methode der kleinsten Quadrate zur Ermittlung der Trendfunktion!

09) Ermitteln Sie die Trendfunktion nach der Methode der kleinsten Quadrate für die Werte aus Aufgabe 06)! ($\hat{y} = 0,61x + 6,12$)

10) In einem Unternehmen wurde für die Zeit vom 01.01.1991 bis 31.12.1995 bei annähernd gleicher Beschäftigtenanzahl ein erheblicher Rückgang der krankheitsbedingten Fehlzeiten (Y; in Tagen) registriert. Die rückläufige Entwicklung in diesem Zeitraum kann durch die Trendgerade $\hat{y} = -60x + 2200$ beschrieben werden. Der Trendermittlung lagen die Quartalswerte (X) der fünf Jahre zugrunde. Für die I. Quartale der fünf Jahre lauten die Fehlzeiten:

x_i	1	5	9	13	17
y_i	2.575	2.340	2.105	1.855	1.625

a) Untersuchen Sie anhand der vorliegenden Daten, wie Trend und periodische Schwankungen verknüpft sind! (additiv)

b) Bestimmen Sie die Schwankungskomponente für das Quartal 9! Interpretieren Sie das Ergebnis! (445 Tage)

c) Berechnen Sie die Saisonnormale für das I. Quartal! Interpretieren Sie das Ergebnis! (440 Tage)

d) Geben Sie eine Prognose für das I. Quartal 1998 ab! Halten Sie das Ergebnis für realistisch? Begründen Sie Ihre Auffassung! (900; nein)

11) Die Cerevisia Brau GmbH hat am 1. August 1996 den Diplom-Betriebswirt Delator eingestellt, der mit einem neuen Marketingkonzept den stark

rückläufigen Bierabsatz wieder steigern soll. Die rückläufige Entwicklung der letzten vier Jahre kann durch die Trendgerade $\hat{y} = -0,2x + 14$ beschrieben werden. Der Trendermittlung lagen die Quartalswerte (X) der Jahre 1993 bis 1996 zugrunde. Der Bierabsatz (Y; in 1000 hl) in den II. Quartalen betrug:

x_i	2	6	10	14
y_i	18,0	16,8	15,5	14,3

a) Untersuchen Sie anhand der vorliegenden Daten, wie Trend und periodische Schwankungen verknüpft sind! Begründen Sie Ihre Antwort! (multiplikativ)

b) Interpretieren Sie die Schwankungskomponente für das Quartal 10! (1,29)

c) Berechnen Sie die Saisonnormale für das II. Quartal! Interpretieren Sie das Ergebnis! (1,30)

d) Wie hoch muß der Bierabsatz im II. Quartal 1997 mindestens sein, damit Delator von einem erfolgreichen Marketingkonzept sprechen kann? (deutlich über 13.520 hl)

e) Welche Unterstellung ist bei der Beantwortung der Aufgabe d) zu treffen?

12) Für den Zeitraum 01.01.1991 bis 31.12.1995 wurde in einem Land eine zunehmende Zahl von Arbeitslosen (Y) registriert, die sich durch die Trendgerade $\hat{y} = 30.000x + 1.500.000$ beschreiben läßt. Der Trendermittlung lagen die Arbeitslosenzahlen der entsprechenden 20 Quartale (X) zugrunde. Die Saisonnormale für das II. Quartal beträgt -80.000 Arbeitslose.
Im Herbst 1995 verabschiedeten Regierung und Tarifpartner ein "Bündnis für die Arbeit". - Im II. Quartal 1996 betrug die Zahl der Arbeitslosen daraufhin 2.110.000.

a) Welche Information liefert die Saisonnormale -80.000?

b) War das "Bündnis für Arbeit" im II. Quartal 1996 von Erfolg begleitet? Begründen Sie Ihre Ansicht! (2.110.000 > 2.080.000; nein)

13) In den letzten acht Jahren (Merkmal X) wurden von einem Sportwagen folgende Stückzahlen (Merkmal Y) abgesetzt:

x_i	1	2	3	4	5	6	7	8
y_i	4.950	7.700	9.700	11.420	13.050	14.700	16.200	17.250

a) Geben Sie die Entwicklung graphisch wieder. Überlegen Sie anhand der graphischen Darstellung, welcher Funktionstyp den für die Methode der kleinsten Quadrate zu erkennenden Trend wiedergibt. (Potenzfunktion)

b) Berechnen Sie die Trendfunktion! ($\hat{y} = 5.000 \cdot x^{0,6}$)

c) Welche Stückzahlen werden in den beiden nächsten Jahren voraussichtlich abgesetzt werden? (18.686; 19.906)

7. Zusammenhang zwischen zwei Merkmalen

Dem Erkennen des Zusammenhangs zwischen zwei oder mehr Merkmalen kommt in der betrieblichen Praxis eine erhebliche Bedeutung zu. So können etwa personalpolitische Entscheidungen vom Zusammenhang zwischen Lebensalter und Leistung der Beschäftigten beeinflußt werden. In die Tagesdisposition eines Ausflugslokals werden die Kenntnisse des Zusammenhangs zwischen Wetterlage und Zahl der Gäste einfließen. Für die Preisgestaltung interessiert der Zusammenhang zwischen dem Preis und der Absatzmenge. Für den Verband der Schadensversicherer sind sowohl der Zusammenhang zwischen Fahrzeugtyp und Unfallhäufigkeit als auch der Zusammenhang zwischen Fahrzeugtyp und Unfallschwere wichtig.

Bei der Untersuchung des Zusammenhangs zwischen zwei Merkmalen X und Y interessieren die Fragen:

a) Besteht ein Zusammenhang zwischen X und Y?

b) Von welcher Form ist der Zusammenhang?

c) Von welcher Stärke (Intensität) ist der Zusammenhang?

Die erste Frage wird in Abschnitt 7.1. behandelt. Es wird aufgezeigt, wie die Abhängigkeit oder Unabhängigkeit zweier Merkmale festgestellt werden kann.

Mit der Frage, von welcher Form der Zusammenhang ist, beschäftigt sich die Regressionsanalyse in Abschnitt 7.2.

Mit der Frage, von welcher Stärke der Zusammenhang bzw. die Abhängigkeit der beiden Merkmale ist, beschäftigt sich die Korrelationsanalyse in Abschnitt 7.3.

Die Ausführungen in diesem Kapitel, die in die Thematik einführen sollen, befassen sich ausschließlich mit dem Zusammenhang zwischen zwei Merkmalen.

7.1. Abhängigkeit von Merkmalen

7.1.1. Feststellung der Abhängigkeit

Zwei Merkmale sind voneinander statistisch abhängig, wenn der Wert des einen Merkmals davon abhängt, welchen Wert das andere Merkmal besitzt. Umgekehrt ausgedrückt: Zwei Merkmale sind statistisch unabhängig, wenn der Wert des einen Merkmals nicht davon abhängt, welchen Wert das andere Merkmal besitzt.

Beispiel: 1.500 weibliche und 500 männliche Kunden haben alle einen Artikel gekauft, der in den Farben blau, grün oder rot erhältlich ist. Auf die Farbe blau entfielen insgesamt 1.000, auf grün 600 und auf rot 400 Kaufentscheidungen. In Abb. 7.1.1.-1 ist diese Häufigkeitsverteilung tabellarisch wiedergegeben.

Farbe	blau	grün	rot	Summe
Häufigkeit	1.000	600	400	2.000

Abb. 7.1.1.-1: Häufigkeitsverteilung

Sind die beiden Merkmale Geschlecht und Farbe unabhängig, d.h. die Farbauswahl wird nicht durch das Geschlecht beeinflußt, dann müssen sich die 1.500 weiblichen Kunden gleichermaßen auf die drei Farben verteilen wie die 500 männlichen Kunden. Abb. 7.1.1.-2 gibt den Fall der Unabhängigkeit wieder.

Farbe / Geschlecht	blau (k=1)	grün (k=2)	rot (k=3)	Summe (h_i)
weiblich (i=1)	750	450	300	1.500
männlich (i=2)	250	150	100	500
Summe (h_k)	1.000	600	400	2.000

Abb. 7.1.1-2: Häufigkeitsverteilung der weiblichen und männlichen Kunden

Die Hälfte der 2.000 Kunden, also 1.000 Kunden haben sich für die Farbe blau entschieden. Im Fall der Unabhängigkeit von Geschlecht und Farbe müssen sich dann auch jeweils die Hälfte der weiblichen und männlichen Kunden für die Farbe blau entscheiden, d.h. 750 bzw. 250 Kunden. Für die Farben grün (30%; 450 bzw. 150) und rot (20%; 300 bzw. 100) gilt dies entsprechend.

Im Fall der Unabhängigkeit gilt für jede Kombination (x_i, y_k) aus den beiden Merkmalen

$$h_{ik} = \frac{h_i \cdot h_k}{n} \ . \hspace{3cm} \text{(Formel 7.1.1.-1)}$$

Beispielsweise muß die Anzahl $(h_{i=1,k=2})$ der weiblichen Kunden (i=1), die sich für die Farbe grün (k=2) entscheiden, im Fall der Unabhängigkeit 450 betragen.

$$h_{i=1,k=2} = \frac{h_{i=1} \cdot h_{k=2}}{n} = \frac{1.500 \cdot 600}{2.000} = 450$$

Zur Feststellung der Unabhängigkeit oder Abhängigkeit muß in einem ersten Schritt für jede Kombination aus den beiden Merkmalen X und Y das Produkt der beiden entsprechenden Randhäufigkeiten durch die Anzahl der Merkmalsträger dividiert werden. In Abb. 7.1.1.-3 ist die Berechnung der Häufigkeiten, die bei Unabhängigkeit erwartet werden, für das Beispiel wiedergegeben.

Farbe Geschlecht	blau	grün	rot	Summe
weiblich	$\frac{1.500 \cdot 1.000}{2.000} = 750$	$\frac{1.500 \cdot 600}{2.000} = 450$	$\frac{1.500 \cdot 400}{2.000} = 300$	1.500
männlich	$\frac{500 \cdot 1000}{2.000} = 250$	$\frac{500 \cdot 600}{2.000} = 150$	$\frac{500 \cdot 400}{2.000} = 100$	500
Summe	1.000	600	400	2.000

Abb. 7.1.1.-3: Berechnung der bei Unabhängigkeit zweier Merkmale erwarteten Häufigkeiten

In einem zweiten Schritt sind die empirischen, d.h. die tatsächlichen Häufigkeiten den Häufigkeiten, die bei Unabhängigkeit erwartet werden, gegenüberzustellen. Bei Gleichheit der Häufigkeiten oder nur geringen Abweichungen liegt Unabhängigkeit bzw. nahezu Unabhängigkeit der beiden Merkmale vor, anderenfalls sind die beiden Merkmale mehr oder weniger abhängig.

Für relative Häufigkeiten gelten die Ausführungen analog.

7.1.2. Formale und sachliche Abhängigkeit

Bei der Abhängigkeit von Merkmalen ist zwischen formaler (statistischer) und sachlicher Abhängigkeit zu unterscheiden. Statistische Methoden stellen allein die formale Abhängigkeit fest, d.h. ob eine zahlenmäßige Abhängigkeit zwischen den Merkmalen vorliegt oder nicht. Die Feststellung der sachlichen Abhängigkeit, d.h. ob der Wert des einen Merkmals ursächlich für den Wert des anderen Merkmals ist, ist gesondert festzustellen. Z.B. ist der formal feststellbare Zusammenhang zwischen Ausbringungsmenge und Produktionskosten auch sachlicher Art; die Ausbringungsmenge ist ursächlich für die Produktionskosten. Die Feststellung der Kausalität bzw. der Ursache-Wirkungs-Beziehung kann die Zusammenarbeit mit dem auf dem jeweiligen Sektor Fachkundigen erforderlich machen.

Es können drei Fälle unterschieden werden, bei denen zwar ein formaler Zusammenhang vorliegt, die Merkmale aber nicht voneinander abhängig sind.

Bei der Inhomogenitätskorrelation ist der formale Zusammenhang allein in der inhomogenen Zusammensetzung der Gesamtheit begründet. So kann zwischen der Körpergröße und dem Einkommen von Erwachsenen formal ein Zusammenhang festgestellt werden, da Frauen im Durchschnitt kleiner als Männer sind und durchschnittlich weniger verdienen. Zerlegt man diese inhomogene Gesamtheit in männliche und weibliche Erwachsene, so ist zwischen Körpergröße und Einkommen so gut wie kein formaler Zusammenhang mehr feststellbar.

Eine Gemeinsamkeitskorrelation liegt vor, wenn für den formalen Zusammenhang der Merkmale X und Y ein drittes Merkmal Z oder noch weitere Merkmale ursächlich sind. So wird der formal feststellbare Zusammenhang zwischen dem Kraftfahrzeugbestand und dem Bestand an Eigentumswohnungen durch das dritte Merkmal Wohlstand mehr oder weniger gesteuert.

Eine Unsinns- oder Nonsense-Korrelation liegt vor, wenn der formale Zusammenhang rein zufällig bzw. sachlogisch nicht zu begründen ist.

Bei einer formalen Abhängigkeit ist also stets zu prüfen, ob die Abhängigkeit auch sachlich begründet ist. Bei formalen Zusammenhängen, die sachlich nicht begründbar sind, liegen sogenannte Schein- oder Pseudokorrelationen vor, die zu voreiligen und fehlerhaften Schlußfolgerungen verleiten können. Nur die sachlich begründbaren Zusammenhänge sind von Interesse für die Betriebswirtschaft.

7.2. Regressionsanalyse

7.2.1. Aufgabenstellung

Die Regressionsanalyse hat die Aufgabe, die Form oder Tendenz des Zusammenhangs durch eine mathematische Funktion, die sogenannte Regressionsfunktion zu beschreiben. Um die Form des Zusammenhangs aufzeigen zu können, müssen die Abstände zwischen den Merkmalswerten meßbar sein. Die Regressionsanalyse kann daher nur für intervall- oder verhältnisskalierte Merkmale durchgeführt werden.

Werden die für die Merkmalsträger beobachteten Wertekombinationen (x,y) in ein Koordinatensystem eingetragen, so ergibt sich das sogenannte Streuungsdiagramm (Punktewolke). Abb. 7.2.1.-1 zeigt ein mögliches Streuungsdiagramm.

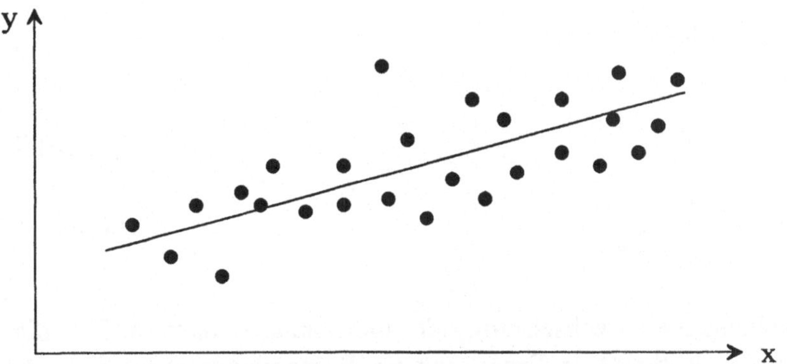

Abb. 7.2.1.-1: Streuungsdiagramm für die Merkmale X und Y

Die durch das Streuungsdiagramm laufende Regressionsgerade gibt den tendenziellen bzw. durchschnittlichen Verlauf der Abhängigkeit der Merkmale X und Y wieder. Mit zunehmenden Merkmalswerten x nehmen die Merkmalswerte y tendenzmäßig ebenfalls zu und zwar entlang der Regressionsgeraden.

7.2.2. Ermittlung der Regressionsfunktion

Die Regressionsfunktion soll die Form (Tendenz) des Zusammenhangs zwischen den Merkmalen X und Y beschreiben. Zur Ermittlung der Funktion, die die Form des Zusammenhangs am besten wiedergibt, wird in der Regel die in Abschnitt 6.3.2. beschriebene "Methode der kleinsten Quadrate" eingesetzt.

Im Unterschied zur Zeitreihe stellt die Größe X statt der Zeit jetzt ein Merkmal dar, dem darüberhinaus statt nur einem jetzt mehrere Ausprägungen des Merkmals Y entsprechen können. Wurde bei der Zeitreihenanalyse die Zeit X als die unabhängige Größe angesehen, ist bei der Regressionsanalyse zu klären, ob eine einseitige, wechselseitige oder unbekannte Abhängigkeit vorliegt.

Bei einer einseitigen Abhängigkeit, d.h. ein Merkmal beeinflußt das andere Merkmal, werden das unabhängige Merkmal (Regressor) als Merkmal X und das abhängige Merkmal (Regressand) als Merkmal Y festgelegt. In diesem Fall ist die Regressionsgerade $\hat{y}$ zu bestimmen.

Die Regressionsgerade $\hat{y}$ wird - analog zu den Formeln 6.3.2.1.-1a/b - wie folgt ermittelt:

$$\hat{y} = a_1 + b_1 x$$

mit

$$a_1 = \bar{y} - b_1 \bar{x} \qquad\qquad \text{(Formel 7.2.2.-1a)}$$

$$b_1 = \frac{\sum x_i y_i - n\overline{xy}}{\sum x_i^2 - n\bar{x}^2} \qquad\qquad \text{(Formel 7.2.2.-1b)}$$

Ist die Abhängigkeit wechselseitig oder unbekannt, wird zusätzlich die Regressionsgerade $\hat{x}$ bestimmt. In Ergänzung zur Regressionsgeraden $\hat{y}$ wird jetzt das Merkmal Y als das unabhängige Merkmal angesehen und das Merkmal X als das abhängige Merkmal. Auf diese Weise werden beide Wirkungsrichtungen berücksichtigt.

Die Regressionsgerade $\hat{x}$, die nicht die Umkehrfunktion von $\hat{y}$ ist, wird wie folgt ermittelt:

$$\hat{x} = a_2 + b_2 y$$

mit

$$a_2 = \bar{x} - b_2 \bar{y} \qquad\qquad \text{(Formel 7.2.2.-2a)}$$

$$b_2 = \frac{\sum x_i y_i - n\overline{xy}}{\sum y_i^2 - n\bar{y}^2} \qquad\qquad \text{(Formel 7.2.2.-2b)}$$

In Abb. 7.2.2.-1a ist die Regressionsgerade $\hat{x}$ skizzenhaft dargestellt. Das Merkmal Y ist als unabhängiges Merkmal - wie üblich - auf der Abszisse und das abhängige Merkmal X auf der Ordinate abgetragen. Werden beide Regressionsgeraden in einem gemeinsamen Koordinatensystem abgebildet, in dem auf der Abszisse das Merkmal X und auf der Ordinate das Merkmal Y abgetragen sind, dann ist die Regressionsgerade $\hat{x}$ wie in Abb. 7.2.2.-1b wiederzugeben. Die Parameter a und b sind dabei in ungewohnter Weise abzutragen.

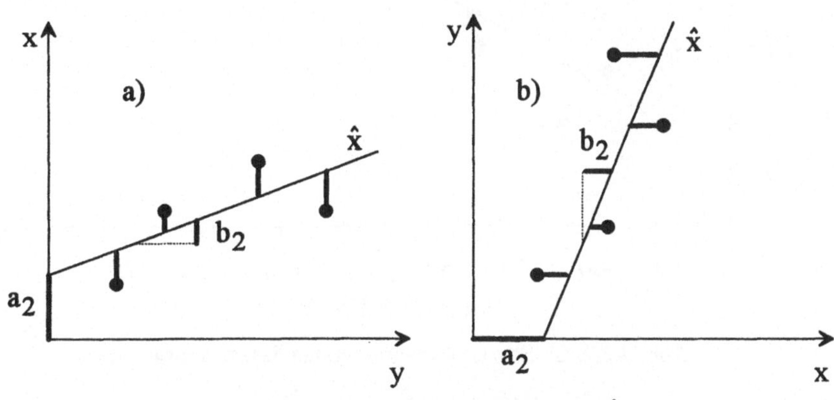

Abb. 7.2.2.-1: Regressionsgerade $\hat{x}$

Für nichtlineare Regressionsfunktionen gelten die Ausführungen zu den nichtlinearen Trendverläufen in Abschnitt 6.3.2.2. analog.

Beispiel: Firmengründung

Den Firmengründern liegen u.a. die Jahresumsätze (in Mio DM) und der jährliche Materialaufwand (in Mio DM) für zwölf vergleichbare Firmen ihrer Branche vor. Die Daten sind in der folgenden Tabelle wiedergegeben.

Betrieb	A	B	C	D	E	F	G	H	I	J	K	L
Umsatz	78	85	105	116	91	74	63	75	85	98	105	57
Aufwand	27	28	31	32	28	25	22	26	30	31	32	24

Die Firmengründer rechnen für das erste Geschäftsjahr mit einem Umsatz von 70 Mio DM. Anhand der vorliegenden Daten wollen die Firmengründer den Materialaufwand für das erste Geschäftsjahr schätzen.

Das zugehörige Streuungsdiagramm in Abb. 7.2.2.-2 läßt erkennen, daß zwischen Umsatz und Materialaufwand ein linearer Zusammenhang besteht. Da der

Umsatz bestimmend für den Materialaufwand ist, wird dem Umsatz das Merkmal X und dem Materialaufwand das Merkmal Y zugeordnet.

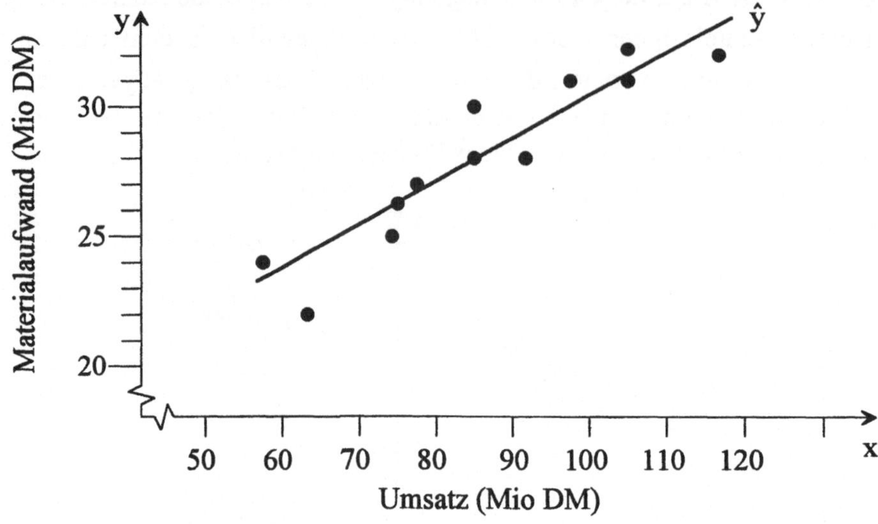

Abb. 7.2.2.-2: Streuungsdiagramm und Regressionsgerade ŷ

Die Berechnung der Regressionsgeraden $\hat{y}$ erfolgt mit Hilfe der nachstehenden Arbeitstabelle:

Betrieb	x_i	y_i	$x_i y_i$	x_i^2	y_i^2
A	78	27	2.106	6.084	729
B	85	28	2.380	7.225	784
C	105	31	3.255	11.025	961
D	116	32	3.712	11.025	1.024
E	91	28	2.548	8.281	784
F	74	25	1.850	5.476	625
G	63	22	1.386	3.969	484
H	75	26	1.950	5.625	676
I	85	30	2.550	7.225	900
J	98	31	3.038	9.604	961
K	105	32	3.360	11.025	1.024
L	57	24	1.938	3.249	576
Summe	1.032	336	29.503	92.244	9.528

Abb. 7.2.2.-3: Arbeitstabelle zur Ermittlung der Regressionsgeraden

Für die Berechnung der beiden Parameter a_1 und b_1 der Regressionsgeraden sind neben den in der Arbeitstabelle berechneten Größen in der Summenzeile noch folgende zwei Größen zu bestimmen:

$$\bar{x} = \frac{\sum x_i}{n} = \frac{1.032}{12} = 86; \quad \bar{y} = \frac{\sum y_i}{n} = \frac{336}{12} = 28.$$

Mit den Formeln 7.2.2.-1a und b ergeben sich:

$$b_1 = \frac{\sum x_i y_i - n\bar{x}\bar{y}}{\sum x_i^2 - n\bar{x}^2} = \frac{29.503 - 12 \cdot 86 \cdot 28}{92.244 - 12 \cdot 86 \cdot 86}$$

$$= \frac{29.503 - 28.896}{92.244 - 88.752} = \frac{607}{3.492} = 0,1738 \approx 0,17$$

$$a_1 = \bar{y} - b_1\bar{x} = 28 - 0,17 \cdot 86 = 13,38$$

Die Regressionsgerade $\hat{y}$ lautet damit:

$$\hat{y} = a_1 + b_1 x = 13,38 + 0,17x$$

In Abb. 7.2.2.-2 ist zu erkennen, daß diese Regressionsgerade die Form des Zusammenhangs sehr gut wiedergibt. Die Interpretation der Regressionsgeraden und die Prognose für den Materialaufwand erfolgen unter Abschnitt 7.2.3.

Die Berechnung der zweiten Regressionsgeraden wird, obwohl der Materialaufwand für den Umsatz eigentlich nicht ursächlich ist, an dieser Stelle durchgeführt, da im Rahmen der Korrelationsrechnung unter Abschnitt 7.3.2. das Steigungsmaß b_2 erforderlich ist.

$$b_2 = \frac{\sum x_i y_i - n\bar{x}\bar{y}}{\sum y_i^2 - n\bar{y}^2} = \frac{29.503 - 12 \cdot 86 \cdot 28}{9.528 - 9.408}$$

$$= \frac{29.503 - 28.896}{9.528 - 9.408} = \frac{607}{120} = 5,0583 \approx 5,06$$

$$a_2 = \bar{x} - b_2\bar{y} = 86 - 5,06 \cdot 28 = -55,68$$

Die zweite Regressionsgerade lautet damit:

$$\hat{x} = a_2 + b_2 y = -55,68 + 5,06y$$

Die beiden Regressionsgeraden schneiden sich im Punkt $(\bar{x}, \bar{y})$, also (86, 28).

7.2.3. Interpretation der Regressionsfunktion

Die Interpretation bezieht sich zum einen auf die Regressionsfunktion insgesamt und zum anderen auf die Regressionsparameter im einzelnen. Die folgenden Ausführungen beschränken sich auf die Regressionsgerade $\hat{y}$. Die Gerade $\hat{x}$ ist analog zu interpretieren.

a) Regressionsgerade $\hat{y}$

Die Regressionsgerade $\hat{y}$ beschreibt die Form des Zusammenhangs zwischen dem unabhängigen Merkmal X und dem abhängigen Merkmal Y. Zu jedem Merkmalswert x_i kann ein durchschnittlich anfallender Merkmalswert $\hat{y}_i$ berechnet werden. Der durch die Regressionsgerade beschriebene Zusammenhang gilt jedoch nicht unbegrenzt. Die Regressionsgerade basiert auf den der Untersuchung zugrunde liegenden Daten. Für diesen durch Daten abgesteckten Untersuchungsbereich besitzt die Regressionsgerade und damit der festgestellte Zusammenhang Gültigkeit. Außerhalb dieses Bereiches muß der festgestellte Zusammenhang nicht notwendig gelten; eine Extrapolation der Regressionsgeraden wird mit zunehmender Entfernung vom Untersuchungsbereich zunehmend problematischer.

Im Beispiel Firmengründer aus Abschnitt 7.2.2. beschreibt die Regressionsgerade

$$\hat{y} = 13,38 + 0,17x$$

die Tendenz des Zusammenhangs zwischen dem Umsatz und dem Materialaufwand. Zu Umsätzen aus dem Untersuchungsbereich, der durch den umsatzschwächsten Betrieb L und den umsatzstärksten Betrieb D mit 57 Mio DM bzw. 116 Mio DM begrenzt wird, kann der jeweils durchschnittlich anfallende Materialaufwand bestimmt werden. - Planen die Firmengründer für das erste Geschäftsjahr einen Umsatz von 70 Mio DM, so müssen sie mit einem durchschnittlichen Materialaufwand von

$$\hat{y}_{70} = 13,38 + 0,17 \cdot 70 = 25,28 \text{ Mio DM}$$

rechnen. Der tatsächliche Materialaufwand wird von diesem Wert wahrscheinlich abweichen, da neben dem Umsatz noch weitere Faktoren auf die Höhe des Materialaufwandes einwirken. Das Ausmaß der Abweichung hängt von der Stärke (Intensität) des Zusammenhangs ab, dessen Messung Gegenstand der Korrelationsanalyse ist.

b) Regressionsparameter b_1

Der Regressionsparameter (Regressionskoeffizient) b_1 gibt als Steigungsmaß an, um wieviel Einheiten sich der Wert des Merkmals Y durchschnittlich ändert, wenn der Wert des Merkmals X um eine Einheit erhöht wird.

Im Beispiel gibt der Regressionsparameter

$$b_1 = 0,17 \text{ (Mio DM)}$$

an, daß eine Umsatzsteigerung um 1 Mio DM mit einer durchschnittlichen Erhöhung des Materialaufwandes um 0,17 Mio DM verbunden ist. - Diese Aussage gilt für den Untersuchungsbereich.

c) Regressionsparameter a_1

Der Regressionsparameter (Regressionskonstante) a_1 gibt den durchschnittlichen Wert des Merkmals Y an, wenn der Wert des Merkmals X gleich Null ist. Eine Interpretation des Parameters ist jedoch sachlich nur sinnvoll, wenn der Merkmalswert x gleich Null im Untersuchungsbereich liegt. Je weiter entfernt der Untersuchungsbereich liegt, desto unzutreffender oder unzuverlässiger wird die Interpretationsaussage.

Im Beispiel ist die Interpretation des Wertes

$$a_1 = 13,05 \text{ Mio DM,}$$

"bei einem Umsatz von Null beträgt der durchschnittliche Materialaufwand 13,05 Mio DM", nicht sinnvoll, da der Untersuchungsbereich erst bei einem Umsatz von 57 Mio DM beginnt. - Noch deutlicher zeigt dies die nicht zulässige und sinnlose Interpretation der Regressionskonstanten a_2 der zweiten Regressionsgeraden: "Bei einem Materialaufwand von Null, ergibt sich ein durchschnittlicher Umsatz in Höhe von minus 55,68 Mio DM."

7.3. Korrelationsanalyse

7.3.1. Aufgabenstellung

Die Korrelationsanalyse hat die Aufgabe, die Stärke (Intensität, Ausmaß, Grad) des Zusammenhangs festzustellen; d.h. sie hat zu ermitteln, wie ausgeprägt der

Einfluß des einen Merkmals auf das andere Merkmal ist. Es ist von Bedeutung, ob zum Beispiel zwischen Lebensalter und Leistung des Beschäftigten ein loser oder ein enger Zusammenhang besteht, oder ob die Zahl der Gäste eines Ausflugslokals sehr stark oder nur mäßig von der Wetterlage bestimmt wird.

Im Rahmen der Korrelationsanalyse sind Kennziffern zu konstruieren bzw. zu berechnen, die über die Stärke des Zusammenhangs informieren. Zur Messung der Korrelation wurden zahlreiche Verfahren konstruiert. Welches oder welche Verfahren im speziellen Fall eingesetzt werden dürfen, hängt von der Skalierung der Merkmale ab.

Sind beide Merkmale mindestens intervallskaliert, stehen als bekannteste Kennziffern der Korrelationskoeffizient von Bravais-Pearson und das Bestimmtheitsmaß zur Auswahl. Diese beiden Zusammenhangsmaße werden in den Abschnitten 7.3.2. bzw. 7.3.3 vorgestellt.

Ist ein Merkmal ordinalskaliert und das andere Merkmal mindestens ordinalskaliert, steht als bekannteste Kennziffer der Rangkorrelationskoeffizient von Spearman zur Verfügung. Mit diesem Zusammenhangsmaß beschäftigt sich der Abschnitt 7.3.4.

Ist mindestens eines der beiden Merkmale nominalskaliert, stehen zur Berechnung der Stärke des Zusammenhangs die sogenannten Kontingenzkoeffizienten (Assoziationsmaße) zur Auswahl. In Abschnitt 7.3.5. werden ausgewählte Kontingenzkoeffizienten vorgestellt.

Grundsätzlich kann für die Berechnung des Zusammenhangs zwischen Merkmalen auch ein Verfahren ausgewählt werden, dessen Skalierungsvoraussetzungen von den Merkmalen übererfüllt werden. Diese Vorgehensweise ist jedoch mit einem Informationsverlust verbunden.

7.3.2. Der Korrelationskoeffizient von Bravais-Pearson

Der Korrelationskoeffizient r (Produkt-Moment-Koeffizient, Maßkorrelation), der auf Auguste Bravais (1811 - 1863) und Karl Pearson (1857 - 1936) zurückgeht, mißt die Stärke des linearen Zusammenhangs zweier Merkmale X und Y, die mindestens intervallskaliert sind.

Im Abschnitt 7.3.2.1. wird der Korrelationskoeffizient von Bravais-Pearson mit Hilfe von Plausibilitätsüberlegungen hergeleitet und im daran anschließenden Abschnitt interpretiert.

7.3.2.1. Herleitung des Korrelationskoeffizienten

Elementarer Baustein des Korrelationskoeffizienten r ist die Kovarianz σ_{XY}. Die Kovarianz mißt die Streuung (Abweichung) der Merkmalsträger bzw. deren Merkmalswerte um den Mittelpunkt oder Durchschnitt ($\bar{x}$, $\bar{y}$). Sie wird in Analogie zur Varianz unter Abschnitt 3.2.4. berechnet. Es sind zwei Berechnungswege möglich.

Ausgehend von den n einzelnen Merkmalsträgern mit ihrer jeweiligen Merkmalswertkombination (x_i, y_i), ist die Varianz die Summe der Abweichungsprodukte aus ($x_i - \bar{x}$) und ($y_i - \bar{y}$), dividiert durch die Anzahl der Merkmalsträger.

$$\sigma_{XY} = \frac{1}{n} \sum_{i=1}^{n} (x_i - \bar{x}) \cdot (y_i - \bar{y}) \qquad \text{(Formel 7.3.2.1.-1a)}$$

oder rechentechnisch einfacher

$$\sigma_{XY} = \frac{1}{n} \sum_{i=1}^{n} x_i y_i - n\bar{x}\bar{y} \qquad \text{(Formel 7.3.2.1.-1b)}$$

Ausgehend von der zweidimensionalen Häufigkeitsverteilung mit den Merkmalswertkombinationen (x_i, y_k), ist die Varianz die Summe der mit der Häufigkeit gewichteten Abweichungsprodukte aus ($x_i - \bar{x}$) und ($y_k - \bar{y}$), dividiert durch die Anzahl der Merkmalsträger.

$$\sigma_{XY} = \frac{1}{n} \sum_{i=1}^{v} \sum_{k=1}^{w} (x_i - \bar{x}) \cdot (y_k - \bar{y}) \cdot h_{ik} \qquad \text{(Formel 7.3.2.1.-2)}$$

In Abb. 7.3.2.1.-1 sind vier Streuungsdiagramme skizzenhaft wiedergegeben. Jedes Diagramm ist durch die $\bar{x}$-Linie und die $\bar{y}$-Linie in die Bereiche I, II, III und IV unterteilt. In den Bereichen I und III liegen die Merkmalswertkombinationen mit einem positiven Abweichungsprodukt, da beide Abweichungen positiv bzw. beide negativ sind, in den Bereichen II und IV liegen die Merkmalswertkombinationen mit einem negativen Abweichungsprodukt, da eine Abweichung negativ und die andere positiv ist.

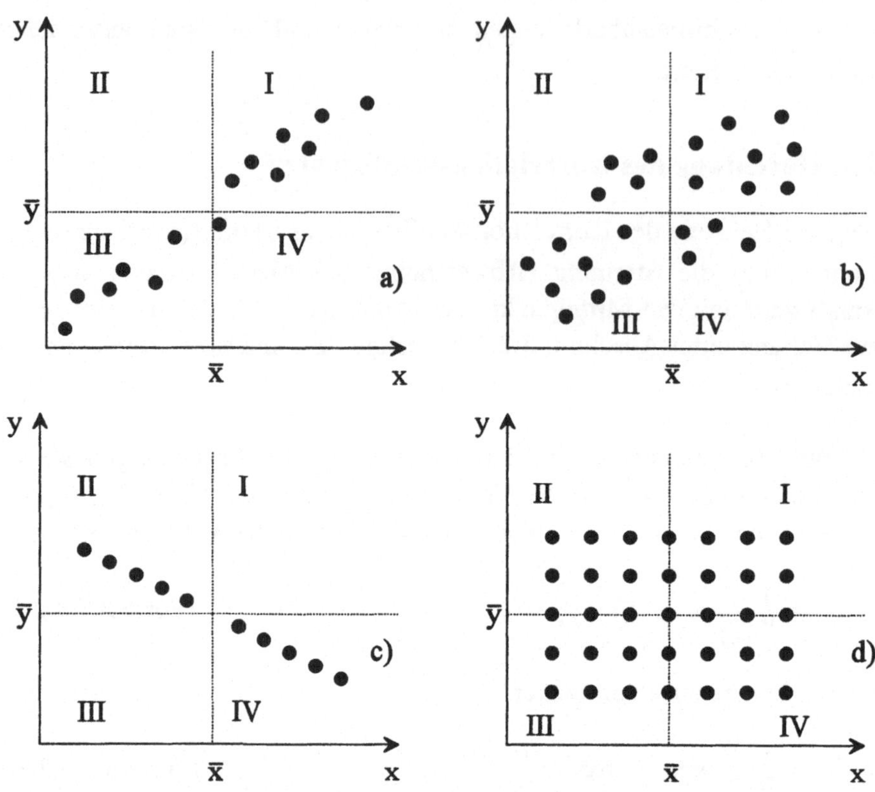

Abb. 7.3.2.1.-1: Streuungsdiagramme

Der unter a) abgebildete lineare Zusammenhang zwischen den Merkmalen X und Y ist stark positiv (gleichläufig) ausgeprägt. D.h. die Tendenz, daß mit zunehmendem Merkmalswert x auch der Merkmalswert y zunimmt, ist stark ausgeprägt. Die Kovarianz nimmt deutlich einen positiven Wert an, da alle Wertepaare - bis auf eines - in den Bereichen I und III liegen.

Der unter b) abgebildete lineare Zusammenhang zwischen den Merkmalen X und Y ist positiv (gleichläufig), aber deutlich geringer ausgeprägt als der unter a). Die Kovarianz ist ebenfalls positiv, ihr Wert wird jedoch durch die vermehrt negativen Abweichungsprodukte in den Bereichen II und IV relativ kleiner ausfallen.

Der unter c) abgebildete lineare Zusammenhang zwischen den Merkmalen X und Y ist extrem stark negativ (gegenläufig) ausgeprägt. D.h. die Tendenz, daß mit zunehmendem Merkmalswert x der Merkmalswert y abnimmt, ist extrem stark ausgeprägt. Sämtliche Merkmalswerte liegen in den Bereichen II und IV, so daß die Kovarianz einen negativen Wert annimmt.

Das Streuungsdiagramm unter d) läßt keinen (linearen) Zusammenhang zwischen den Merkmalen X und Y erkennen. Unabhängig vom Merkmalswert x nimmt Merkmal Y stets dieselben Werte an und umgekehrt. Die Kovarianz nimmt den Wert Null an, da sich die positiven und negativen Abweichungsprodukte gegenseitig aufheben.

Die Kovarianz selbst ist aber als Maß für die Stärke des linearen Zusammenhangs insofern ungeeignet, als der Wert der Kovarianz keine Aussage über das Ausmaß des Zusammenhangs bzw. der Abhängigkeit zuläßt.

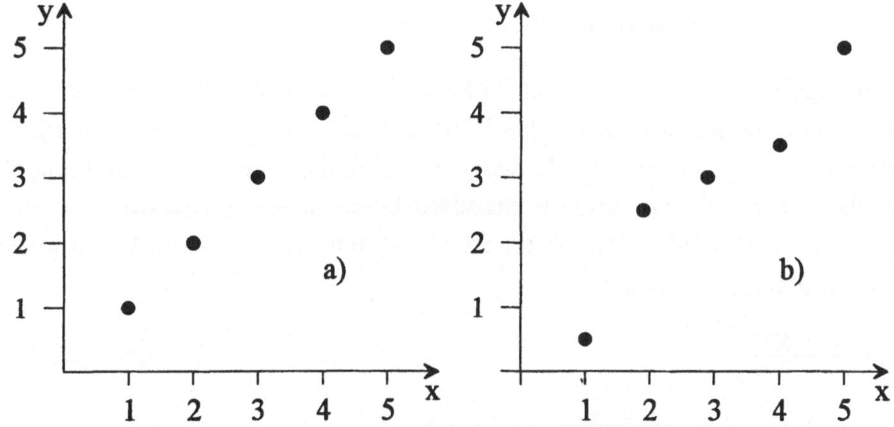

Abb. 7.3.2.1.-2: Streuungsdiagramme mit unterschiedlicher Abhängigkeit und identischer Kovarianz ($\sigma_{XY} = 10$)

In beiden Streuungsdiagrammen in Abb. 7.3.2.1.-2 beträgt die Kovarianz +10, obwohl der lineare Zusammenhang unter a) deutlich stärker ausgeprägt ist als unter b).

Umgekehrt kann die Kovarianz für zwei Häufigkeitsverteilungen, bei denen die Merkmale X und Y dieselbe Abhängigkeit aufweisen, unterschiedlich ausfallen. Das Beispiel in Abb. 7.3.2.1.-3 veranschaulicht dies. In den Fällen a) und b) liegt jeweils ein extrem starker positiver Zusammenhang vor, wobei die beobachteten Werte von Merkmal X jeweils identisch sind mit denen von Merkmal Y. Im Fall b) wurden lediglich weniger Merkmalsträger beobachtet. Im Fall a) beträgt die Kovarianz 28, im Fall b) nur 20.

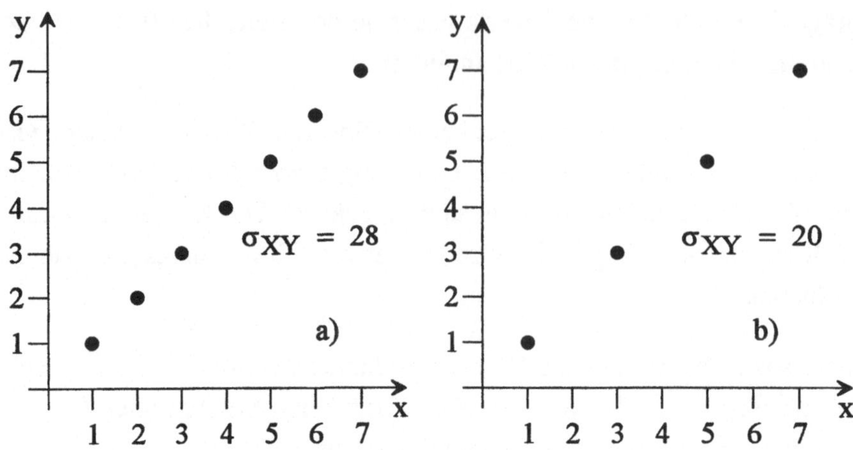

Abb. 7.3.2.1.-3: Streuungsdiagramme mit unterschiedlicher Kovarianz bei gleicher Abhängigkeit

Eine Aussage über das Ausmaß der Abhängigkeit wird mit Hilfe der Kovarianz möglich, wenn die Kovarianz auf den Wertebereich -1 bis +1 normiert wird. Die Normierung erfolgt, indem die Kovarianz durch die Standardabweichung des Merkmals X, nämlich σ_X, und die Standardabweichung des Merkmals Y, nämlich σ_Y, dividiert wird. Diese normierte Kovarianz ist der Korrelationskoeffizient von Bravais und Pearson.

$$r = \frac{\sigma_{XY}}{\sigma_X \cdot \sigma_Y} \qquad \text{(Formel 7.3.2.1.-3)}$$

In der ausführlichen Schreibweise ergibt sich

$$r = \frac{\sum(x_i - \bar{x}) \cdot (y_i - \bar{y})}{\sqrt{\left(\sum x_i - \bar{x}\right)^2 \cdot \left(\sum y_i - \bar{y}\right)^2}} \qquad \text{(Formel 7.3.2.1.-4)}$$

Diese Formel kann in die rechentechnisch leichter handhabbare Formel

$$r = \frac{\sum x_i y_i - n\bar{x}\bar{y}}{\sqrt{\left(\sum x_i^2 - n\bar{x}^2\right) \cdot \left(\sum y_i^2 - n\bar{y}^2\right)}} \qquad \text{(Formel 7.3.2.1.-5)}$$

umgeformt werden.

Eine genaue Betrachtung der Formeln 7.3.2.1.-4 und -5 läßt erkennen, daß der Korrelationskoeffizient r auch mit Hilfe der beiden Regressionskoeffizienten

(Steigungsmaße) b_1 und b_2 der Regressionsgeraden $\hat{y}$ bzw. $\hat{x}$ berechnet werden kann. Der Korrelationskoeffizient von Bravais-Pearson ist das geometrische Mittel der beiden Regressionskoeffizienten.

$$r = \sqrt{b_1 \cdot b_2} \qquad \text{(Formel 7.3.2.1.-6)}$$

Bei Anwendung der Formel 7.3.2.1.-6 gilt: r ist positiv, wenn die beiden Steigungsmaße positiv sind; r ist negativ, wenn die beiden Steigungsmaße negativ sind. Der Fall entgegengesetzter Steigungen ist nicht möglich.

Beispiel: Firmengründung

Die Ermittlung des Korrelationskoeffizienten von Bravais-Pearson für das Beispiel Firmengründung aus Abschnitt 7.2.2. kann mit Hilfe der Formel 7.3.2.1.-6 vorgenommen werden, da die beiden Regressionskoeffizienten bereits bekannt sind.

$$r = \sqrt{b_1 \cdot b_2} = \sqrt{0,17 \cdot 5,06} = +0,927$$

Die Interpretation der Größe r erfolgt im anschließenden Abschnitt.

7.3.2.2. Interpretation des Korrelationskoeffizienten

Der Korrelationskoeffizient r von Bravais-Pearson ist auf den Wertebereich

$$-1 \leq r \leq +1$$

normiert.

Das Vorzeichen von r informiert - entsprechend der zugrundeliegenden Kovarianz - über die Richtung des linearen Zusammenhangs. Der Betrag von r informiert über die Stärke des linearen Zusammenhangs.

a) Richtung des Zusammenhangs

Bei einem positiven Wert r ist der Zusammenhang der Merkmale X und Y positiv bzw. gleichläufig. Wird der Merkmalswert x größer, so wird der Merkmalswert y tendenzmäßig ebenfalls größer; beide Größen laufen in die gleiche Richtung.

Bei einem negativen Wert r ist der Zusammenhang der Merkmale X und Y negativ bzw. gegenläufig. Wird der Merkmalswert x größer, so wird der Merkmalswert y tendenzmäßig kleiner; beide Größen laufen in die entgegengesetzte Richtung.

b) Stärke des linearen Zusammenhangs

Der Betrag des Wertes r informiert über die Stärke des linearen Zusammenhangs.

Ist der lineare Zusammenhang zwischen den beiden Merkmalen nicht ausgeprägt, dann nimmt r den Wert Null an. Dieser Fall liegt in Abb. 7.3.2.1.-1d) vor. Die beiden Regressionsgeraden stehen senkrecht aufeinander, wobei die Regressionsgerade $\hat{y}$ parallel zur Abszisse verläuft.

Besteht zwischen den beiden Merkmalen ein extrem starker Zusammenhang, dann nimmt r den Wert +1 bzw. -1 an. Alle beobachteten Wertekombinationen liegen auf den beiden Regressionsgeraden, die in diesem Fall deckungsgleich sind. Es kann einem Merkmalswert x eindeutig ein Merkmalswert y zugeordnet werden und umgekehrt. In Abb. 7.3.2.1.-1c) beträgt r gleich -1, d.h. es liegt ein extrem starker gegenläufiger Zusammenhang vor.

Je näher der Betrag von r bei 1 liegt, desto stärker (ausgeprägter) ist der lineare Zusammenhang, desto enger streuen die Merkmalswertkombinationen um die Regressionsgeraden. Je näher der Betrag von r bei 0 liegt, desto schwächer (unausgeprägter) ist der lineare Zusammenhang, desto weiter streuen die Merkmalswertkombinationen um die Regressionsgeraden.

In Abb. 7.3.2.2.-1 ist dies zusammenfassend graphisch skizziert.

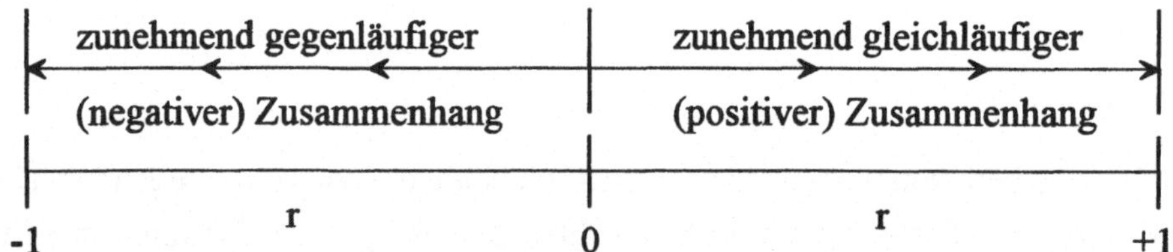

Abb. 7.3.2.2.-1: Interpretation des Korrelationskoeffizienten r

Eine Zuordnung von verbalen Attributen bzw. qualitativen Urteilen zu den Werten von r ist objektiv nicht möglich. Unstrittig ist eine Zuordnung der Attribute stark bis sehr stark ab einem Betrag von zirka 0,9. Bei einem Betrag kleiner zirka 0,1 kann von einem schwachen bis sehr schwachen Zusammenhang gesprochen werden. Bei der Interpretation ist es wegen dieser Zuordnungsproblematik hilfreich, die Berechnungsergebnisse um die graphische Darstellung des Streuungsdiagramms und der Regressionsgeraden zu ergänzen.

Beispiel: Firmengründung

Der unter Abschnitt 7.3.2.1. berechnete Korrelationskoeffizient für die Stärke des Zusammenhangs zwischen Umsatz und Materialaufwand beträgt r = + 0,927.

Das positive Vorzeichen gibt an, daß mit zunehmendem Umsatz der Materialaufwand tendenzmäßig ebenfalls zunimmt. Der Betrag 0,927 gibt an, daß diese Tendenz sehr stark ausgeprägt ist und die Wertekombinationen sehr eng um die Regressionsgerade $\hat{y}$ streuen.

Zusammengefaßt ist der Wert r = + 0,927 wie folgt zu interpretieren:

Es besteht die sehr starke Tendenz, daß mit zunehmendem Umsatz auch der Materialaufwand entlang der Regressionsgeraden $\hat{y}$ zunimmt. - Abb. 7.2.2.-2 verdeutlicht dieses Ergebnis.

7.3.3. Das Bestimmtheitsmaß

Das Bestimmtheitsmaß (Determinationskoeffizient) B^2 mißt die Stärke des Zusammenhangs zwischen zwei Merkmalen X und Y, die beide mindestens intervallskaliert sind. Die Stärke des Zusammenhangs wird gemessen, indem - zunächst vereinfacht gesagt - der Einfluß des Merkmals X auf die Abweichung der Merkmalswerte y vom durchschnittlichen Merkmalswert $\bar{y}$ bestimmt wird.

Im Abschnitt 7.3.3.1. wird das Bestimmtheitsmaß hergeleitet und im daran anschließenden Abschnitt interpretiert.

7.3.3.1. Herleitung des Bestimmtheitsmaßes

Die Stärke des Zusammenhangs zwischen zwei Merkmalen X und Y kann festgestellt werden, indem über eine Streuungszerlegung (Varianzzerlegung) bestimmt wird, inwieweit die Abweichung der Merkmalswerte y vom durchschnittlichen Merkmalswert $\bar{y}$ durch das Merkmal X verursacht wird.

Im Beispiel Firmengründung aus Abschnitt 7.2.2. (S. 201) weicht der Materialaufwand des Betriebes J mit 31 Mio DM um 3 Mio DM vom durchschnittlichen Materialaufwand 28 Mio DM ab. Ist der Umsatz für einen großen Teil dieser Abweichung ursächlich, so ist der Zusammenhang bzw. die Abhängigkeit stark ausgeprägt; ist der Umsatz für einen kleinen Teil dieser Abweichung ursächlich, so ist der Zusammenhang bzw. die Abhängigkeit schwach ausgeprägt etc. Mit Hilfe der Regression kann festgestellt werden, für welchen Teil der Abweichung das Merkmal X ursächlich ist. In Abb. 7.3.3.1.-1 ist für die Merkmalswerte (x_i, y_i) des Merkmalsträgers i graphisch veranschaulicht, welcher Teil der Abweichung durch das Merkmal X verursacht bzw. die Regression bestimmt werden kann.

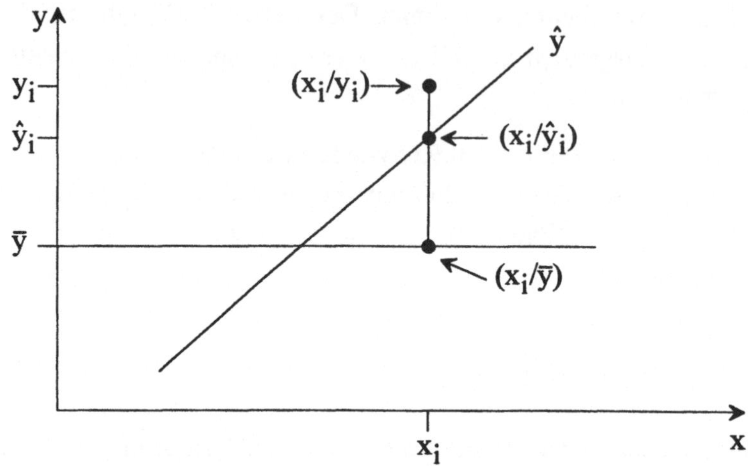

Abb. 7.3.3.1.-1: Streuungszerlegung mit Hilfe der Regression

Beim Merkmalsträger i weicht der Merkmalswert y_i vom durchschnittlichen Merkmalswert $\bar{y}$ ab. Die Ursache dieser Abweichung ist zu bestimmen.

$y_i - \bar{y}$ = die zu bestimmende Abweichung

Von der zu bestimmenden Abweichung kann ein Teil durch das Merkmal X bzw. durch die Regression erklärt werden. Aufgrund der Regression ist bei einem Merkmalswert x_i mit einem Merkmalswert $\hat{y}_i$ zu rechnen. Von der zu bestimmenden Abweichung kann daher der Teil $\hat{y}_i - \bar{y}$ auf die Regression zurückgeführt werden, während der restliche Teil der Abweichung $y_i - \hat{y}_i$ nicht durch die Regression bestimmt werden kann.

$\hat{y}_i - \bar{y}$ = die durch die Regression bestimmte Abweichung

$y_i - \hat{y}_i$ = die nicht durch die Regression bestimmte Abweichung

Im Beispiel Firmengründung ist bei dem Betrieb J aufgrund der Regression bei einem Umsatz von 98 Mio DM mit einem Materialaufwand von 30,04 Mio DM zu rechnen.

$y_J = 31$ Mio DM; $\hat{y}_J = 30,04$ Mio DM; $\bar{y} = 28$ Mio DM

Von der zu bestimmenden Abweichung 3 Mio DM werden 2,04 Mio DM durch die Regression, d.h. den Umsatz bestimmt; 0,96 Mio DM bleiben unbestimmt.

Relativ gesehen können im Beispiel für den Betrieb J

$$\frac{\hat{y}_J - \bar{y}}{y_J - \bar{y}} = \frac{2,04}{3} = 0,68 \text{ bzw. } 68\%$$

der zu bestimmenden Abweichung auf den Umsatz (98 Mio DM) als Ursache zurückgeführt werden, der über dem Durchschnittsumsatz (86 Mio DM) liegt.

Für die Ermittlung des Zusammenhangs zwischen zwei Merkmalen müssen sämtliche Merkmalsträger, d.h. sämtliche Abweichungen in die Kennzahl einfließen. Damit sich positive und negative Abweichungen nicht gegenseitig kompensieren, werden die Abweichungen jeweils quadriert.

Für das Bestimmtheitsmaß B^2 ergibt sich damit:

$$B^2 = \frac{\text{Summe der durch die Regression bestimmten Abweichungsquadrate}}{\text{Summe der zu bestimmenden Abweichungsquadrate}}$$

$$B^2 = \frac{\Sigma \left(\hat{y}_i - \bar{y}\right)^2}{\Sigma \left(y_i - \bar{y}\right)^2} \qquad \text{(Formel 7.3.3.1.-1)}$$

Das Bestimmtheitsmaß - anders ausgedrückt - gibt an, welcher Teil der Varianz (Nenner) des Merkmals Y durch die Regression (Zähler) bestimmt wird.

Da B^2 eine Gliederungszahl ist, gilt für ihren Wertebereich:

$$0 \leq B^2 \leq 1$$

Ist der Zusammenhang von linearer Form bzw. wird die lineare Regressionsfunktion zugrundegelegt, dann kann die Formel 7.3.3.1.-1 umgeformt werden in

$$B^2 = \frac{\left(\Sigma x_i y_i - n\bar{x}\bar{y}\right)^2}{\left(\Sigma x_i^2 - n\bar{x}^2\right) \cdot \left(\Sigma y_i^2 - n\bar{y}^2\right)} \qquad \text{(Formel 7.3.3.1.-2)}$$

Bei linearem Zusammenhang ist das Bestimmtheitsmaß also gleich dem Quadrat des Korrelationskoeffizienten von Bravais-Pearson. Es gilt folglich:

$$B^2 = r^2 = b_1 \cdot b_2 \qquad \text{(Formel 7.3.3.1.-3)}$$

Der Teil der Abweichung, der durch die Regression unbestimmt bleibt, wird durch das Unbestimmtheitsmaß U^2 angegeben bzw. beziffert.

$$U^2 = 1 - B^2 \qquad\qquad \text{(Formel 7.3.3.1.-4)}$$

Im Beispiel Firmengründung kann wegen des linearen Zusammenhangs die Formel 7.3.3.1.-3 zur Berechnung des Bestimmtheitsmaßes verwendet werden.

$$B^2 = b_1 \cdot b_2 = 0,17 \cdot 5,06 = 0,8602 \quad \text{bzw.} \quad 86{,}02\,\%$$

Für das Unbestimmtheitsmaß gilt nach Formel 7.3.3.1.-4

$$U^2 = 1 - B^2 = 1 - 0,8602 = 0,1398 \quad \text{bzw.} \quad 13{,}98\%.$$

Die Interpretation des Bestimmtheitsmaßes und Unbestimmtheitsmaßes erfolgt im anschließenden Abschnitt.

7.3.3.2. Interpretation des Bestimmtheitsmaßes

Das Bestimmtheitsmaß informiert darüber, welcher Teil der Varianz durch die Regression bestimmt werden kann.

Im Falle eines extrem starken Zusammenhangs werden die quadrierten Abweichungen der Merkmalswerte y von ihrem arithmetischen Mittel (Varianz von Y) vollständig durch den Einfluß des anderen Merkmals bestimmt. Die Wertekombinationen liegen dann alle auf der Regressionsfunktion. Das Bestimmtheitsmaß nimmt entsprechend der vollständigen Bestimmung den Wert 1 bzw. 100% an.

Besteht zwischen den beiden Merkmalen kein Zusammenhang, so kann die Varianz des Merkmals Y nicht durch das Merkmal X bestimmt werden. Das Bestimmtheitsmaß nimmt in diesem Fall den Wert Null an.

Je näher der Wert des Bestimmtheitsmaßes bei dem Wert 1 liegt, desto stärker bzw. ausgeprägter ist der Zusammenhang, da der Teil der Varianz, der durch die Regression bestimmt werden kann, größer wird. Je näher der Wert des Bestimmtheitsmaßes bei dem Wert 0 liegt, desto schwächer bzw. weniger ausgeprägt ist der Zusammenhang.

Im Beispiel Firmengründung drückt der Wert des Bestimmtheitsmaßes

$$B^2 = 0,8602 \quad \text{bzw. } 86,02\%$$

aus, daß 86,02% der Varianz des Materialaufwandes durch den Umsatz bestimmt werden. Die Höhe des Umsatzes ist also in erheblichem Maße dafür ursächlich, wenn es zu Abweichungen des Materialaufwandes vom durchschnittlichen Materialaufwand kommt.

Das Unbestimmtheitsmaß

$$U^2 = 0,1398 \quad \text{bzw. } 13,98\%$$

drückt aus, daß 13,98% der Varianz des Materialaufwandes nicht durch den Umsatz bestimmt werden können. Es gibt neben dem Umsatz noch weitere Einflußfaktoren (z.B. Ausschußanteil, Qualifikation des Personals etc.), die in geringerem Umfang auf die Höhe des Materialaufwandes einwirken.

7.3.4. Der Rangkorrelationskoeffizient von Spearman

Zur Messung der Stärke des Zusammenhangs von zwei Merkmalen, von denen eines genau und das andere mindestens ordinalskaliert ist, wird hier der Rangkorrelationskoeffizient ρ (rho) von Charles Edward Spearman (1863 - 1945) vorgestellt.

Im Abschnitt 7.3.4.1. wird der Rangkorrelationskoeffizient hergeleitet und im daran anschließenden Abschnitt interpretiert.

7.3.4.1. Herleitung des Rangkorrelationskoeffizienten

Sind zwei Merkmale mindestens ordinalskaliert, dann können die Merkmalsträger hinsichtlich eines jeden Merkmals in eine natürliche Rangordnung gebracht werden. Der Grad des Zusammenhangs zwischen den beiden Merkmalen kann dann festgestellt werden, indem die beiden Rangordnungen auf Übereinstimmung verglichen werden.

Der Vergleich auf Übereinstimmung erfolgt bei Spearman in drei Schritten und führt zum Rangkorrelationskoeffizienten.

Schrittfolge zur Berechnung des Rangkorrelationskoeffizienten:

Schritt 1: Erstelle die Rangordnung für die Merkmalsträger hinsichtlich des Merkmals X. Ordne den Merkmalsträgern Rangziffern zu.

Schritt 2: Erstelle die Rangordnung für die Merkmalsträger hinsichtlich des Merkmals Y. Ordne den Merkmalsträgern Rangziffern zu.

Schritt 3: Berechne für die ermittelten Rangziffernpaare den Korrelationskoeffizienten von Bravais-Pearson.

Das Ergebnis aus Schritt 3 ist der Rangkorrelationskoeffizient ρ von Spearman.

Die Merkmalsträger können nach aufsteigenden oder absteigenden Merkmalswerten in die Rangordnung gebracht werden. Die Art der Anordnung ist für die Interpretation des Rangkorrelationskoeffizienten von erheblicher Bedeutung.

Liegen sogenannte Bindungen vor, d.h. zwei oder mehr Merkmalsträger besitzen den gleichen Merkmalswert, dann wird diesen Merkmalsträgern als Rangziffer das arithmetische Mittel aus den Rangziffern zugeordnet, die sie im Falle eines unmittelbaren Nacheinanders erhalten hätten. Nehmen z.B. zwei Merkmalsträger in der Rangordnung gemeinsam den dritten Platz ein, dann wird ihnen jeweils die Rangziffer $(3 + 4)/2 = 3,5$ zugeordnet.

Für den speziellen Fall, daß die Rangziffern die ersten n natürlichen Zahlen umfassen, kann die Berechnung des Korrelationskoeffizienten von Bravais-Pearson im Schritt 3 erheblich vereinfacht werden. Die Berechnungsformel 7.3.2.1.-3 bzw. 7.3.2.1.-4 vereinfacht sich zu

$$\rho = 1 - \frac{6 \cdot \sum D_i^2}{n^3 - n} \qquad \text{(Formel 7.3.4.1.-1)}$$

mit $D_i = Rg\, x_i - Rg\, y_i$

wobei

$Rg\, x_i$ = Rangziffer des Merkmalsträgers i hinsichtlich Merkmal X

$Rg\, y_i$ = Rangziffer des Merkmalsträgers i hinsichtlich Merkmal Y

Liegen Bindungen vor, dann bilden die Rangziffern nicht mehr die ersten n natürlichen Zahlen. Die Anwendung der Formel 7.3.4.1.-1 führt in diesem Fall zu einem Ergebnis, das vom Korrelationskoeffizienten von Bravais-Pearson abweicht.

Die Abweichung ist vernachlässigbar, wenn nicht mehr als zirka 20% der Rangziffern von Bindungen betroffen sind.

Beispiel: Kellermeister Perignon

Kellermeister Perignon hat die Qualität der sechs Champagnermarken A bis F zu beurteilen. In Abb. 7.3.4.1.-1 sind die Qualitätsurteile (Merkmal X) von Perignon und die Verkaufspreise in DM (Merkmal Y) für die Champagnermarken angegeben. Die Abbildung dient zugleich als Arbeitstabelle.

Marke	Urteil x_i	Preis y_i	Rg x_i	Rg y_i	D_i	D_i^2
A	gut	40,10	2,5	3	-0,5	0,25
B	sehr gut	38,70	1	5	-4	16
C	befriedigend	42,20	4	1	3	9
D	gut	40,99	2,5	2	0,5	0,25
E	mangelhaft	39,50	6	4	2	4
F	ausreichend	36,40	5	6	-1	1
						30,50

Abb. 7.3.4.1.-1: Arbeitstabelle zur Ermittlung des Rangkorrelationskoeffizienten

Die Ermittlung wird gemäß den oben beschriebenen drei Schritten durchgeführt, wobei in Schritt 3 die Formel 7.3.4.1.-1 angewendet wird.

Schritt 1: Die Champagnermarken werden hinsichtlich des Urteils von Perignon (Merkmal X) in Rangordnung gebracht. Die Ordnung erfolgt nach absteigenden Qualitätsurteilen. Champagner B erhält daher als bester Rangziffer 1, Champagner E als schlechtester Rangziffer 6. Die beiden Champagner A und D erhalten, da sie gemeinsam auf die Rangplätze 2 und 3 entfallen, jeweils die Rangziffer 2,5. Die Zuordnung ist in Spalte 4 wiedergegeben.

Schritt 2: Die Champagnermarken werden hinsichtlich des Preises (Merkmal Y) in Rangordnung gebracht. Die Ordnung erfolgt nach absteigenden Preisen. Champagner C erhält als teuerster Rangziffer 1, Champagner F als billigster Rangziffer 6. Die Zuordnung ist in Spalte 5 wiedergegeben.

Schritt 3: Für die Rangzifferpaare der sechs Champagnermarken werden jeweils die Rangdifferenzen D_i = Rg x_i − Rg y_i berechnet. Die Differenzen sind in Spalte 6 wiedergeben. Anschließend sind die Differenzen jeweils zu quadrieren und zu addieren; diese Berechnungen sind in Spalte 7 wiedergegeben. Abschließend kommt Formel 7.3.4.1.-1 zur Anwendung.

$$\rho = 1 - \frac{6 \cdot \sum D_i^2}{n^3 - n} = 1 - \frac{6 \cdot 30,5}{6^3 - 6}$$

$$= 1 - 0,8714 = +0,1286$$

Wegen der Bindung der Champagnermarken A und D hinsichtlich des Merkmals X weicht das Ergebnis geringfügig vom exakten, nach Bravais-Pearson berechneten Ergebnis +0,116 ab.

Die Interpretation des Rangkorrelationskoeffizienten von Spearman erfolgt im nächsten Abschnitt.

7.3.4.2. Interpretation des Rangkorrelationskoeffizienten

Der Rangkorrelationskoeffizient von Spearman ist analog dem Korrelationskoeffizienten von Bravais-Pearson zu interpretieren, da dieser im Schritt 3 zur Anwendung kommt. Im Unterschied zum Korrelationskoeffizienten von Bravais-Pearson mißt der Rangkorrelationskoeffizient von Spearman allerdings den Zusammenhang zwischen den Merkmalen X und Y nicht direkt, sondern indirekt, da der Zusammenhang zwischen den Rangziffern gemessen wird. Der Rangkorrelationskoeffizient ermittelt, wie stark die Tendenz ausgeprägt ist, daß mit einem höheren Rangplatz für Merkmal X ein höherer (oder niedrigerer) Rangplatz für Merkmal Y verbunden ist.

Der Wertebereich des Rangkorrelationskoeffizienten ρ von Spearman beträgt wie beim Korrelationskoeffizienten von Bravais-Pearson

$$-1 \leq \rho \leq +1.$$

Das Vorzeichen von ρ informiert über die Richtung des Zusammenhangs. Der Betrag von ρ informiert über die Stärke des Zusammenhangs.

a) Richtung des Zusammenhangs

Ein positives Vorzeichen gibt an, daß mit höherer Rangziffer Rg x_i tendenzmäßig eine höhere Rangziffer Rg y_i einhergeht. Ein negatives Vorzeichen gibt an, daß mit höherer Rangziffer Rg x_i tendenzmäßig eine niedrigere Rangziffer Rg y_i einhergeht.

b) Stärke des Zusammenhangs

Besteht zwischen den Rangziffern ein extrem starker Zusammenhang, dann ist ρ gleich 1. Im Fall +1 sind die beiden Rangordnungen völlig identisch bzw. voll gleichläufig. Im Fall -1 sind die beiden Rangordnungen genau entgegengesetzt bzw. voll gegenläufig.

Besteht zwischen den Rangziffern kein Zusammenhang, dann ist ρ gleich 0.

Je näher der Betrag von ρ bei 1 liegt, desto stärker ist der Zusammenhang zwischen den Rangordnungen ausgeprägt. Je näher der Betrag von ρ bei 0 liegt, desto schwächer ist der Zusammenhang zwischen den Rangordnungen ausgeprägt.

Bei der erforderlichen Übertragung der Interpretation auf den Zusammenhang zwischen den Merkmalen selbst ist zu beachten, ob die hinter den beiden Rangordnungen stehenden Merkmale gleichläufig oder gegenläufig angeordnet sind. So folgt aus einem gleichläufigen Zusammenhang bei den Rangordnungen nicht notwendig ein gleichläufiger Zusammenhang bei den Merkmalen und umgekehrt. Dies wird am obigen Beispiel veranschaulicht.

Im Beispiel Kellermeister Perignon beträgt

$$\rho = +0{,}1286 \quad \text{bzw.} \quad r = +0{,}116.$$

Dies bedeutet, daß eine schwache Tendenz besteht, daß mit höherem Rangplatz für Merkmal X auch ein höherer Rangplatz für Merkmal Y einhergeht. Da hinter einem höheren Rangplatz für Merkmal X eine höhere Qualität und hinter einem höheren Rangplatz für Merkmal Y ein höherer Preis steht, bedeutet dies: Es besteht eine schwache Tendenz, daß mit höherer Qualität auch ein höherer Preis verbunden ist. - Die bei der Bildung der Rangordnungen unterstellte These, daß eine höhere Qualität mit einem höheren Preis verbunden ist, wurde durch das positive Vorzeichen bestätigt.

Wird die Rangordnung für den Preis (Merkmal Y) umgekehrt erstellt, d.h. dem niedrigsten Preis wird der Rangplatz 1 und dem höchsten Preis der Rangplatz 6 zugewiesen, dann ergibt sich für den Rangkorrelationskoeffizienten

$$\rho = -0{,}10 \quad \text{bzw.} \quad r = -0{,}116.$$

Dies bedeutet, daß eine schwache Tendenz besteht, daß mit höherem Rangplatz für Merkmal X ein niedrigerer Rangplatz für Merkmal Y einhergeht. Da hinter einem höheren Rangplatz für Merkmal X eine höhere Qualität und hinter einem niedrigeren Rangplatz für Merkmal Y ein höherer Preis steht, bedeutet dies wieder: Es besteht eine schwache Tendenz, daß mit höherer Qualität auch ein höherer Preis verbunden ist. - Der bei der Bildung der Rangordnungen unterstellten These, daß eine höhere Qualität mit einem niedrigeren Preis verbunden ist, wurde durch das negative Vorzeichen widersprochen.

Der Rangkorrelationskoeffizient von Spearman prüft allein die Stärke der Gleichläufigkeit oder Gegenläufigkeit der Rangordnungen bzw. der dahinterstehenden Merkmale. Abstufungen zwischen den Merkmalswerten müssen unberücksichtigt bleiben, da sie auf der Ordinalskala nicht meßbar sind. Hätte etwa die Champagnermarke E statt dem Urteil mangelhaft das schlechtere Urteil ungenießbar erhalten, wäre dies für den Rangkorrelationskoeffizienten ohne Auswirkung gewesen, da die Rangordnung unverändert geblieben wäre.

7.3.5. Kontingenzkoeffizienten

Kontingenzkoeffizienten (Assoziationsmaße) beschreiben die Stärke des Zusammenhangs zwischen zwei Merkmalen, von denen mindestens eines nominalskaliert ist.

Zwei Merkmale X und Y sind - wie in Abschnitt 7.1.1. aufgezeigt - voneinander unabhängig, wenn für jede Merkmalswertkombination (x_i, y_k)

$$h_{ik} = \frac{h_i \cdot h_k}{n} \qquad\qquad \text{(Formel 7.3.5.-1)}$$

gilt. Anderenfalls sind die beiden Merkmale voneinander abhängig.

Als Maßstab für die Stärke des Zusammenhangs können die Abweichungen der tatsächlich aufgetretenen (empirischen) Häufigkeiten von den Häufigkeiten, die sich bei Unabhängigkeit einstellen würden, herangezogen werden. Je größer die Abweichung

$$h_{ik} - \frac{h_i \cdot h_k}{n} \qquad\qquad \text{(Ausdruck 7.3.5.-1)}$$

ist, desto stärker ist die Abhängigkeit bzw. der Zusammenhang. Da es einen Unterschied macht, auf welchem Niveau eine bestimmte Abweichung vorliegt, d.h. ob z.B. die Abweichung 2 bei einer Häufigkeit von 5 oder bei einer Häufigkeit von 500 auftritt, sind die Häufigkeitsabweichungen zu relativieren. Als Bezugsgröße für die Relativierung wird die bei Unabhängigkeit erwartete Häufigkeit

$$\frac{h_i \cdot h_k}{n} \qquad \text{(Ausdruck 7.3.5.-2)}$$

verwendet. Die relativierte Häufigkeitsabweichung ergibt sich damit als Quotient aus den Ausdrücken 7.3.5.-1 und 7.3.5.-2

$$\frac{h_{ik} - \frac{h_i \cdot h_k}{n}}{\frac{h_i \cdot h_k}{n}} \cdot$$

Für die Bildung eines Kontingenzkoeffizienten sind die relativierten Abweichungen für sämtliche Merkmalswertkombinationen zusammenzufassen. Die im Zähler aufgeführten Abweichungen werden hierbei quadriert, um ein gegenseitiges Aufheben positiver und negativer Abweichungen zu vermeiden. Es ergibt sich die Größe χ^2 (Chi-Quadrat), welche die Basis für die Kontingenzkoeffizienten bildet:

$$\chi^2 = \sum_{i=1}^{v} \sum_{k=1}^{w} \frac{\left(h_{ik} - \frac{h_i \cdot h_k}{n} \right)^2}{\frac{h_i \cdot h_k}{n}} \qquad \text{(Formel 7.3.5.-2)}$$

Der Zähler und damit auch Chi-Quadrat nehmen den Wert 0 an, wenn alle tatsächlich aufgetretenen (empirischen) Häufigkeiten mit den sich bei Unabhängigkeit einstellenden Häufigkeiten identisch sind. D.h. bei Unabhängigkeit ist Chi-Quadrat gleich Null, anderenfalls größer als Null.

Beispiel: Pausenregelung

Die 400 Beschäftigten eines Betriebes wurden nach ihrer Einstellung zu einer unbezahlten Verlängerung der Mittagspause von bisher 30 Minuten auf 45 Minuten befragt. Von den 400 Beschäftigten waren 100 in der Verwaltung und 300 in der Produktion tätig; als mögliche Antworten waren die Werte positiv, unentschieden und negativ vorgegeben. Das Ergebnis der Befragung ist in Abb. 7.3.5.-1 wiedergegeben.

Y / X	positiv	unentschieden	negativ	Summe
Verwaltung	40	28	32	100
Produktion	140	72	88	300
Summe	180	100	120	400

Abb. 7.3.5.-1: Häufigkeitsverteilung zur Befragung Pausenregelung

Es ist der Zusammenhang zwischen dem Tätigkeitsbereich (Merkmal X) und der Einstellung zur Pausenregelung (Merkmal Y) zu untersuchen.

Im Fall der Unabhängigkeit, d.h. der Tätigkeitsbereich ist ohne Einfluß auf die Einstellung zur Pausenregelung, müßten sich die in Abb. 7.3.5.-2 mit Formel 7.3.5.-1 berechneten Häufigkeiten ergeben.

Y / X	positiv	unentschieden	negativ	Summe
Verwaltung	$\dfrac{100 \cdot 180}{400} = 45$	$\dfrac{100 \cdot 100}{400} = 25$	$\dfrac{100 \cdot 120}{400} = 30$	100
Produktion	$\dfrac{300 \cdot 180}{400} = 135$	$\dfrac{300 \cdot 100}{400} = 75$	$\dfrac{300 \cdot 120}{400} = 90$	300
Summe	180	100	120	400

Abb. 7.3.5.-2: Berechnung der bei Unabhängigkeit erwarteten Häufigkeiten

Auf Basis der tatsächlichen Häufigkeiten und der bei Unabhängigkeit erwarteten Häufigkeiten ist mit Formel 7.3.5.-2 die Größe Chi-Quadrat zu ermitteln.

$$\chi^2 = \frac{(40-45)^2}{45} + \frac{(28-25)^2}{25} + \frac{(32-30)^2}{30} +$$

$$\frac{(140-135)^2}{135} + \frac{(72-75)^2}{72} + \frac{(88-90)^2}{90}$$

$$= 1,3985$$

Die Größe Chi-Quadrat ist als Maßzahl insofern ungeeignet, als ihr absoluter Wert keine Aussage über die Stärke des Zusammenhangs zuläßt. Werden z.B. die Häufigkeiten der Merkmalswertkombinationen verdoppelt, so verdoppelt sich der Wert von Chi-Quadrat, obgleich die Stärke des Zusammenhangs dieselbe geblieben ist. - Werden im Beispiel Pausenregelung alle Häufigkeiten verdoppelt, so ergibt sich - wie der Leser als Übungsaufgabe nachrechnen kann - für Chi-Quadrat der Wert 2,797.

Diese Beeinflussung durch die Anzahl der Merkmalsträger wird beim Kontingenzkoeffizienten K von Pearson beseitigt:

$$K = \sqrt{\frac{\chi^2}{\chi^2 + n}} \qquad \text{(Formel 7.3.5.-3)}$$

Am Beispiel Pausenregelung wird gezeigt, daß der Kontingenzkoeffizient K von Pearson für die vorliegenden Häufigkeiten und die verdoppelten Häufigkeiten identisch ist:

$$K = \sqrt{\frac{1,3985}{1,3985 + 400}} = \sqrt{\frac{1,3985}{401,3985}} = 0,059$$

$$K = \sqrt{\frac{2,797}{2,797 + 800}} = \sqrt{\frac{2,797}{802,797}} = 0,059$$

Bei Unabhängigkeit nimmt der Kontingenzkoeffizient K den Wert 0 an, da die den Zähler bildende Größe Chi-Quadrat bei Unabhängigkeit gleich 0 ist. Mit zunehmender Abhängigkeit wird der Kontingenzkoeffizient K größer und erreicht bei vollständiger Abhängigkeit seinen maximalen Wert K_{max}.

$$K_{max} = \sqrt{\frac{\min\{v,\,w\} - 1}{\min\{v,\,w\}}} \qquad \text{(Formel 7.3.5.-4)}$$

Im Beispiel Pausenregelung, bei dem das Merkmal X zwei (= v) und das Merkmal Y drei (= w) verschiedene Werte annehmen kann, beträgt der maximale Wert

$$K_{max} = \sqrt{\frac{\min\{2,\,3\} - 1}{\min\{2,\,3\}}} = \sqrt{\frac{2 - 1}{2}} = 0,707.$$

Der Kontingenzkoeffizient K ist also von der Anzahl der verschiedenen Merkmalswerte abhängig und zudem nicht normiert. Diese beiden Nachteile können durch eine Normierung auf den Wertebereich 0 bis 1 beseitigt werden. Dazu ist der Kontingenzkoeffizient K durch seinen maximal möglichen Wert K_{max} zu dividieren. Diese normierte Größe wird als korrigierter Kontingenzkoeffizient bezeichnet.

$$K_{korr} = \frac{K}{K_{max}} = \frac{\sqrt{\dfrac{\chi^2}{\chi^2 + n}}}{\sqrt{\dfrac{K^* - 1}{K^*}}}$$

$$K_{korr} = \sqrt{\frac{\chi^2}{\chi^2 + n} \cdot \frac{K^*}{K^* - 1}} \qquad \text{(Formel 7.3.5.-5)}$$

$$\text{mit } K^* = \min\{v,\ w\}$$

Der korrigierte Kontingenzkoeffizient nimmt bei Unabhängigkeit den Wert 0 und bei vollständiger Abhängigkeit den Wert 1 an. Je näher der Wert bei 1 liegt, desto größer ist die Abhängigkeit bzw. der Zusammenhang zwischen den beiden Merkmalen X und Y.

Für das Beispiel Pausenregelung ergibt sich:

$$K_{korr} = \sqrt{\frac{1,3985}{1,3985 + 400} \cdot \frac{2}{2 - 1}} = \sqrt{0,003484 \cdot 2}$$

$$= \sqrt{0,006968} = 0,08347$$

D.h. der Zusammenhang zwischen dem Tätigkeitsbereich und der Einstellung zur Pausenregelung ist sehr schwach ausgeprägt. Anders ausgedrückt: Die Zugehörigkeit zum Tätigkeitsbereich Verwaltung oder Produktion beeinflußt die Einstellung zur Pausenregelung nur sehr geringfügig.

7.4. Übungsaufgaben und Kontrollfragen

01) Welche Fragen interessieren bei der Untersuchung des Zusammenhangs zwischen zwei Merkmalen?

02) Beschreiben Sie die Aufgaben der Regressions- und Korrelationsanalyse!

03) Beschreiben Sie die Vorgehensweise zur Feststellung der Abhängigkeit von zwei Merkmalen!

04) Erklären Sie den Unterschied zwischen formaler und sachlicher Abhängigkeit!

05) Für einen Artikel sind in der nachstehenden Tabelle die in den letzten sechs Monaten produzierten Mengen (in 1.000) und die dabei jeweils angefallenen Kosten (in TDM) angegeben.

Monat	01	02	03	04	05	06
Menge (1.000)	2	3	6	4	8	7
Kosten (TDM)	30	35	75	55	85	80

a) Untersuchen Sie anhand eines Streuungsdiagramms, von welcher Form der Zusammenhang zwischen den beiden Merkmalen ist! (linear)

b) Bestimmen Sie die Regressionsgerade $\hat{y}$! Welchen ökonomischen Sachverhalt beschreibt diese Gerade? ($\hat{y} = 9{,}82x + 10{,}9$)

c) Erläutern Sie den ökonomischen Inhalt der Regressionsparameter!

d) Berechnen und interpretieren Sie den Korrelationskoeffizienten von Bravais-Pearson! (+0,98)

e) Berechnen und interpretieren Sie das Bestimmtheitsmaß! (0,96)

f) Mit welchen Kosten ist bei einer Ausbringungsmenge von 5.000 ME zu rechnen? (60 TDM) Werden die tatsächlichen Kosten stark von Ihrer Schätzung abweichen? Begründen Sie Ihre Antwort!

06) 400 Haushalte, deren verfügbares Jahreseinkommen zwischen 30 TDM und 50 TDM liegt, wurden nach ihrer Jahresersparnis befragt. Die Berechnung des Zusammenhangs zwischen dem verfügbaren Jahreseinkommen X (TDM) und der Jahresersparnis Y (TDM) ergab die Regressionsgeraden

$$\hat{y} = 0{,}14x + 0{,}4 \qquad \text{und} \qquad \hat{x} = 6{,}5y + 1$$

a) Welchen ökonomischen Sachverhalt beschreibt der Parameter 0,14?

b) Berechnen Sie die durchschnittliche Jahresersparnis für einen Haushalt mit einem verfügbaren Einkommen von 10 TDM! Nehmen Sie kritisch Stellung zu dem Ergebnis! (1,8 TDM)

c) Bestimmen und interpretieren Sie den Korrelationskoeffizienten von Bravais-Pearson! (+0,95)

07) Erläutern Sie die Konzeption des Bestimmtheitsmaßes!

08) Acht Abiturienten unterziehen sich einem Eignungstest. In der folgenden Tabelle sind die Abiturnoten und die im Test erreichten Punkte angegeben.

Abiturient	A	B	C	D	E	F	G	H
Note	3,2	2,6	1,8	2,9	1,6	3,1	2,8	2,1
Punkte	55	70	80	75	72	78	78	68

Untersuchen Sie, wie der Zusammenhang zwischen der Abiturnote und dem Testergebnis ausgeprägt ist! ($\rho = +0,196$ oder $r = +0,1916$; schwach positiv)

09) 54 Beschäftigte wurden nach ihrem Arbeitseinkommen und der Zufriedenheit mit ihrem Arbeitsplatz befragt. Eine Untersuchung über die Stärke des Zusammenhangs zwischen den beiden Merkmalen ergab für den Rangkorrelationskoeffizienten von Spearman den Wert +0,93. Interpretieren Sie das Ergebnis!

10) 170 Studenten der Betriebswirtschaftslehre nahmen an den Klausuren in Betriebsstatistik und Wirtschaftsenglisch teil. Eine Untersuchung über die Stärke des Zusammenhangs zwischen den Noten in den beiden Klausuren ergab für den Rangkorrelationskoeffizienten von Spearman den Wert -0,16. Interpretieren Sie das Ergebnis!

11) Die drei Firmen A, B und C konkurrieren auf dem Markt mit dem Gut G. 500 Käufer wurden nach ihrer Zufriedenheit mit dem Gut G befragt. Das Ergebnis der Befragung ist in der nachstehenden Tabelle angegeben.

Urteil Firma	sehr zufrieden	zufrieden	unzufrieden	Summe
A	80	100	20	200
B	40	66	14	120
C	60	94	26	180
Summe	180	260	60	500

Messen Sie die Stärke des Zusammenhangs zwischen Zufriedenheit und der herstellenden Firma! Interpretieren Sie das Ergebnis! ($K_{korr} = 0,10$)

8. Lösung ausgewählter Übungsaufgaben

In diesem Kapitel werden zahlreiche Übungsaufgaben aus den sieben vorange-
gangenen Kapiteln gelöst. Für die Lösung werden diejenigen Aufgaben ausgewählt, die rechnerisch zu lösen sind. Gibt es zu einem Aufgabentyp mehrere
Übungsaufgaben, so wird eine von diesen stellvertretend gelöst.

Bei Kontrollfragen, die verbal zu beantworten sind, muß der Leser auf die entsprechende Textstelle in dem jeweiligen Kapitel zurückgreifen.

Lösungen zu Kapitel 2

Aufgabe 16: Brenndauer von Glühbirnen

a) Die einfachen relativen und die kumulierten Häufigkeiten sind in der nachstehenden Tabelle aufgelistet.

Brenndauer (Std) von ... bis unter ...		h_j	f_j	H_j	F_j
0	4.000	12	0,06	12	0,06
4.000	6.000	28	0,14	40	0,20
6.000	7.000	44	0,22	84	0,42
7.000	8.000	68	0,34	152	0,76
8.000	9.000	30	0,15	182	0,91
9.000	10.000	18	0,09	200	1,00

c) Der Anteil der Glühbirnen mit einer Brenndauer unter 6.700 Stunden liegt zwischen 0,20 und 0,42. - Mit Formel 2.4.3.-1 errechnet sich:

$$F(x < 6.700) = 0,20 + \frac{6.700 - 6.000}{7.000 - 6.000} \cdot (0,42 - 0,20)$$

$$= 0,20 + 0,7 \cdot 0,22 = 0,354 \quad \text{bzw.} \quad 35,4\%$$

Zirka 35,4 % der Glühbirnen haben eine Brenndauer von unter 6.700 Stunden.

d) Anteil der Glühbirnen mit einer Brenndauer von mindestens 7.800 Stunden

Mit Formel 2.4.3.-1 errechnet sich:

$$F(x \geq 7.800) = 1 - F(x < 7.800)$$

$$F(x < 7.800) = 0,42 + \frac{7.800 - 7.000}{8.000 - 7.000} \cdot (0,76 - 0,42)$$

$$= 0,42 + 0,8 \cdot 0,34 = 0,692 \quad \text{bzw. } 69,2\%$$

$$F(x \geq 7.800) = 1 - 0,692 = 0,308 \quad \text{bzw. } 30,8\%$$

Zirka 30,8 % der Glühbirnen brennen mindestens 7.800 Stunden.

Lösungen zu Kapitel 3:

Aufgabe 11: Asseveratio AG

Vers.summe (TDM)		h_j	x'_j	$x'_j \cdot h_j$	H_j	$\left| x'_j - \bar{x} \right| \cdot h_j$	$\left(x'_j - \bar{x} \right)^2 \cdot h_j$
4	10	20	7	140	20	481,0	11.568,05
10	20	160	15	2.400	180	2.568,0	41.216,40
20	30	80	25	2.000	260	484,0	2.928,20
30	40	40	35	1.400	300	158,0	624,10
40	80	88	60	5.280	388	2.547,6	73.753,02
80	120	12	100	1.200	400	827,4	57.049,23
		400		12.420		7.066,0	187.139,00

a) durchschnittliche Versicherungssumme

Mit Formel 3.1.3.-2 errechnet sich

$$\bar{x} = \frac{1}{n} \sum x'_j \cdot h_j = \frac{1}{400} \cdot 12.420 = 31,05 \text{ TDM} \quad \text{(siehe Spalte 4)}$$

Die durchschnittliche Versicherungssumme beträgt zirka 31,05 TDM.

b) weitere Mittelwerte

i) Modus

Es ist Formel 3.1.1.-2 anzuwenden, da die Klassenbreiten teilweise unterschiedlich sind.

Schritt 1: Berechnung der Häufigkeitsdichten

$$d_1 = \frac{20}{6} = 3,33; \; d_2 = 16; \quad d_3 = 8; \quad d_4 = 4; \quad d_5 = 2,2; \quad d_6 = 0,3.$$

Schritt 2: Bestimmung der Modusklasse

Modusklasse ist die Klasse 2, da diese die größte Dichte aufweist.

Schritt 3: Lokalisierung

$$Mo = x_2^u + \frac{d_2 - d_1}{(d_2 - d_1) + (d_2 - d_3)} \cdot (x_2^o - x_2^u)$$

$$= 10 + \frac{16 - 3,33}{(16 - 3,33) + (16 - 8)} \cdot (20 - 10)$$

$$= 10 + 0,613 \cdot 10 = 16,13 \text{ TDM}$$

Die am häufigsten beobachtete Versicherungssumme beträgt 16,13 TDM.

ii) Median

Es ist Formel 3.1.2.-4 anzuwenden.

Schritt 1: Bestimmung der Medianklasse
Medianklasse ist die Klasse 3, da die Positionsziffer 400/2 = 200 in diese Klasse fällt.

Schritt 2: Lokalisierung

$$Me = x_3^u + \frac{\frac{n}{2} - H_2}{h_3} \cdot (x_3^o - x_3^u) = 20 + \frac{200 - 180}{80} \cdot (30 - 20)$$

$$= 20 + 0,25 \cdot 10 = 22,5 \text{ TDM}$$

50% der Versicherungsverträge lauten auf einen Wert von weniger, 50% auf mehr als 22,5 TDM.

iii) I. Quartil

Es ist Formel 3.1.2.-4 - auf das 1. Quartil übertragen - anzuwenden.

Schritt 1: Bestimmung der 1. Quartilsklasse
1. Quartilsklasse ist die Klasse 2, da die Positionsziffer 400/4 = 100 in diese Klasse fällt.

Schritt 2: Lokalisierung

$$Q_1 = x_2^u + \frac{\frac{n}{4} - H_1}{h_2} \cdot (x_2^o - x_2^u) = 10 + \frac{100 - 20}{160} \cdot (20 - 10) = 15 \text{ TDM}$$

25% der Versicherungsverträge lauten auf einen Wert von weniger, 75% auf mehr als 15 TDM.

d) Streuungsmaße

i) Spannweite R

$$R = x_6^o - x_1^u = 120 - 4 = 116 \text{ TDM} \qquad \text{(Anwendung Formel 3.2.1.-2)}$$

Die Versicherungsverträge streuen über ein Intervall von 116 TDM.

ii) Zentraler Quartilsabstand ZQA

$$ZQA = Q_3 - Q_1 = 40 - 15 = 25 \text{ TDM} \qquad \text{(Anwendung Formel 3.2.2.-1)}$$

Die mittleren 50% der Versicherungsverträge streuen über einen Wertebereich von 25 TDM.

iii) Zentraler 80%-Dezentilsabstand

$$D_9 = 40 + \frac{360 - 300}{88} \cdot (80 - 40) = 67,27 \text{ TDM}$$

$$D_1 = 10 + \frac{40 - 20}{160} \cdot (20 - 10) = 11,25 \text{ TDM}$$

$$D_9 - D_1 = 67,27 - 11,25 = 56,02 \text{ TDM}$$

Die mittleren 80% der Versicherungsverträge streuen über einen Wertebereich von 56,02 TDM.

iv) Mittlere absolute Abweichung δ

Es ist Formel 3.2.3.-2 anzuwenden.

Schritt 1: Bestimmung des arithmetischen Mittels: $\bar{x} = 31,05$ TDM (siehe a))

Schritt 2: Summe der absoluten Abweichungen

$$\sum \left| x_j' - \bar{x} \right| \cdot h_j = 7.066 \text{ TDM} \qquad \text{(siehe Spalte 6 der Arbeitstabelle)}$$

Schritt 3: Division mit n = 400

$$\delta = \frac{7.066}{400} = 17,665 \text{ TDM}$$

Die Versicherungssummen weichen im Durchschnitt um 17,665 TDM von ihrem arithmetischen Mittel 31,05 TDM ab.

e) weitere Streuungsmaße

i) Varianz σ^2

Es ist Formel 3.2.4.-4a anzuwenden:

Schritt 1: Bestimmung des arithmetischen Mittels

$\bar{x} = 31,05$ TDM (aus Aufgabe a) bekannt)

Schritt 2: Summe der quadrierten Abweichungen

$$\Sigma \left(x_j' - \bar{x} \right)^2 \cdot h_j = 187.139 \text{ TDM}^2 \quad \text{(siehe Spalte 7 der Arbeitstabelle)}$$

Schritt 3: Division mit n = 400

$$\sigma^2 = \frac{187.139}{400} = 467,8475 \text{ TDM}^2$$

ii) Standardabweichung σ

$$\sigma = \sqrt{\sigma^2} = \sqrt{467,8475} = 21,63 \text{ TDM} \quad \text{(Anwendung Formel 3.2.4.-3)}$$

iii) Variationskoeffizient VK

Es ist Formel 3.2.5.-1 anzuwenden.

$$VK = \frac{\sigma}{\bar{x}} \cdot 100 = \frac{21,63}{31,05} \cdot 100 = 69,66\%$$

f) Relative Konzentrationsmessung

Vers.summe (TDM) von ... bis unter ...		h_j	$x_j' \cdot h_j$	f_j	F_j	f_j^*	F_j^*
4	10	20	140	0,05	0,05	0,01	0,01
10	20	160	2.400	0,40	0,45	0,19	0,20
20	30	80	2.000	0,20	0,65	0,16	0,36
30	40	40	1.400	0,10	0,75	0,11	0,47
40	80	88	5.280	0,22	0,97	0,43	0,90
80	120	12	1.200	0,03	1,00	0,10	1,00
			12.420				

Auf 75% der Versicherungsverträge entfallen 47% der Versicherungssumme.

g) Gini-Koeffizient GK

Es ist Formel 3.4.1.3.-1 anzuwenden.

$$GK = 1 - [\, 0,05 \cdot (0,00+0,01) + 0,40 \cdot (0,01+0,20) + 0,20 \cdot (0,20+0,36) +$$

$$0,10 \cdot (0,36+0,47) + 0,22 \cdot (0,47+0,90) + 0,03 \cdot (0,90+1,00)]$$

$$= 1 - 0,6379 = 0,3621 \quad \text{(ohne Rundungsungenauigkeit: } GK = 0,35)$$

h) relative Konzentrationsmessung

i) Vorgegeben: $F = 0,25$;   gesucht: F^*.

$$F_1 = 0,05 \qquad F_1^* = 0,01$$

$$F_2 = 0,45 \qquad F_2^* = 0,20$$

$$F^* = 0,01 + \frac{0,25 - 0,05}{0,45 - 0,05} \cdot (0,20 - 0,01) = 0,01 + 0,5 \cdot 0,19$$

$$= 0,105 \quad \text{bzw. } 10,5\%$$

Auf die 25% wertniedrigsten Versicherungsverträge entfallen 10,5% der Versicherungssumme. (ohne Rundungsungenauigkeit: 10,3%)

ii) Vorgegeben: Komplement $F = 1 - 0,10 = 0,90$; gesucht: F^*

$$F_4 = 0,75 \qquad F_4^* = 0,47$$

$$F_5 = 0,97 \qquad F_5^* = 0,90$$

$$F^* = 0,47 + \frac{0,90 - 0,75}{0,97 - 0,75} \cdot (0,90 - 0,47)$$

$$= 0,763 \; \rightarrow \; (0,90/\,0,763)$$

Auf die 10% werthöchsten Versicherungsverträge entfallen 23,7% der Versicherungssumme. (ohne Rundungsungenauigkeit: 23,2%)

i) relative Konzentrationsmessung

Gesucht: F; vorgegeben: $F^* = 0,50$

$$F_4 = 0,75 \qquad F_4^* = 0,47$$

$$F_5 = 0,97 \qquad F_5^* = 0,90$$

$$F = 0,75 + \frac{0,50 - 0,47}{0,90 - 0,47} \cdot (0,97 - 0,75) = 0,765 \text{ bzw. } 76,5\%$$

Auf 50% der Versicherungssumme entfallen 76,5% der Versicherungsverträge. (ohne Rundungsungenauigkeit: 76,1%)

j) Absolute Konzentration

Vorgegeben sind die 12 größten Verträge bzw. das Komplement 400 - 12 = 388; gesucht ist F^*.

Das Ergebnis kann aus der Arbeitstabelle direkt abgelesen werden:
Auf die 12 größten Versicherungsverträge (h_6) entfallen 10% der Versicherungssumme (f_6^*). (ohne Rundungsungenauigkeit: 9,7%)

Aufgabe 13: Abfüllanlage

Die Aufgabe ist mit dem harmonischen Mittel (Formel 3.1.4.-1) zu lösen.

$$MH = \frac{h_1 + h_2}{\frac{h_1}{x_1} + \frac{h_2}{x_2}} = \frac{300.000 + 150.000}{\frac{300.000}{50.000} + \frac{150.000}{30.000}}$$

$$= \frac{450.000}{6 + 5} \approx 40.909 \text{ Flaschen}$$

Es wurden durchschnittlich 40.909 Flaschen pro Stunde abgefüllt.

Aufgabe 14: Schatzbrief

Die Aufgabe ist mit dem geometrischen Mittel (Formel 3.1.5.-1a) zu lösen.
Mit den Zinssätzen sind die Wachstumsfaktoren x_i $(i = 1, ..., 5)$ gegeben:

1,045; 1,05; 1,06; 1,065; 1,07.

$$G = \sqrt[5]{\prod_{i=1}^{5} x_i} = \sqrt[5]{1,045 \cdot 1,05 \cdot 1,06 \cdot 1,065 \cdot 1,07}$$

$$= \sqrt[5]{1,3253935} = 1,057959 \text{ bzw. } 5,796\%$$

Die durchschnittliche jährliche Verzinsung beträgt 5,796%.

Lösungen zu Kapitel 5

Aufgabe 4: Preis- und Mengenentwicklung

Gut	Jahr 01		Jahr 02		Jahr 03	
	Preis	Menge	Preis	Menge	Preis	Menge
A	7,00	12	8,00	11	8,50	13
B	17,50	4	16,00	6	18,00	5
C	12,00	7	12,50	9	13,00	10

a) Preis- und Mengenindizes nach Laspeyres

Mit Formel 5.1.2.-2 ergeben sich:

$$_L P_{1,1} = 100,0$$

$$_L P_{1,2} = \frac{\sum p_2 \cdot q_1}{\sum p_1 \cdot q_1} \cdot 100 = \frac{8 \cdot 12 + 16,0 \cdot 4 + 12,5 \cdot 7}{7 \cdot 12 + 17,5 \cdot 4 + 12,0 \cdot 7} \cdot 100$$

$$= \frac{247,5}{238} \cdot 100 = 103,99 \approx 104,0$$

$$_L P_{1,3} = \frac{\sum p_3 \cdot q_1}{\sum p_1 \cdot q_1} \cdot 100 = \frac{265}{238} \cdot 100 = 111,34 \approx 111,3$$

Mit Formel 5.2.-2 ergeben sich:

$$_L Q_{1,1} = 100,0$$

$$_L Q_{1,2} = \frac{\sum q_2 \cdot p_1}{\sum q_1 \cdot p_1} \cdot 100 = \frac{11 \cdot 7,0 + 6 \cdot 17,5 + 9 \cdot 12}{12 \cdot 7,0 + 4 \cdot 17,5 + 7 \cdot 12} \cdot 100$$

$$= \frac{290}{238} \cdot 100 = 121,848 \approx 121,8$$

$$_L Q_{1,3} = \frac{\sum q_3 \cdot p_1}{\sum q_1 \cdot p_1} \cdot 100 = \frac{298,5}{238} \cdot 100 = 125,42 \approx 125,4$$

b) Preis- und Mengenindizes nach Paasche

Mit Formel 5.1.3.-2 ergeben sich:

$$_P P_{1,1} = 100,0$$

$$_P P_{1,2} = \frac{\sum p_2 \cdot q_2}{\sum p_1 \cdot q_2} \cdot 100 = \frac{8 \cdot 11 + 16,0 \cdot 6 + 12,5 \cdot 9}{7 \cdot 11 + 17,5 \cdot 6 + 12,0 \cdot 9} \cdot 100$$

$$= \frac{296,5}{290} \cdot 100 = 102,24 \approx 102,2$$

$$_P P_{1,3} = \frac{\sum p_3 \cdot q_3}{\sum p_1 \cdot q_3} \cdot 100 = \frac{330,5}{298,5} \cdot 100 = 110,72 \approx 110,7$$

Mit Formel 5.2.-3 ergeben sich:

$$_P Q_{1,1} = 100,0$$

$$_P Q_{1,2} = \frac{\sum q_2 \cdot p_2}{\sum q_1 \cdot p_2} \cdot 100 = \frac{11 \cdot 8 + 6 \cdot 16,0 + 9 \cdot 12,5}{12 \cdot 8 + 4 \cdot 16,0 + 7 \cdot 12,5} \cdot 100$$

$$= \frac{296,5}{247,5} \cdot 100 = 119,798 \approx 119,8$$

$$_P Q_{1,3} = \frac{\sum q_3 \cdot p_3}{\sum q_1 \cdot p_3} \cdot 100 = \frac{330,5}{265} \cdot 100 = 124,717 \approx 124,7$$

c) Umsatzindizes

Mit Formel 5.3.-1 ergeben sich:

$$U_{1,1} = 100,0$$

$$U_{1,2} = \frac{\sum p_2 \cdot q_2}{\sum p_1 \cdot q_1} \cdot 100 = \frac{296,5}{238} \cdot 100 = 124,5798 \approx 124,6$$

$$U_{1,3} = \frac{\sum p_3 \cdot q_3}{\sum p_1 \cdot q_1} \cdot 100 = \frac{330,5}{238} \cdot 100 = 138,866 \approx 138,9$$

d) Preisveränderung von 02 nach 03

$$\frac{_L P_{1,3}}{_L P_{1,2}} \cdot 100 = \frac{111,3}{104,0} \cdot 100 = 107,02 \approx 107,0 \quad \text{bzw.} \quad +7,0\%$$

e) Umbasierung

Mit Formel 5.4.-2 ergeben sich:

$$_L P_{2,1} = \frac{_L P_{1,1}}{_L P_{1,2}} \cdot 100 = \frac{100}{104} \cdot 100 = 96,15 \approx 96,2$$

$$_L P_{2,2} = 100,0$$

$$_L P_{2,3} = \frac{_L P_{1,3}}{_L P_{1,2}} \cdot 100 = \frac{111,3}{104} \cdot 100 = 107,02 \approx 107,0$$

Aufgabe 5: Tarifliche Wochenlöhne

a) Wochenlohnanstieg von 1990 bis 1994

$$\frac{_L P_{85,94}}{_L P_{85,90}} \cdot 100 = \frac{139,5}{117,0} \cdot 100 = 119,23 \approx 119,2 \quad \text{bzw.} \quad +19,2\%$$

b) Stundenlohnanstieg von 1990 bis 1994

$$\frac{148,2}{121,4} \cdot 100 = 122,076 \approx 122,1 \quad \text{bzw.} \quad +22,1\%$$

c) Index für die wöchentliche Arbeitszeit

Basisjahr für den Index der wöchentlichen Arbeitszeit ist das Basisjahr für die Löhne 1985. Zur Ermittlung des Arbeitszeitindexes ist der Wochenlohnindex als Umsatzindex (Preis mal Stunde) durch den Stundenlohnindex als Preisindex zu dividieren. Z.B. bedeutet eine Verdoppelung des Stundenlohnes (200%) bei gleichbleibendem Wochenlohnindex (100%) eine Halbierung der wöchentlichen Arbeitszeit (50% = (100/200)·100).

Mit Formel 5.6.-2 ergeben sich:

$$\text{Arbeitszeitindex}_{85,90} = \frac{\text{Wochenlohnindex}_{85,90}}{\text{Stundenlohnindex}_{85,90}} \cdot 100 = \frac{117,0}{121,4} \cdot 100$$

$$= 96,376 \approx 96,4\% \quad \text{bzw.} \quad -3,6\%$$

Die wöchentliche Arbeitszeit lag 1990 durchschnittlich 3,6% unter der von 1985.

$$\text{Arbeitszeitindex}_{85,94} = \frac{\text{Wochenlohnindex}_{85,94}}{\text{Stundenlohnindex}_{85,94}} \cdot 100 = \frac{139,5}{148,2} \cdot 100$$

$$= 94,130 \approx 94,1\% \quad \text{bzw.} \quad -5,9\%.$$

d) Arbeitszeitverkürzung von 1990 bis 1994

$$\frac{\text{Arbeitszeitindex}_{85,94}}{\text{Arbeitszeitindex}_{85,90}} \cdot 100 = \frac{94,1}{96,4} \cdot 100 = 97,61 \approx 97,6 \quad \text{bzw.} \quad -2,4\%$$

Aufgabe 7: Landmaschinen

a) Veränderung der Erzeugerpreise von 1990 bis 1995

Wegen der Unterbrechung der Indexzahlenreihe ist zunächst eine Verknüpfung mit Hilfe von Formel 5.5.-2 (Fortführung der alten Reihe) vorzunehmen:

$$P_{85,95} = P_{91,95} \cdot \frac{P_{85,91}}{100} = 111,7 \cdot \frac{127,2}{100} \approx 142,1$$

Preisveränderung:

$$\frac{P_{85,95}}{P_{85,90}} \cdot 100 = \frac{142,1}{121,4} \cdot 100 \approx 117,1 \quad \text{bzw.} \quad +17,1\%$$

b) Realer Umsatz 1995 zu Preisen von 1991

Mit Formel 5.6.-1 ergibt sich:

$$\text{Realer Umsatz 1995} = \frac{\text{Nomineller Umsatz 1995}}{\text{Preisindex}_{91,95}} \cdot 100 = \frac{360}{111,7} \cdot 100$$

$$\approx 322,3 \text{ Mio DM}$$

c) Realer Umsatz 1995 zu Preisen von 1990

Mit Formel 5.6.-1 ergibt sich:

$$\text{Realer Umsatz 1995} = \frac{\text{Nomineller Umsatz 1995}}{\text{Preisindex}_{90,95}} \cdot 100 = \frac{360}{117,1} \cdot 100$$

$$\approx 307,4 \text{ Mio DM}$$

Hinweis: Der Preisindex im Nenner muß genau auf die vorgegebene Zeitspanne abgestimmt sein. Der Wert wurde unter a) näherungsweise ermittelt.

d) Analyse der nominellen Umsatzsteigerung

Der nominelle Umsatz ist von von 1990 bis 1995 von 240 auf 360 Mio DM gestiegen. Die nominelle Umsatzsteigerung beträgt damit 120 Mio DM. Der reale Umsatz in 1995 zu Preisen von 1990 beträgt 307,4 Mio DM. Damit beträgt die reale Umsatzsteigerung bzw. die mengenmäßige Mehrleistung 67,4 Mio DM (307,4 - 240); dies entspricht einer realen Steigerung um 28,1%. Auf die Preissteigerung entfallen dann 52,6 Mio DM (120 - 67,4).

Aufgabe 8: Kaufkraftvergleich

a) Deutscher Warenkorb als Basis

Mit Formel 5.8.-1 errechnet sich:

$$P_{D,F} = \frac{\sum p_F \cdot q_D}{\sum p_D \cdot q_D} = \frac{15 \cdot 10 + 20 \cdot 15 + 20 \cdot 30 + 18 \cdot 20}{5 \cdot 10 + 6 \cdot 15 + 5 \cdot 30 + 8 \cdot 20}$$

$$= \frac{1.410}{450} \left[\frac{FF}{DM} \right] = 3,133 \left[\frac{FF}{DM} \right]$$

$$1 \, DM \mathbin{\widehat{=}} 3,133 \, FF \qquad bzw. \qquad 1 \, FF \mathbin{\widehat{=}} 0,319 \, DM$$

b) Französischer Warenkorb als Basis

Mit Formel 5.8.-1 errechnet sich:

$$P_{F,D} = \frac{\sum p_D \cdot q_F}{\sum p_F \cdot q_F} = \frac{5 \cdot 5 + 6 \cdot 20 + 5 \cdot 25 + 8 \cdot 25}{15 \cdot 5 + 20 \cdot 20 + 20 \cdot 25 + 18 \cdot 25}$$

$$= \frac{470}{1425} \left[\frac{DM}{FF} \right] \approx 0,33 \left[\frac{DM}{FF} \right]$$

$$1 \, FF \mathbin{\widehat{=}} 0,33 \, DM \qquad bzw. \qquad 1 \, DM \mathbin{\widehat{=}} 3,032 \, FF$$

c) Französische Lebenshaltung in Deutschland

Valutaparität:

$$1 \, FF \mathbin{\widehat{=}} 0,29 \, DM \qquad bzw. \qquad 1 \, DM \mathbin{\widehat{=}} 3,45 \, FF$$

Der französische Warenkorb kostet in Deutschland in FF ausgedrückt:

$$\sum p_D \cdot q_F \cdot 3,45 = 470 \cdot 3,45 = 1.621,50 \, FF$$

Der Franzose zahlt für seinen Warenkorb in Frankreich nur 1.425 FF gegenüber umgerechnet 1.621,50 FF in Deutschland. D.h. 1 FF ist für den Franzosen in Deutschland nur

$$\frac{1.425}{1.621,50} \cdot 100 \approx 0,879 \, FF$$

wert. Sein Kaufkraftverlust beträgt damit 12,1%.

Aufgabe 10: Preissteigerung 1976 bis 1996

$$P_{76,96} = 116,0 \cdot \frac{121,0}{100} \cdot \frac{110,7}{100} \cdot \frac{114,1}{100} = 177,3 \quad bzw. \; +77,3\%$$

Lösungen zu Kapitel 6

Aufgabe 6: Methode der gleitenden Durchschnitte

a) Trendwerte nach der 3., 4. und 5. Ordnung

x_i	y_i	Trendwerte $\bar{y}_i$ nach der		
		3. Ordnung	4. Ordnung	5. Ordnung
1	6	-	-	-
2	8	8,33	-	-
3	11	8,00	7,75	7,60
4	5	8,00	8,38	8,60
5	8	8,00	9,00	9,60
6	11	10,67	9,50	8,80
7	13	10,33	10,13	10,00
8	7	10,33	11,00	11,40
9	11	11,00	11,88	12,40
10	15	14,00	12,63	11,80
11	16	13,67	-	-
12	10	-	-	-

Gleitende Durchschnitte zur 3. Ordnung:

$$\bar{y}_2 = \frac{6 + 8 + 11}{3} = 8,33; \qquad \bar{y}_3 = \frac{8 + 11 + 5}{3} = 8,00;$$

$$\bar{y}_4 = \frac{11 + 5 + 8}{3} = 8,00; \quad .... \quad \bar{y}_{11} = \frac{15 + 16 + 10}{3} = 13,67.$$

Gleitende Durchschnitte zur 4. Ordnung:

$$\bar{y}_3 = \frac{0{,}5{\cdot}6 + 8 + 11 + 5 + 0{,}5{\cdot}8}{4} = 7,75;$$

$$\bar{y}_4 = \frac{0{,}5{\cdot}8 + 11 + 5 + 8 + 0{,}5{\cdot}11}{4} = 8,38;$$

$$\bar{y}_5 = \frac{0{,}5{\cdot}11 + 5 + 8 + 11 + 0{,}5{\cdot}13}{4} = 9,00;$$

.....

$$\bar{y}_{10} = \frac{0{,}5{\cdot}7 + 11 + 15 + 16 + 0{,}5{\cdot}10}{4} = 12,63.$$

Gleitende Durchschnitte zur 5. Ordnung:

$$\bar{y}_3 = \frac{6+8+11+5+8}{5} = 7,60; \qquad \bar{y}_4 = \frac{8+11+5+8+11}{5} = 8,60;$$

$$\bar{y}_5 = \frac{11+5+8+11+13}{5} = 9,60; \qquad ....$$

$$\bar{y}_{10} = \frac{7+11+15+16+10}{5} = 11,80.$$

Aufgabe 9: Methode der kleinsten Quadrate

Die lineare Trendfunktion wird mit Hilfe der Formel 6.3.2.1.-1a und b ermittelt. In der nachstehenden Arbeitstabelle werden erforderliche Daten berechnet.

x_i	y_i	$x_i y_i$	x_i^2
1	6	6	1
2	8	16	4
3	11	33	9
4	5	20	16
5	8	40	25
6	11	66	36
7	13	91	49
8	7	56	64
9	11	99	81
10	15	150	100
11	16	176	121
12	10	120	144
78	121	873	650

$$\bar{x} = \frac{\sum x_i}{n} = \frac{78}{12} = 6,5; \qquad \bar{y} = \frac{\sum y_i}{n} = \frac{121}{12} \approx 10,08;$$

$$n\bar{x}\bar{y} = 12 \cdot 6,5 \cdot 10,08 = 786,24; \qquad n\bar{x}^2 = 12 \cdot 6,5 \cdot 6,5 = 507;$$

$$b = \frac{\sum x_i y_i - n\bar{x}\bar{y}}{\sum x_i^2 - n\bar{x}^2} = \frac{873 - 786,24}{650 - 507} = \frac{86,76}{143} \approx 0,61$$

$$a = \bar{y} - b\bar{x} = 10,08 - 0,61 \cdot 6,5 \approx 6,12$$

Die Trendgerade nach der Methode der kleinsten Quadrate lautet damit:

$$\hat{y} = 0,61x + 6,12$$

Aufgabe 10: Krankheitsbedingte Fehlzeiten

In der nachstehenden Arbeitstabelle sind die für die Lösung der Aufgabe notwendigen Berechnungen durchgeführt.

x_i	y_i	$\hat{y}_i$	$S_i^a = y_i - \hat{y}_i$	$S_i^m = \dfrac{y_i}{\hat{y}_i}$
1	2.575	2.140	435	1,20
5	2.340	1.900	440	1,23
9	2.105	1.660	445	1,27
13	1.855	1.420	435	1,31
17	1.625	1.180	445	1,38

a) Art der Verknüpfung

Eine Analyse der additiven und der multiplikativen Schwankungskomponenten (Spalten 4 bzw. 5) zeigt, daß die additive Komponente für die I. Quartale sehr stabil ist, während die multiplikative Komponente mit der Zeit deutlich zunimmt. Es liegt eine additive Verknüpfung von Trend und periodischer Schwankung vor.

b) Schwankungskomponente für das 9. Quartal

Die Schwankungskomponente für das 9. Quartal

$$S_9^a = +445 \text{ Tage}$$

besagt, daß im I. Quartal 1993 die krankheitsbedingten Fehlzeiten um 445 Tage über dem Trendwert 1.660 Tage gelegen sind.

c) Saisonnormale für das I. Quartal

Die Saisonnormale für das I. Quartal ist das arithmetische Mittel aus den Schwankungskomponenten der I. Quartale:

$$SN_I^a = \frac{435 + 440 + 445 + 435 + 445}{5} = 440 \text{ Tage}$$

In den I. Quartalen lagen die krankheitsbedingten Fehlzeiten durchschnittlich um 440 Tage über dem jeweiligen Trendwert.

d) Prognose für das I. Quartal 1998

Der Prognose-Trendwert für das I. Quartal 1998, das 29. Quartal, beträgt:

$$\hat{y}_{29}^P = 2.200 - 60 \cdot 29 = 460 \text{ Tage.}$$

Unter Berücksichtigung des saisonalen Einflusses im I. Quartal ergibt sich als Prognosewert:

$$y_{29}^P = \hat{y}_{29}^P + S_I^a = 460 + 440 = 900 \text{ Tage.}$$

Der Prognose ist sehr skeptisch gegenüberzustehen, da nicht zu erwarten ist, daß sich die stark rückläufige Entwicklung der krankheitsbedingten Fehlzeiten in den Jahren 1991 bis 1995 auch weiterhin so fortsetzen wird.

Aufgabe 11: Cerevisia Brau GmbH

In der nachstehenden Arbeitstabelle sind die für die Lösung der Aufgabe notwendigen Berechnungen durchgeführt.

x_i	y_i	$\hat{y}_i$	$S_i^a = y_i - \hat{y}_i$	$S_i^m = \dfrac{y_i}{\hat{y}_i}$
2	18,0	13,6	4,4	1,32
6	16,8	12,8	4,0	1,31
10	15,5	12,0	3,5	1,29
14	14,3	11,2	3,1	1,28

a) Art der Verknüpfung

Eine Analyse der additiven und der multiplikativen Schwankungskomponenten zeigt, daß die additive Komponente für die II. Quartale mit der Zeit deutlich abnimmt, während die multiplikative Komponente nahezu stabil ist. Es liegt eine multiplikative Verknüpfung von Trend und periodischer Schwankung vor.

b) Schwankungskomponente für das 10. Quartal

Die Schwankungskomponente für das 10. Quartal

$$S_{10}^m = \frac{15,5}{12,0} = 1,29$$

besagt, daß im II. Quartal 1995 der Bierabsatz um 29% über dem Trend-Bierabsatz gelegen ist.

c) Saisonnormale für das II. Quartal

Die Saisonnormale für das II. Quartal ist das arithmetische Mittel aus den Schwankungskomponenten der II. Quartale:

$$SN_{II}^m = \frac{1{,}32 + 1{,}31 + 1{,}29 + 1{,}28}{4} = 1{,}30$$

In den II. Quartalen lag der Bierabsatz durchschnittlich 30% über dem jeweiligen Trend-Bierabsatz.

d) Prognose für das II. Quartal 1997

Der Prognose-Trendwert für das II. Quartal 1997, das 18. Quartal, beträgt:

$$\hat{y}_{18}^P = -0{,}2 \cdot 18 + 14 = 10{,}4\,[1.000\,hl]$$

Unter Berücksichtigung des saisonalen Einflusses im II. Quartal ergibt sich als Prognosewert:

$$y_{18}^P = \hat{y}_{18}^P \cdot S_{II}^m = 10{,}4 \cdot 1{,}30 = 13{,}52\,[1.000\,hl]$$

Der Bierabsatz im II. Quartal 1997 muß deutlich über 13.520 hl liegen, damit Delator von einem erfolgreichen Marketingkonzept sprechen kann.

Aufgabe 13: Absatz von Sportwagen

a) Funktionstyp

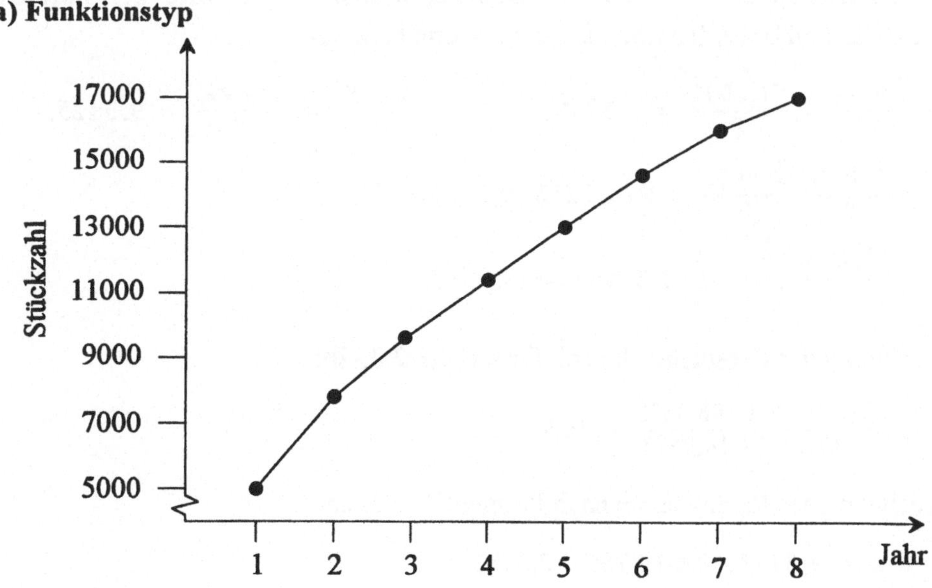

Die graphische Wiedergabe der Zeitreihe zeigt den leicht degressiven Anstieg der abgesetzten Stückzahlen an Sportwagen. Dieser Verlauf kann durch eine Potenzfunktion wiedergegeben werden. Die Darstellung zeigt, daß der Verlauf auch näherungsweise durch eine Gerade beschrieben werden könnte; diese Form wäre jedoch insbesondere für die Abgabe von Prognosen nicht zweckmäßig.

b) Bestimmung der Trendfunktion

In der nachstehenden Arbeitstabelle sind für die Lösung der Aufgabe notwendige Berechnungen durchgeführt.

x_i	y_i	$\ln x_i$	$\ln y_i$	$\ln y_i \cdot \ln x_i$	$(\ln x_i)^2$
1	4.950	0,0000	8,5071	0,0000	0,0000
2	7.700	0,6931	8,9490	6,2026	0,4804
3	9.700	1,0986	9,1799	10,0850	1,2069
4	11.420	1,3863	9,3431	12,9523	1,9218
5	13.050	1,6094	9,4765	15,2515	2,5902
6	14.700	1,7918	9,5956	17,1934	3,2105
7	16.200	1,9459	9,6928	18,8612	3,7865
8	17.250	2,0794	9,7556	20,2858	4,3239
		10,6045	74,4996	100,8318	17,5202

Für die Berechnung der beiden Parameter a und b mit Hilfe der Formeln 6.3.2.2.-2a und b werden noch folgende Werte benötigt:

$$\frac{\sum \ln x_i}{n} = \frac{10,6045}{8} = 1,3256; \qquad \frac{\sum \ln y_i}{n} = \frac{74,4996}{8} = 9,3125;$$

$$n \cdot \frac{\sum \ln x_i}{n} \cdot \frac{\sum \ln y_i}{n} = 8 \cdot 1,3256 \cdot 9,3125 = 98,7572;$$

$$n \cdot \left(\frac{\sum \ln x_i}{n}\right)^2 = 8 \cdot 1,3256^2 = 14,0577.$$

Berechnung des Parameters b nach Formel 6.3.2.2.-2b:

$$b = \frac{100,8318 - 98,7572}{17,5202 - 14,0577} \approx 0,6$$

Berechnung des Parameters a nach Formel 6.3.2.2.-2a:

$$\ln a = 9,3125 - 0,6 \cdot 1,3256 = 8,5171$$

Durch Delogarithmierung ergibt sich:

$$a \approx 5.000$$

Die Potenzfunktion lautet damit:

$$\hat{y} = 5.000x^{0,6}$$

c) Prognose für die Jahre 9 und 10

In die Trendfunktion sind die beiden Jahreswerte 9 und 10 einzusetzen:

$$\hat{y}_9^P = 5.000 \cdot 9^{0,6} = 5.000 \cdot 3,7372 = 18.686$$

$$\hat{y}_{10}^P = 5.000 \cdot 10^{0,6} = 5.000 \cdot 3,9811 = 19.905.$$

In den Jahren 9 und 10 ist mit einem Absatz von zirka 18.700 bzw. 19.900 Fahrzeugen zu rechnen.

Lösungen zu Kapitel 7

Aufgabe 5: Produktionskosten

In der nachstehenden Arbeitstabelle sind für die Lösung der Aufgabe notwendige Berechnungen durchgeführt.

x_i	y_i	x_iy_i	x_i^2	y_i^2
2	30	60	4	900
3	35	105	9	1.225
6	75	450	36	5.625
4	55	220	16	3.025
8	85	680	64	7.225
7	80	560	49	6.400
30	360	2.075	178	24.400

Weiterhin werden benötigt:

$$\bar{x} = \frac{\sum x_i}{n} = \frac{30}{6} = 5; \quad \bar{y} = \frac{\sum y_i}{n} = \frac{360}{6} = 60.$$

b) Regressionsgerade $\hat{y}$

Die beiden Parameter der Regressionsgeraden werden mit den Formeln 7.2.2.-1a
und 7.2.2.-1b ermittelt.

$$b_1 = \frac{\sum x_i y_i - n\overline{xy}}{\sum x_i^2 - n\overline{x}^2} = \frac{2.075 - 6 \cdot 5 \cdot 60}{178 - 6 \cdot 5^2} = \frac{275}{28} \approx 9,82$$

$$a_1 = \overline{y} - b_1\overline{x} = 60 - 9,82 \cdot 5 = 10,9$$

Die Regressionsgerade lautet damit:

$$\hat{y} = 9,82x + 10,9$$

Die Regressionsgerade beschreibt die Tendenz (Form) des Zusammenhangs zwischen Ausbringungsmenge X und Produktionskosten Y. Für bestimmte Ausbrin-
gungsmengen können jeweils die durchschnittlich anfallenden Produktionskosten
berechnet werden.

c) Interpretation der Regressionsparameter

i) Regressionskoeffizient b_1

Der Regressionskoeffizient $b_1 = 9,82$ besagt als Steigungsmaß der Regressionsfunktion, daß mit einer Erhöhung der Ausbringungsmenge um 1.000 Stück die
Produktionskosten um durchschnittlich 9,82 TDM ansteigen.

ii) Regressionskonstante a_1

Die Regressionskonstante $a_1 = 10,9$ besagt als Schnittpunkt mit der Ordinate,
daß die Produktionskosten bei der Ausbringungsmenge 0, also die fixen Produktionskosten 10,9 TDM betragen. - Die Interpretation ist nicht unproblematisch, da
die Ausbringungsmenge 0 nicht im Untersuchungsbereich enthalten ist.

d) Korrelationskoeffizient r von Bravais-Pearson

Der Korrelationskoeffizient r errechnet sich mit Formel 7.3.2.1.-5 wie folgt:

$$r = \frac{\sum x_i y_i - n\overline{xy}}{\sqrt{\left(\sum x_i^2 - n\overline{x}^2\right) \cdot \left(\sum y_i^2 - n\overline{y}^2\right)}} = \frac{2.075 - 6 \cdot 5 \cdot 60}{\sqrt{(178 - 6 \cdot 5^2) \cdot (24.400 - 6 \cdot 60^2)}}$$

$$= \frac{275}{\sqrt{28 \cdot 2800}} = \frac{275}{280} \approx +0,98.$$

Der Wert +0,98 besagt, daß ein sehr starker gleichläufiger Zusammenhang zwischen der Ausbringungsmenge und den Produktionskosten besteht. D.h. es besteht die sehr starke Tendenz, daß die Produktionskosten mit zunehmender Ausbringungsmenge ebenfalls zunehmen entlang der Regressionsgeraden $\hat{y}$.

e) Bestimmtheitsmaß r^2

Da der Korrelationskoeffizient aus Aufgabe d) bekannt ist, kann das Bestimmtheitsmaß vereinfacht mit Formel 7.3.3.1.-3 berechnet werden:

$$B^2 = r^2 = 0,98^2 \approx 0,96$$

Das Bestimmtheitsmaß drückt aus, daß die Varianz der Produktionskosten zu 96% durch die Ausbringungsmenge verursacht ist. Das heißt die quadrierten Abweichungen der Produktionskosten von den durchschnittlichen Produktionskosten werden zu 96% durch die Ausbringungsmenge bestimmt. Der Einfluß der Ausbringungsmenge auf die Kosten ist folglich sehr hoch.

f) Kostenprognose

Für die Kostenprognose ist der Wert x = 5 (in 1.000 Stück) in die Regressionsfunktion einzusetzen:

$$\hat{y}_5^P = 9,82 \cdot 5 + 10,9 = 60 \text{ TDM}$$

Bei einer Ausbringungsmenge von 5.000 Stück ist mit Kosten in Höhe von durchschnittlich 60.000 DM zu rechnen. - Die Güte dieser Prognose ist sehr hoch, da die Abhängigkeit der Kosten von der Menge - wie unter d) und e) beschrieben - sehr stark ausgeprägt ist.

Aufgabe 8: Eignungstest

Das Merkmal Abiturnote X ist ordinalskaliert und das Merkmal Testergebnis Y ist verhältnisskaliert. Bei der Untersuchung des Zusammenhangs zwischen den beiden Merkmalen ist daher der Rangkorrelationskoeffizient von Spearman zu berechnen.

Im Schritt 1 der Berechnung werden die acht Abiturienten hinsichtlich der Abiturnote in eine Rangordnung gebracht. Der beste Abiturient (E) erhält dabei die Rangziffer 1, der schlechteste Abiturient (A) erhält die Rangziffer 8. Im Schritt 2 werden die acht Abiturienten hinsichtlich des Testergebnisses in eine Rangordnung gebracht. Der Abiturient (C) mit der höchsten Punktzahl erhält dabei die Rangziffer 1, der Abiturient (A) mit der niedrigsten Punktzahl erhält die Rangziffer 8. Bei dieser Form der Anordnung wird unterstellt, daß mit besserer Abiturnote ein besseres Testergebnis einhergeht. Die Zuordnung der Rangziffern ist der nachstehenden Arbeitstabelle zu entnehmen.

Abiturient	Note x_i	Test y_i	Rg x_i	Rg y_i	D_i	D_i^2
A	3,2	55	8	8	0	0
B	2,6	70	4	6	-2	4
C	1,8	80	2	1	1	1
D	2,9	75	6	4	2	4
E	1,6	72	1	5	-4	16
F	3,1	78	7	2,5	4,5	20,25
G	2,8	78	5	2,5	2,5	6,25
H	2,1	68	3	7	-4	16
						67,5

Im Schritt 3 wird für die Rangziffernpaare (Rg x_i, Rg y_i) der Korrelationskoeffizient von Bravais-Pearson mit der vereinfachten Berechnungsformel 7.3.4.1.-1 berechnet. Die hierfür notwendigen Differenzberechnungen sind in der obigen Arbeitstabelle durchgeführt worden.

$$\rho = 1 - \frac{6 \cdot \sum D_i^2}{n^3 - n} = 1 - \frac{6 \cdot 67,5}{8^3 - 8} = 1 - 0,804$$

$$= +0,196 \qquad \text{(mit Bravais-Pearson: } r = +0,1916)$$

Der Koeffizient besagt allgemein: Es besteht die schwache Tendenz, daß mit einem höheren Rangplatz für X auch ein höherer Rangplatz für Y verbunden ist. Bei der vorliegenden Form der Anordnung bedeutet dies: Es besteht die schwache Tendenz, daß mit besserer Abiturnote auch ein besseres Testergebnis erzielt wird.

Bei der gegenläufigen Anordnungsform (Unterstellung: Je besser die Abiturnote, desto schlechter das Testergebnis) ergibt sich der Rangkorrelationskoeffizient

$$\rho = -0,185 \qquad \text{(mit Bravais-Pearson: } r = -0,1916).$$

Das negative Vorzeichen besagt, daß die unterstellte Gegenläufigkeit nicht gegeben ist. Es gilt also wieder die obige Interpretation.

Aufgabe 11: Kundenzufriedenheit

Das Merkmal X (Firma) ist nominalskaliert, das Merkmal Y (Zufriedenheit) ist ordinalskaliert. Bei der Untersuchung des Zusammenhangs zwischen den beiden Merkmalen ist daher der Kontingenzkoeffizient zu berechnen.

Mit Formel 7.3.5.-1 wird zunächst festgestellt, welche Häufigkeiten sich im Falle der Unabhängigkeit einstellen würden. Die Berechnungen dazu finden sich in der nachstehenden Tabelle.

Urteil Firma	sehr zufrieden	zufrieden	unzufrieden	Summe
A	$\frac{200 \cdot 180}{500} = 72$	$\frac{200 \cdot 260}{500} = 104$	$\frac{200 \cdot 60}{500} = 24$	200
B	$\frac{120 \cdot 180}{500} = 43,2$	$\frac{120 \cdot 260}{500} = 62,4$	$\frac{120 \cdot 60}{50} = 14,4$	120
C	$\frac{180 \cdot 180}{500} = 64,8$	$\frac{180 \cdot 260}{500} = 93,6$	$\frac{180 \cdot 60}{500} = 21,6$	180
Summe	180	260	60	500

Mit Vorliegen der tatsächlichen Häufigkeiten und der Häufigkeiten, die sich bei Unabhängigkeit einstellen würden, kann im 1. Schritt mit Formel 7.3.5.-2 Chi-Quadrat berechnet werden.

$$\chi^2 = \frac{(80 - 72)^2}{72} + \frac{(100 - 104)^2}{104} + \frac{(20 - 24)^2}{24} +$$

$$\frac{(40 - 43,2)^2}{43,2} + \frac{(66 - 62,4)^2}{62,4} + \frac{(14 - 14,4)^2}{14,4} +$$

$$\frac{(60 - 64,8)^2}{64,8} + \frac{(94 - 93,6)^2}{93,6} + \frac{(26 - 21,6)^2}{21,6}$$

$$= 0,8889 + 0,1538 + 0,6667 + 0,2370 + 0,2077 + 0,0111 +$$

$$0,3556 + 0,0017 + 0,8963 = 3,4188$$

Im nächsten Schritt wird mit Formel 7.3.5.-3 der Kontingenzkoeffizient K von Pearson berechnet:

$$K = \sqrt{\frac{\chi^2}{\chi^2 + n}} = \sqrt{\frac{3,4188}{3,4188 + 500}} \approx 0,0824$$

Im abschließenden Schritt wird mit Hilfe der Formeln 7.3.5.-4 und -5 der korrigierte Kontingenzkoeffizient berechnet:

$$K_{max} = \sqrt{\frac{\min\{v,w\} - 1}{\min\{v,w\}}} = \sqrt{\frac{\min\{3,3\} - 1}{\min\{3,3\}}} = \sqrt{\frac{2}{3}} \approx 0,8165$$

$$K_{korr} = \frac{K}{K_{max}} = \frac{0,0824}{0,8165} \approx 0,10$$

Interpretation: Der Zusammenhang zwischen der Kundenzufriedenheit und der herstellenden Firma ist schwach ausgeprägt. Anders ausgedrückt: Das Ausmaß der Zufriedenheit des Kunden mit dem Gut G wird so gut wie nicht durch die Herstellerfirma beeinflußt. Die Kunden sind mit den drei Firmen gleichermaßen zufrieden bzw. unzufrieden.

Stichwortverzeichnis

Peter P. Eckstein

Repetitorium Statistik

Deskriptive Statistik –
Wahrscheinlichkeitsrechnung – Induktive Statistik
Mit Klausuraufgaben und Lösungen

2., vollständig überarbeitete Auflage
1998, ca. 360 Seiten, Broschur ca. DM 58,–
ISBN 3-409-22099-2

„Statistik lernen und verstehen anhand praktischer Problemstellungen" ist das Leitmotiv, unter dem dieses Buch klassische und moderne Verfahren der

– Deskriptiven Statistik,
– Wahrscheinlichkeitsrechnung und
– Induktiven Statistik

anspruchsvoll und verständlich vermittelt.

Das „Repetitorium Statistik" verbindet die Komponenten eines Statistik-Lehr- und Übungsbuches mit denen eines Statistik-Lexikons. Begriffe und Methoden werden komprimiert dargestellt und an praktischen Beispielen demonstriert und erläutert. Für die zweite Auflage wurde das Buch vollständig überarbeitet. Jedes Kapitel enthält zudem Übungs- und Klausuraufgaben mit vollständigen Lösungen.

Studierende, insbesondere der wirtschaftswissenschaftlichen Studiengänge, können sich mit dem „Repetitorium Statistik" gezielt auf ihre Prüfungen vorbereiten. Für alle, die in ihrer täglichen Arbeit statistische Verfahren anwenden müssen, ist es ein hilfreiches Nachschlagewerk.

Betriebswirtschaftlicher Verlag Dr. Th. Gabler GmbH, Abraham-Lincoln-Str. 46, 65189 Wiesbaden